Opiniões sobre
O Princípio da Natureza

"Uma sólida argumentação em favor da importância do mundo natural... Toda uma sabedoria antiga que vale a pena ser resgatada em um mundo coberto de concreto e tecnologia."

— *Kirkus Reviews*

"O entusiasmo de Louv é contagiante... Ele nos apresenta um milhão de razões para termos mais contato com a natureza e rejeita toda e qualquer desculpa para vivermos trancados em casa."

— *Onearth*

"Em *O Princípio da Natureza*, Rich Louv nos traz exatamente o livro de que mais precisamos, hoje e para todo o sempre... Esta obra elegante, original, bem-humorada e extraordinariamente profunda nos mostra o caminho da nossa "volta à casa" neste mundo: o livro propõe uma nova Lei da Natureza, e convém prestar atenção a tudo que nele se diz."

— *Robert Michael Pyle, autor de The Thunder Tree: Lessons from an Urban Wildland e Mariposa Road*

"Incrementando o texto com sólidas pesquisas científicas, relatos pitorescos e realistas de casos isolados e histórias pessoais, Louv demonstra como o princípio da natureza pode melhorar nosso modo de vida, trabalho, lazer, exercícios, nossa exploração da vida, nossas viagens e a descontração."

— *Spirituality and Practice*

"São urgentes as soluções para os problemas apresentados nesta obra... Há um sentido profundo neste livro em que Louv nos apresenta uma agenda de grande simplicidade: mais verde nas escolas, mais acesso à natureza nas comunidades, a importância de dar às pessoas os instrumentos e a saúde de que elas precisam para criar um mundo melhor."

— *Los Angeles Times*

"Uma exortação envolvente e arrebatadora a mais ligações entre os seres humanos e o mundo natural."

— *California Bookwatch*

"Louv nos fala sobre as infinitas maneiras como a natureza (vitamina N) pode aumentar nossa saúde física e mental... Ele consegue energizar seus leitores ao nos levar a fazer parte de um movimento histórico, estimulante... Página após página, aprendemos que, ao nos empenharmos em curar o mundo por meio da restauração, acabamos por nos curar a nós próprios."

— *Orion Magazine*

"Desenvolvemos uma sociedade complexa, destinada a nos afastar do meio ambiente que nos criou – e Richard Louv mostra, com todas as letras, por que motivo as coisas não têm de ser assim."

— *Carl Pope, ex-chairman de The Sierra Club*

"Esta obra oportuna, inspiradora e importante renovará as esperanças dos leitores ao mesmo tempo que os desafiará a repensar seu estilo de vida."

— *US Play Coalition*

"O termo 'transtorno de déficit de natureza' foi criado por Richard Louv [...] para enfatizar uma verdade profunda: como parte de nossa herança evolutiva, os seres humanos — tanto crianças quanto adultos — têm uma necessidade profunda de passar parte de seu tempo nos espaços ao ar livre, longe da cidade, e sofremos quando isso não acontece... Parece-me muito evidente que a privação do contato com a natureza é uma das grandes responsáveis por tantas tendências psicológicas negativas, inclusive pela epidemia moderna da depressão."

— *Doutor Andrew Weil, Newsweek*

"Um último chamado à sanidade humana em um mundo digitalizado e um apelo à convivência com a natureza, esse espaço que alimenta as melhores qualidades humanas de criatividade, inteligência, conexão e comunhão de sentimentos... *O Princípio da Natureza* é leitura obrigatória para professores, pais, designers, planejadores urbanos e todos os que simplesmente apreciam um bom livro."

— *David W. Orr, autor de Hope is an Imperative*

"Esta é uma concepção importante e convincente que nos oferece um programa para um mundo melhor e habitantes mais felizes e saudáveis."

— *Sally Jewell, presidente e CEO da REI*

"Maravilhoso! *O Princípio da Natureza* é uma síntese esplêndida, reunindo comprovações abundantes de uma verdade que deveria ser da máxima obviedade para todos nós, mas que, de alguma maneira, encontra-se escondida por trás do brilho e do glamour de nossas preocupações contemporâneas: nossa saúde, nossa criatividade e nossa sanidade básica dependem do contato e do intercâmbio regular com a terra viva ao nosso redor."

— *David Abram, autor de Becoming Animal e The Spell of the Sensuous*

O PRINCÍPIO
DA NATUREZA

Richard Louv

O PRINCÍPIO DA NATUREZA

Reconectando-se ao Meio Ambiente na Era Digital

Tradução
JEFERSON LUIZ CAMARGO

Editora
Cultrix
SÃO PAULO

Título original: *The Nature Principle.*

Copyright © 2011 Richard Louv.

Publicado pela primeira vez nos EUA com o título: *The Nature Principle – Human Restoration and the End of Nature-Deficit Disorder.*

Publicado mediante acordo com Algonquin Books of Chapel Hill, uma divisão da Workman Publishing Company, Inc., Nova York.

Excerto extraído de "The Peace of Wild Things" ["A Paz das Coisas Selvagens"] de *Poemas Selecionados de Wendell Berry.* Copyright © 1998 Wendell Berry. Reproduzido com permissão da Counterpoint.

Copyright da edição brasileira © 2014 Editora Pensamento-Cultrix Ltda.

Texto de acordo com as novas regras ortográficas da língua portuguesa.

1ª edição 2014.

Todos os direitos reservados. Nenhuma parte desta obra pode ser reproduzida ou usada de qualquer forma ou por qualquer meio, eletrônico ou mecânico, inclusive fotocópias, gravações ou sistema de armazenamento em banco de dados, sem permissão por escrito, exceto nos casos de trechos curtos citados em resenhas críticas ou artigos de revistas.

A Editora Cultrix não se responsabiliza por eventuais mudanças ocorridas nos endereços convencionais ou eletrônicos citados neste livro.

Editor: Adilson Silva Ramachandra
Editora de texto: Denise de C. Rocha Delela
Coordenação editorial: Roseli de S. Ferraz
Preparação de originais: Marta Almeida de Sá
Produção editorial: Indiara Faria Kayo
Editoração eletrônica: Fama Editora
Revisão: Nilza Agua

Dados Internacionais de Catalogação na Publicação (CIP)
(Câmara Brasileira do Livro, SP, Brasil)

Louv, Richard
O princípio da natureza : reconectando-se ao meio ambiente na era digital / Richard Louv ; tradução Jeferson Luiz Carmargo. — 1. ed. — São Paulo : Cultrix, 2014.

Título original: The nature principle.
ISBN 978-85-316-1296-1
1. Homem - Origem 2. Natureza I. Título.

14-12094   CDD-128

Índices para catálogo sistemático:
1. Natureza humana : Filosofia 128

Direitos de tradução para o Brasil adquiridos com exclusividade pela
EDITORA PENSAMENTO-CULTRIX LTDA., que se reserva a
propriedade literária desta tradução.
Rua Dr. Mário Vicente, 368 — 04270-000 — São Paulo, SP
Fone: (11) 2066-9000 — Fax: (11) 2066-9008
http://www.editoracultrix.com.br
E-mail: atendimento@editoracultrix.com.br
Foi feito o depósito legal.

Em memória de e inspirado em
Thomas Berry e David J. Boe

A busca que fazemos por essa qualidade,
em nossa vida, é a busca fundamental de qualquer pessoa
e o dilema da história de qualquer pessoa.
É a busca daqueles momentos e daquelas situações
em que estamos mais vivos.

— Christopher Alexander
"The Timeless Way of Building"

Quando aumenta minha desesperança com o mundo
e, ao menor som, acordo no meio da noite
com medo do que será da minha vida e da vida dos meus filhos,
saio e vou para perto de onde o belo pato selvagem
parece flutuar sobre a água e onde a grande cegonha se alimenta.
Encontro a paz das coisas selvagens...
Descanso na graça do mundo e ali sou livre.

— Wendell Berry

SUMÁRIO

Agradecimentos 13

Introdução: Transtorno de Déficit de Natureza nos Adultos 15

PRIMEIRA PARTE

Neurônios da Natureza: Inteligência, Criatividade e a Mente Híbrida 21

Cantar para ursos 23

A mente híbrida 35

SEGUNDA PARTE

Vitamina N: Canalizar o Poder do Mundo Natural para Nossa
Aptidão Física, Emocional e Familiar 55

O jardim 57

Fontes de vida 61

Renaturalizar a psique 72

A euforia do verde profundo.. 86

A receita da natureza 94

TERCEIRA PARTE

O Perto é o Novo Distante: Saber Quem Você é para Saber Onde Está 107

Procurar seu verdadeiro lugar 109

A incrível experiência de estar onde você está................................ 118

Bem-vindo à vizinhança 129

O sentido de cada lugar.. 139

A formação de laços afetivos 159

QUARTA PARTE

A Criação de um Éden Cotidiano: Alta Tecnologia e Natureza
    Exuberante Planejam o Lugar em que Vivemos, Trabalhamos
    e nos Divertimos 173

O Princípio da Natureza em casa 175

Pare, observe e escute 192

Os neurônios da natureza vão trabalhar 200

Viver numa cidade revitalizadora 215

Um pequeno bairro residencial na pradaria 238

QUINTA PARTE

Alto Desempenho Humano: Criar um Meio de Vida, Ter uma Existência
    Plena e um Futuro 257

Vitamina N para a alma 259

Todos os rios correm para o futuro 267

O direito de caminhar pela mata 283

Onde outrora houve montanhas e ainda haverá rios 288

Epílogo 305

Sugestões de leitura 308

Notas 313

Rumo a um Novo Movimento Pró-natureza 325

Agradecimentos

PARA A CRIAÇÃO DESTE LIVRO E DAS IDEIAS NELE CONTIDAS, minha mulher, Kathy, merece um enorme crédito — não apenas por sua gentileza e sua ajuda na escrita do texto, mas também por sua contribuição intelectual e sua mente artística, que se revelam inúmeras vezes nestas páginas. Devo a mesma gratidão a meus filhos. Jason, um escritor e editor urbano, ajudou com boa parte da pesquisa inicial e contribuiu com seu grande conhecimento de filosofia, religião e publicidade; Matthew contribuiu com *insights* profundos e com sua perspicácia habitual, quase sempre enquanto lançava seu anzol no meio de algum rio. Meu amigo Dean Stahl ofereceu apoio editorial, juntamente com seus conhecimentos e seu bom humor. Robyn Bjornsson também contribuiu com sua assistência editorial de grande firmeza. James Levine é, ao mesmo tempo, um bom amigo e um fantástico agente. Costumo dizer que, na Algonquin, tenho o melhor editor do mundo. A brilhante Elisabeth Scharlatt está atualmente apresentando seminários sobre a paciência, ou deve estar. Ao longo deste livro, você encontrará as impressões digitais do grupo de apoio da Algonquin, aí incluídos, além de minha persistente e criteriosa editora Amy Gash, Ina Stern, Brunson Hoole, Michael Taeckens, Craig Popelars, Kelly Bowen e Cheryl Nicchitta. Um agradecimento especial a Peter Workman e a Jackie Green, que comanda o universo. Desde a publicação de *Last Child in the Woods*, fui abençoado com uma família cada vez maior de colegas que criaram ou agora cuidam da Children and Nature Network (C&NN), inclusive Cheryl Charles, Amy Pertschuk, Martin LeBlanc, Mike Pertschuk, o falecido John Parr, o irmão Yusuf Burgess, Marti Erickson, Howard Frumkin, Betty Townsend, Fran Mainella; e, nas origens, Juan Martinez, Avery Cleary, John Thielbahr, Nancy Herron, Mary Roscoe, Bob Peart, Sven Lindblad e muitos outros que contribuíram com ideias para este livro e encorajaram seu autor. O mesmo posso dizer de meu irmão, Mike Louv, e de meus amigos (não todos relacionados aqui, sem dúvida) Karen Landen, Peter e Marti Kaye, Anne Pearse-Hocker, John Johns, Neal Peirce, Bob Burroughs, Peter Sebring, Jon Funabiki, Bill Stothers, Cyndi Jones, Jon Wurtmann, Gary Shiebler, John Bowman, Conway Bowman, Steve Bunch, Don Levering e a ampla família de amigos intitulada Capítulo 1. Também sou grato a Bob Perkowitz e à ecoAmerica, que ajudaram a criar o programa Nature Rocks, e à *Orion Magazine* e ao *San Diego Union-Tribune*, onde pela primeira vez fiz circular alguns desses conceitos. Em parte, este livro também é resultado do trabalho pioneiro de uma crescente rede de pensadores biofílicos, inclusive Stephen Kellert, que me convidou para uma palestra fundamental sobre o projeto biofílico, com a presença de E. O. Wilson, David Orr, Tim Beatley, Robert Michael Pyle e outros luminares da vanguarda deste novo mundo.

Introdução

Transtorno de Déficit de Natureza nos Adultos

Ouça: há todo um universo maravilhoso aqui ao lado; vamos para lá.

— E. E. Cummings

DESCEMOS POR UMA ESTRADA POEIRENTA, atravessamos a cidade de Puerto de Luna, no Novo México, construída em tijolo cru, passamos por uma ponte bem baixa sobre o rio Pecos e entramos em um vale de campos verdejantes de chili, cercados por ribanceiras de arenito vermelho. Jason, nosso filho mais velho, que tinha 3 anos na época, dormia no banco de trás.

"É esse o desvio?", perguntei à minha mulher.

"O próximo", disse Kathy.

Desci do carro alugado, abri o portão e entramos nas terras de propriedade de nossos amigos Nick e Isabel Raven. Eles estavam trabalhando em Santa Fé naquele ano, e a propriedade e a casa estavam desocupadas. Nós os havíamos conhecido antes de Jason nascer. Kathy e eu havíamos passado dois verões em Santa Rosa, ali perto, onde ela trabalhava em um hospital local.

Agora, depois de uma fase estressante de nossa vida, ali estávamos de volta para passar algumas semanas. Precisávamos daquele respiro para nós mesmos e para Jason.

Entramos na empoeirada casa de tijolo cru. Inspecionei o anexo que eu havia ajudado Nick a construir durante um daqueles verões. Acendi as luzes, verifiquei a situação dos canos de distribuição de água (o encanamento interno finalmente chegara à propriedade rural dos Raven), fui para a cozinha e abri a torneira. Uma centopeia de uns trinta centímetros saltou para dentro da pia, agitando seus pares de patas quase no meu rosto. Não sei quem se assustou mais, se a centopeia ou eu, mas quem estava com uma boa faca na mão era eu.

Mais tarde, enquanto Kathy e Jason tiravam um cochilo, fui dar uma volta naquele dia quente; encontrei a cadeira de desarmar de Nick toda empoeirada e coloquei-a à sombra de uma árvore perto da casa. Nick e eu descansávamos sob os galhos dessa árvore sempre que dávamos um tempo no preparo dos tijolos em um buraco cheio de palha, areia, barro e água. Pensei em Nick, em nossas discussões políticas, no cozido de chili que Isabel preparava em um fogão a lenha e nos servia em pequenas cuias, mesmo nas horas mais quentes do dia.

E agora eu estava ali sozinho, olhando para o campo delineado pelos choupos distantes que circundavam o Pecos. Observava as nuvens que prenunciavam tempestade sobre o deserto a leste e as camadas de arenito para além do rio. A plantação de chili tremia ao sol. Acima de mim, as folhas faziam pequenos ruídos secos e os galhos da árvore estalavam e roçavam uns nos outros. Fixei o olhar em um choupo na margem do rio, seus galhos e suas folhas mais altas ondulavam em um ritmo lento sobre todas as outras. E ali fiquei por uma hora, talvez mais. A tensão foi me deixando aos poucos. Parecia contorcer-se no ar, por sobre o verde, até que finalmente se foi. E alguma coisa muito melhor veio substituí-la.

Vinte e quatro anos depois, às vezes ainda penso naquele choupo na margem do rio e em momentos semelhantes, de inexplicável deslumbramento. Momentos em que a natureza me ofereceu exatamente aquilo de que eu precisava: um indefinível *quê* para o qual não tenho nome.

Desde então, sempre pensamos em nos mudar para o Novo México. Ou para um Estado rural, como Vermont. Dia após dia, porém, lembramo-nos de que isso também pode acontecer nos lugares onde moramos — e até nas maiores cidades, onde o silvestre urbano ainda existe nos lugares mais inesperados. E que é possível recuperá-lo, ou mesmo criá-lo, nos lugares em que vivemos, trabalhamos e desfrutamos nossas horas de lazer.

Não estamos sós nesse desejo, nesse anseio.

CERTO DIA, EM SEATTLE, uma mulher literalmente agarrou a gola da minha blusa e disse: "Escute aqui, os *adultos* também têm transtorno de déficit de natureza!". Claro que ela estava certa.

Em 2005, em *Last Child in the Woods*, introduzi o termo *transtorno de déficit de natureza* não como um diagnóstico médico, mas como uma maneira de descrever o abismo crescente entre as crianças e a natureza. Depois da publicação do livro, ouvi muitos adultos falarem em emoção sincera, até mesmo com raiva, sobre essa separação, mas também sobre sua própria sensação de perda.

Todos os dias, nossa relação com a natureza, ou a falta dela, influencia nossa vida. Isso sempre foi verdadeiro. No século XXI, porém, nossa sobrevivência — ou nosso desenvolvimento — exigirá uma estrutura transformadora para essa relação, uma reunião de humanos com o resto da natureza.

Nestas páginas, descrevo o futuro moldado pelo que chamo de Princípio da Natureza, um amálgama de teorias e tendências convergentes, bem como uma reconciliação com antigas verdades. Esse princípio sustenta que uma reconexão com o mundo natural é fundamental para a saúde, o bem-estar, o espírito e a sobrevivência dos seres humanos.

Fundamentalmente uma afirmação filosófica, o Princípio da Natureza é sustentado por um corpo crescente de pesquisas teóricas, ilustrativas e empíricas que descrevem a capacidade restauradora da natureza — seu impacto sobre nossos sentidos e nossa inteligência; sobre nossa saúde física, psicológica e espiritual; e sobre as ligações de família, amizade e comunidades multiespécie. Iluminado pelas ideias e pelos relatos de boas pessoas que conheci, este livro traz a seguinte questão: *Como seria nossa vida se nossos dias e noites fossem tão imersos na natureza quanto são na tecnologia? Como cada um de nós pode ajudar a criar esse mundo que realça e enriquece a vida não apenas em um futuro hipotético, mas hoje, para nossas famílias e nós mesmos?*

Nosso senso de urgência torna-se maior. Em 2008, pela primeira vez na História, mais de metade da população mundial vivia em pequenas e grandes cidades.[1] As maneiras tradicionais pelas quais os seres humanos têm vivenciado a natureza estão desaparecendo, juntamente com a biodiversidade.

Ao mesmo tempo, a fé de nossa cultura na imersão tecnológica parece não ter limites, e mergulhamos cada vez mais profundamente em um mar de circuitos.

Consumimos relatos assustadores que a mídia nos impõe sobre a criação de vida sintética, combinando bactérias com DNA humano; de máquinas microscópicas, destinadas a entrar em nosso corpo para combater invasores biológicos ou atuar em nuvens mortíferas sobre os campos de guerra; de realidade aumentada pelos computadores; de casas futuristas nas quais somos cercados por uma realidade simulada, transmitida a partir de cada parede. Chegamos até a ouvir conversas sobre a era "trans-humana" ou "pós-humana", em que as pessoas são na verdade aprimoradas pela tecnologia, ou de um "universo pós-biológico" no qual, como diz Steven Dick, da NASA, "a maior parte da vida inteligente já evoluiu para além da inteligência centrada na carne e no sangue".[2]

Este livro não é uma argumentação contra os conceitos ou seus proponentes — pelo menos não aqueles que se dedicam à utilização ética da tecnologia para expandir as capacidades humanas.[3] Mas ele realmente defende o ponto de vista de que estamos dando o passo maior que as pernas. Precisamos ainda nos conscientizar plenamente, ou mesmo estudar adequadamente, o aprimoramento das capacidades humanas por intermédio do poder da natureza. Em um relatório em louvor às salas de aula de alta tecnologia, um educador cita Abraham Lincoln: "Os dogmas de um passado tranquilo são inadequados ao presente tempestuoso. O momento está saturado de dificuldades, e devemos nos mostrar à altura das circunstâncias. Como elas são novas, devemos pensar de outra forma e agir de outra forma". Isso é verdade; contudo, no século XXI, ironicamente, uma fé desmedida na tecnologia — um afastamento da natureza — pode muito bem ser o dogma antiquado de nosso tempo.

Por sua vez, o Princípio da Natureza sugere que, em uma época de rápida transformação ambiental, econômica e social, o futuro pertencerá aos adeptos da natureza — àquelas pessoas, famílias, atividades comerciais e aos líderes políticos que desenvolverem um entendimento mais profundo da natureza, e que equilibrarem o virtual com o real.

Em 2010, *Avatar* tornou-se o filme mais assistido na história. O sucesso tinha menos a ver com a avançada tecnologia 3-D do filme do que com o anseio a que ele aludia — nosso conhecimento instintivo de que a espécie humana em risco de extinção está pagando um terrível preço à medida que vai perdendo contato com a natureza. Descrevendo a mensagem central do filme, o cineasta James Cameron disse: "Nele se fazem perguntas sobre nossas relações com nossos semelhantes, com diferentes culturas e com o mundo natural numa época em que o déficit do convívio com a natureza assume proporções gigantescas". Esse distúrbio coletivo ameaça nossa saúde, nosso espírito, nossa economia e nosso domínio futuro do meio ambiente. Contudo, a despeito do que parecem ser disparidades proibitivas, a mudança transformadora é possível. A perda que sentimos, essa verdade que já sabemos, prepara o cenário para uma nova era da natureza. Na verdade, graças aos desafios ambientais que hoje enfrentamos, talvez estejamos — e seria bom que assim fosse — entrando no período mais criativo da história humana, uma época definida por um objetivo que se fundamenta e se estende por um século de ambientalismo que inclui a sustentabilidade da natureza na vida cotidiana, mas vai além dela.

Sete preceitos sobrepostos, baseados nos poderes transformadores da natureza, podem reformular nossa vida agora e no futuro. Juntos, eles criam uma força única:

- Quanto mais centrada na alta tecnologia nossa vida se torna, mais precisamos da natureza para alcançar um **equilíbrio natural**.
- A conexão mente/corpo/natureza, também chamada **vitamina N** (de natureza), aumentará a saúde física e mental.
- O uso tanto da tecnologia *quanto* da experiência com a natureza aumentará nossa inteligência, nosso pensamento criativo e nossa produtividade, dando origem à **mente híbrida**.
- O **capital social humanidade/natureza** enriquecerá e redefinirá as comunidades de modo a incluir todas as coisas vivas.
- No novo **espaço intencional**, a história natural será tão importante quanto a história humana para a identidade regional e pessoal.
- Com o **projeto biofílico**, nossas casas, nossos locais de trabalho, as vizinhanças e cidades não apenas conservarão os watts, mas também produzirão energia humana.
- Por meio do relacionamento com a natureza, o **alto desempenho humano** irá conservar e criar um *habitat* — e um novo potencial econômico — onde viveremos, estudaremos, trabalharemos e teremos nossos períodos de lazer.

Jovens, idosos ou pessoas de meia-idade, podemos obter benefícios extraordinários ao nos conectarmos — ou reconectarmos — à natureza. Para os exaustos e saturados dentre nós, o mundo ao ar livre pode expandir nossos sentidos e reacender um sentimento de admiração reverente e respeito não mais sentido desde que éramos crianças; esse sentimento pode melhorar nossa saúde, aumentar nossa criatividade, abrir novas carreiras e oportunidades de negócios e funcionar como um agente da formação de laços afetivos entre famílias e comunidades. A natureza pode nos ajudar a nos sentirmos plenamente vivos.

Nestas páginas, que apresentam uma amostra da pesquisa emergente, não excluí intencionalmente quaisquer estudos que pudessem contestar minha tese central. Espero, porém, que este livro levante questões úteis às pesquisas futuras. Devo acrescentar: minha opinião não se baseia exclusivamente na ciência, mas também na longa experiência humana com a natureza, nas histórias das pessoas do cotidiano e nas minhas próprias reflexões.

Os céticos dirão que o preceito da natureza é problemático, tendo em vista nossa rápida destruição dela, e eles estarão certos. Os benefícios do mundo natural ao nosso conhecimento e à nossa saúde serão irrelevantes se continuarmos a destruir a natureza que nos cerca. Contudo essa destruição é uma certeza sem uma reconexão do ser humano com a natureza. É por esse motivo que o Princípio da Natureza diz respeito à conservação, mas também à recuperação da natureza ao mesmo tempo que recuperamos a nós mesmos; à criação de novos *habitats* onde eles estiveram outrora, ou nunca estiveram, em nossas casas, nossos locais de trabalho, nas escolas, vizinhanças, cidades, periferias e propriedades rurais. O Princípio da Natureza diz respeito ao poder de viver na natureza — não *com* ela, mas *nela*. O século XXI será o século da reintegração do ser humano ao mundo natural.

Martin Luther King Jr. costumava dizer que qualquer movimento — qualquer cultura — está condenado ao fracasso se não criar a pintura de um mundo para o qual as pessoas queiram ir. As primeiras pinceladas já são visíveis.

Este livro é sobre as pessoas criando esse mundo, tanto em sua vida cotidiana quanto para além dela, e sobre como você pode participar desse processo.

PRIMEIRA PARTE

Neurônios da natureza

Inteligência, Criatividade e a Mente Híbrida

*O amante da natureza é aquele cujos sentidos internos
e externos ainda estão verdadeiramente ajustados entre si.*
— Ralph Waldo Emerson

*O mundo natural não é apenas um conjunto de restrições, mas também de contextos
nos quais podemos realizar nossos sonhos mais plenamente.*
— Paul Shepard

Capítulo 1

Cantar para ursos

Descobrindo o Pleno Uso dos Sentidos

Há outro mundo, e está neste aqui.

— Susan Casey, "The Devil's Teeth"

COMO ESPÉCIE, sentimo-nos mais vivos quando nossos dias e noites na Terra centram em contato com o mundo natural. Podemos encontrar uma alegria incomensurável no nascimento de uma criança, em uma grande obra de arte ou quando nos apaixonamos. Tudo que diz respeito à vida, porém, está alicerçado na natureza, e uma separação desse mundo mais vasto dessensibiliza e diminui nosso corpo e nosso espírito. A reconexão com a natureza, tanto próxima como distante, abre novas portas à saúde, à criatividade e ao encantamento. Nunca é tarde demais.

Eu e meu filho mais novo, Matthew, na época com 20 anos, estávamos caminhando rio acima na ilha Kodiak, no Alasca. Joe Solakian, nosso guia, estava nos ensinando a observar a presença dos ursos-pardos, os maiores dentre os ursos norte-americanos de grande porte, capazes de correr a quase 60 quilômetros por hora.

"O mais importante é nunca surpreendê-los", disse Joe.

E, tendo sempre na lembrança o destino do documentarista — e refeição — Timothy Treadwell, nunca tente ser o melhor e mais novo amigo deles.

Nos pequenos lagos rasos e esverdeados, comprimidos entre muralhas de floresta, o salmão — do Pacífico, com pintinhas nas costas, vermelho e róseo — vai ali para desovar e morrer; é uma cozinha para os ursos. E então conversamos, cantamos e agitamos os pequenos guizos para ursos, presos a nossas roupas, procuramos pegadas e farejamos o ar em busca dos odores característicos de almíscar e salmão podre. De vez em quando, durante a semana, aquele cheiro invadia o ar de repente e nos deixava de cabelo em pé. Aquilo significava que um urso estava nos observando por detrás das moitas, ou em alguma curva próxima, ou que tinha acabado de se mandar.

Certa tarde, nós realmente vimos um urso. Ele estava contra o vento em relação a nós, além de nossa capacidade de audição. Saiu da floresta e arrastou-se pesadamente sobre pequenos seixos do leito do rio, levantou o focinho, hesitou, depois se voltou e atravessou o rio correndo, desaparecendo na floresta.

Cantar para ursos põe em perspectiva os riscos da vida cotidiana.

O mesmo acontece só pelo fato de estar nesta ilha. Em 1964, um tsunami de nove metros de altura destruiu os vilarejos à beira-mar. Um cataclismo ainda maior ocorreu em 1912, quando o monte Katmai entrou em erupção em terra firme.

"Por volta de três da tarde, quando saímos da floresta, vimos, pela primeira vez, uma nuvem enorme, em forma de leque, diretamente a oeste da cidade", escreveu Hildred Erskine, que sobreviveu ao Kodiak. "Era a nuvem mais escura e espessa que eu já tinha visto. Os relâmpagos eram frequentes [...] tempestades elétricas simplesmente não acontecem no Alasca. A estática era tão ruim que os operadores de rádio não ousavam se aproximar de seus instrumentos." Escureceu, o que era estranho no mês de junho em Kodiak, onde a luz diurna é quase contínua. "Começamos a pensar no destino dos habitantes de Pompeia."

Lagos cobertos pelas cinzas; lagópodes eram mortos em seu período de nidificação; trutas morriam e, na verdade, grande parte da fauna e flora da ilha foi enterrada viva. Logo, porém, a vida recomeçou a ressurgir de toda aquela cinza. Com a ajuda dos ventos do continente, que trouxe as sementes de árvores e plantas que nunca haviam crescido ali, a ilha renasceu. Em termos geológicos, portanto, a superfície e a vida de Kodiak são muito novas, um lembrete de que a criação é a outra face da morte.

Depois do furacão Katrina, algumas pessoas disseram que se deveria permitir que Nova Orleans voltasse a seu estado natural de pântano; que a população fosse transferida para cidades próximas, em terrenos mais altos; talvez que um parque de diversões chamado Bourbon Street,* facilmente evacuável, fosse construído naquele alagadiço. A abordagem da reversão a pântano faz sentido, pois até certo ponto recompõe o *habitat* nativo, protetor. Porém quando as pessoas dizem, como costumam fazer, que outros seres humanos são tolos por viverem em uma zona sujeita a desastres naturais, elas baseiam essa afirmação no pressuposto de que existem lugares cuja altitude os põe a salvo dessas catástrofes. As pessoas — você e eu — devem ser retiradas de qualquer *habitat* ameaçado por desastres naturais? Não penso assim. Para onde iríamos? Para onde nunca ocorram enchentes nem incêndios? Para o aparentemente seguro "calcanhar da bota" do Missouri, que vem a estar situado em uma falha que certa vez mudou o curso do rio Mississipi?

Quase um século depois dessa erupção do Katmai, meu filho e eu deixamos nossas pegadas nesse solo vulcânico escuro de renovação. A vida se retrai a partir da margem, depois segue adiante novamente. Portanto eu e Matthew nos apressamos rio acima, despertos, mais cuidadosos do que jamais estaríamos em nossa vida cotidiana, ouvindo, observando, levantando a cabeça para sentir o que o vento traz. Alguma coisa está vindo. E então fazemos soar nossos guizos. E cantamos.

Mais sentidos do que podemos sentir

Cantar para ursos, ou farejá-los, pode não ser a ideia que fazemos de um dia de lazer, mas é algo que remete às habilidades sensoriais que estão em nossa natureza, ainda que pouco as usemos.

Muitos de nós desejamos uma vida mais plena de sentidos.

Em seu significado mais amplo, o transtorno de déficit de natureza é uma consciência atrofiada, uma capacidade reduzida de encontrar sentido na vida que nos cerca, seja qual for a forma que ela assuma. Essa retração de nossa vida tem impacto direto em nossa saúde física, mental e social. Contudo, não só o transtorno de déficit de natureza pode ser revertido, mas nossa vida pode ser muitíssimo enriquecida mediante nosso relacionamento com a natureza, começando com os

---

* Rua que é uma das grandes atrações turísticas da região metropolitana de Nova Orleans. (N.T.).

nossos sentidos. Em *A Natural History of the Senses*, Diane Ackerman escreveu: "As pessoas imaginam a mente como algo situado na cabeça, mas as últimas descobertas da fisiologia sugerem que, na verdade, a mente não fica no cérebro, mas viaja por todo o corpo em grupos de enzimas, dando sentido ativamente às maravilhas complexas que chamamos de tato, paladar, olfato, audição e visão".[1] Nós, moradores das cidades, ficamos maravilhados com as capacidades aparentemente sobre-humanas ou sobrenaturais dos aborígines australianos e outros povos "primitivos", mas consideramos essas aptidões como algo vestigial, como o cóccix remanescente [da cauda dos mamíferos]. Eis outra opinião. Esses sentidos não são vestigiais, porém latentes, ocultos por ruídos e pressupostos.

Já pensou na razão de ter duas narinas? Pesquisadores da Universidade da Califórnia, em Berkeley, pensaram. Eles publicaram suas descobertas no periódico *Nature Neuroscience*. Jay Gottfried, professor de neurologia na Universidade Northwestern, escreveu: "Para mim, o que esse estudo mais ressalta é que o sentido humano do olfato é muito melhor do que muitos imaginam. É verdade que fluxos visuais e auditivos estreitos constituem as correntes sensórias básicas de nossa vida. Contudo, todos os nossos sentidos são mais capazes do que presumimos". Os pesquisadores colocaram em estudantes universitários óculos de proteção presos com fitas adesivas, protetores de ouvidos e luvas de trabalho para bloquear outros sentidos, e depois os deixaram vagar por um campo; a maioria dos estudantes conseguiu seguir um rastro de nove metros de cheiro de chocolate e até mesmo mudar de direção exatamente onde o caminho invisível fazia uma curva. Os sujeitos do experimento também conseguiram cheirar melhor com duas narinas funcionando, algo que os pesquisadores compararam à audição em estéreo.[2] Um pesquisador presumiu que o cérebro junta "imagens" odoríficas de cada narina para criar uma imagem mais complexa da trilha. Os alunos viram-se andando em zigue-zague, uma técnica empregada pelos cachorros quando estão rastreando algo.

O estudo também levou à descoberta de que as capacidades olfativas de rastreio dos alunos melhoravam com a prática, sugerindo que os seres humanos poderiam desenvolver a capacidade de se igualar às aptidões de rastreamento de muitos outros animais. Segundo o pesquisador Noam Sobel, uma parte da razão pela qual os cães farejam melhor do que os humanos é que eles cheiram mais rapidamente. Muito rapidamente. "Interpretamos esses resultados como sugestões de que, à medida que os participantes da pesquisa aumentavam a velocidade, tornava-se necessário que eles cheirassem mais rapidamente para obter a mesma qualidade de informação", disse Sobel. "Constatamos que os humanos não apenas são capazes de rastrear cheiros, mas que eles reproduzem espontaneamente o padrão de rastreamento dos [outros] mamíferos."[3]

O que mais podemos fazer dentre as coisas das quais já nos esquecemos? O que deixamos de ver, ouvir e saber pelo fato de permitirmos o "emaranhamento de fios" tecnológicos com que a tecnologia vai nos enredando dia após dia? E como podemos desenvolver essas capacidades naturais, porém obscurecidas, e torná-las aplicáveis à nossa vida atual?

Talvez você se lembre de uma época em que assimilava e apreendia mais do mundo — quando não era programado para fazer as coisas, mas simplesmente as *fazia*. Você era jovem e o mundo era novo. Quando menino, eu ia para a mata, sentava-me debaixo de uma árvore, umedecia meu polegar e então esfregava as narinas. Eu tinha lido em algum lugar que certas pessoas — pioneiros ou nativos norte-americanos — faziam isso para apurar seu sentido do olfato para se aproximar de alguma caça, ou mesmo para detectar perigos. Eu fazia o mesmo e me mantinha totalmente imóvel, as costas coladas à áspera casca da árvore, esperando. E, lentamente, a vida animal retornava. Um coelho aparecia sob uma moita, pássaros sobrevoavam calmamente o local, uma formiga resolvia passear pelo meu joelho para ver o que havia do outro lado. E eu me sentia intensamente vivo.

A maior parte dos cientistas que estudam a percepção humana não mais admite que nós temos cinco sentidos: paladar, tato, olfato, visão e audição. A quantidade atual vai de um número conservador de dez a algo em torno de trinta, incluindo os níveis de açúcar no sangue, o estômago vazio, a sede, a posição das articulações e outros mais. A lista não para de crescer.

Em 2010, cientistas do Universidade College de Londres publicaram os resultados de um estudo sugerindo que os seres humanos podem estar conectados a um sentido interior de direção.[4] Outro sentido semelhante é chamado de propriocepção — a consciência da posição do nosso corpo no espaço, incluindo o movimento e o equilíbrio; esse sentido permite que toquemos nosso nariz quando estamos de olhos fechados. Os golfinhos e morcegos podem nos ensinar algumas coisas sobre uma capacidade latente que compartilhamos com eles: a ecolocação, a capacidade de localizar objetos interpretando os sons por eles emitidos. Em 2009, pesquisadores da Universidad de Alcalá, em Henares, Madri, mostraram como as pessoas podiam identificar objetos ao redor delas sem que fosse preciso "vê-los", por meio dos ecos de estalos da língua humana. Segundo o pesquisador principal, os ecos também são percebidos através da vibração nos ouvidos, na língua e nos ossos.[5] Esse sentido apurado foi adquirido por tentativa e erro por algumas pessoas cegas e, inclusive, por algumas dotadas de visão.

"Em certas circunstâncias, nós, humanos, poderíamos rivalizar com os morcegos em nossa ecolocalização ou capacidade biossonar", disse Juan Antonio Martínez Rojas, o principal autor do estudo. "Algumas coisas, como uma sala vazia, não produzem nenhum som, mas lhe dão estrutura. Dão-lhe formas que as pessoas podem enxergar sem ver. Alunos meus ouviram sons transmitidos entre duas tábuas e conseguiram me dizer se havia espaço suficiente entre as tábuas para que eles pudessem passar." A ecolocação humana pode ser feita sem tecnologia ou "sem ter de desenvolver quaisquer novos processos mentais", segundo Lawrence D. Rosenblum, professor de psicologia na Universidade da Califórnia — Riverside. Para ele, tudo é uma questão de "ouvir" um mundo que existe para além daquilo que costumamos chamar erroneamente de silêncio.[6]

Karen Landen ouve esse mundo. Ex-editora de um jornal, Karen foi observadora de pássaros durante muitos anos quando, em excursões pelo campo, percebeu que algumas pessoas tinham uma capacidade excepcional de detectar e identificar pássaros. Em certo sentido, esses "superobservadores de pássaros", como ela os chama, estavam vendo com os ouvidos. Como? Eles haviam feito, em Seattle, um curso de identificação auditiva de pássaros, ministrado por Bob Sundstrom, um profissional especializado em excursões para observação de aves. Landen tinha estudado canto e línguas, então achou que com "pássaros" seria fácil.

Ela não demorou a entender por que a maioria dos alunos era repetente: "Ao contrário da linguagem humana, os pássaros não têm regras. Estudamos vários tipos de musicalidade canora — assobio meditativo, grasnido, lamento, estridência, trinado — e de qualidades — claro, líquido, metálico, rascante, gutural, doce. Você ouve à procura de um padrão. As notas são ascendentes ou descendentes? São pausas ou uma longa exalação? O canto de um tordo e de um bicudo-

-da-cabeça-preta parece igual até você perceber que as notas do tordo são claras e as do bicudo são confusas e distorcidas (de onde vem sua descrição como "tordo bêbado").

Ela também aprendeu que alguns pássaros são instrumentistas, enquanto outros são compositores: "Pica-paus batucam, e as asas do beija-flor 'zumbem'. Um jovem pardal pode cantar uma frase básica, mas um mais velho, detentor de um território, irá emitir um floreado extra para deixar claro seu *status*. Além disso, os sons das espécies variam por região e indivíduo, exatamente como acontece conosco". O que Landen aprendeu é que a observação de aves começa com um sentido que leva à abertura de outros sentidos. Um grande observador de pássaros aprende a ver os pássaros primeiro, depois a ouvi-los, e depois a "vê-los" por meio da audição. "Quando você observa pássaros por audição, aprende que há toda uma história acontecendo ali. Há chamados que denunciam a presença de predadores. Um macho canta 'Proibida a entrada' para outros machos, mas também pode entoar algo como 'Olá, garotas, aqui está um sujeito belo e bem-sucedido que vai ser um grande chefe de família'." Ela ri. "Sabe como é quando você acorda bem no fim de um sonho, caso tenha sido um bom sonho, e sua memória cria uma generosa camada extra que fica pairando sobre o seu dia? Bem, observar pássaros com os ouvidos cria essa deliciosa camada extra na vida, fazendo-a elevar-se acima do correr dos dias. Não consigo imaginar a vida sem pássaros, sem sua beleza, sua vivacidade e sua música. Isso equivaleria a uma pobreza dos sentidos."

Isso nos leva ao suposto sexto sentido, que para alguns significa intuição, para outros, percepção extrassensorial, e para outros, ainda, a capacidade humana de detectar inconscientemente o perigo.

Em dezembro de 2004, quando o devastador tsunami asiático se aproximava, pessoas da tribo jarawa (juntamente com alguns animais) afirmaram ter sentido ou detectado os sons da onda que se aproximava, ou outras atividades naturais incomuns, muito antes de a onda ter atingido a praia. Elas fugiram para lugares mais altos. Os jarawa usaram conhecimentos tribais das advertências da natureza, explicou V. R. Rao, diretor do Anthropological Survey of India, sediado em Kolkata. "Eles desconfiaram do perigo iminente com base em sinais biológicos de advertência, como os gritos dos pássaros e as mudanças dos padrões comportamentais de animais marinhos."[7] No caso dos jarawa, a explicação mais simples talvez seja a de que o sexto sentido é a soma de todos os outros sentidos juntos, combinados com o conhecimento da natureza cotidiana.

Pesquisadores da Universidade Washington, em St. Louis, chamam a atenção para o córtex cingulado anterior, o primitivo sistema de advertência do cérebro, que é melhor para captar sinais de advertência sutis do que os cientistas haviam imaginado anteriormente. Joshua W. Brown, diretor do Cognitive Control Lab, na Universidade Indiana, em Bloomington, foi coautor de um estudo publicado em 2005 no periódico *Science*.[8] "Faz sentido que esse mecanismo exista, pois há inúmeras situações em nossa vida cotidiana que exigem do cérebro o monitoramento de mudanças sutis em nosso ambiente e o ajuste ao nosso comportamento, mesmo em casos nos quais talvez não estejamos necessariamente conscientes das condições que levaram ao ajuste", escreveu ele. "Em alguns casos, de fato, a capacidade de o cérebro monitorar mudanças ambientais sutis e fazer ajustes pode ser ainda mais forte se ocorrer no nível subconsciente."

Ron Rensink, professor adjunto de psicologia e ciência da computação na Universidade da Colúmbia Britânica, investigou o sexto sentido, que ele chama de "visão mental" [*Mindsight*], e o definiu como uma maneira de entender de que forma as pessoas podem ter uma "intuição" apurada de que alguma coisa está por acontecer. "De certa maneira, é como um sistema de 'primeiro impacto' [...] que usamos sem o pensamento consciente", disse Rensink ao *Monitor*, o periódico da American Psychological Association.[9] Sua pesquisa sugere que a visão é, de fato, um conjunto de capacidades, e não apenas um sentido — e que o cérebro pode receber, por meio da luz, uma espécie de visão em pré-imagem. No jornal mensal *UBC Reports*, da Universidade da Colúmbia Britânica, ele explicou: "Há algo ali — as pessoas realmente têm acesso a esse outro subsistema... Percebemos que são dois subsistemas muito diferentes — um deles é consciente, o outro é não consciente — e, na verdade, ambos funcionam de modo ligeiramente distinto... No passado, as pessoas acreditavam que, se a luz incidisse sobre seus olhos, ela teria de resultar em uma imagem. Se não houvesse essa imagem resultante, a conclusão seria de que ali não haveria visão". Ao contrário, escreveu ele, a luz pode entrar nos seus olhos e ser empregada por outros sistemas perceptivos. "É apenas outro modo de ver."[10]

Em uma pesquisa independente, o exército dos Estados Unidos estudou como alguns soldados e fuzileiros navais podem, aparentemente, usar seus sentidos latentes para detectar bombas de beira de estrada e outros riscos em zonas de guerra no Afeganistão e no Iraque. "Os pesquisadores militares constataram que dois grupos de soldados são particularmente bons para detectar anomalias: aqueles com antecedentes de caça, que, quando jovens, vagavam pela mata para ver se pegavam um cervo ou um peru, e aqueles que cresceram em ambientes urbanos violentos, onde geralmente é importante saber qual gangue controla qual região do local", escreveu Tony Perry, do *Los Angeles Times*.[11]

Um fator comum parece prevalecer: muita experiência fora de casa e da bolha eletrônica, em um meio que *exige* um melhor uso dos sentidos. O sargento do exército Todd Burnett, que serviu no Iraque e no Afeganistão, conduziu a pesquisa. O estudo de dezoito meses, realizado com oitocentos militares de diferentes bases, constatou que os melhores detectores de bombas vinham do meio rural e estavam familiarizados com a caça, sendo egressos da Guarda Nacional da Carolina do Sul. Segundo Burnett, "eles simplesmente pareciam assimilar as coisas com muito mais facilidade... Eles sabem como olhar para a totalidade do meio ambiente". E os outros soldados mais jovens, aqueles que cresceram praticando jogos eletrônicos e passavam os fins de semana no shopping? Em geral, esses recrutas careciam da capacidade de perceber nuances que poderiam permitir que um soldado detectasse uma bomba oculta. Mesmo com perfeita visão, eles não tinham a capacidade especial, aquela combinação de percepção em profundidade, visão periférica — e instinto, se vocês assim preferem — que permite ver o que está fora de lugar no ambiente. O foco deles era estreito, como se estivessem vendo o mundo em um formato preestabelecido, "como se o para-brisa de seu veículo militar fosse uma tela de computador", escreveu Perry. O sargento Burnett colocou a coisa da seguinte maneira: os aficionados por jogos viviam "focados na tela, e não na totalidade do ambiente".

A explicação pode ser parcialmente fisiológica. Pesquisadores australianos sugerem que o aumento problemático de casos de miopia — visão curta — está associado a crianças e jovens que passam menos tempo ao ar livre, onde os olhos são condicionados a focar distâncias mais longas.[12] Contudo é provável que aqui haja mais coisas em jogo. A visão, inclusive a visão mental; audição mais aguda; um sentido apurado de olfato; uma percepção de onde o próprio corpo se encontra no espaço — todas essas aptidões poderiam estar operando simultaneamente. Em um ambiente natural, essa vantagem oferece aplicações práticas e benefícios: uma delas é a maior capacidade de aprender; outra é a maior capacidade de evitar o perigo; e outra, ainda, talvez a mais importante aplicação de todas, é a capacidade desafiadora e dimensionadora de engajar-se mais plenamente na vida.

Além da propriocepção, essa consciência da posição do nosso corpo por meio do movimento e do equilíbrio, a natureza também nos oferece a oportunidade de concretizar um sentido ainda mais amplo — a posição de nosso corpo e de nosso espírito no universo e no tempo.

Certo dia, meu filho Matthew teve curiosidade de saber: "Será que a fé é um sentido?".

"O que você quer dizer?", perguntei.

"Sabe, como quando sentimos um poder superior?"

Essa é uma pergunta maravilhosa que leva a outras questões. Poderia existir um sentido literal de espírito nos recessos de nossos sentidos, lá onde a terra plana deixa de existir e começa tudo que está além e dentro? Esse sentido específico poderia ser ativado pelos outros sentidos quando eles estão funcionando a todo vapor — o que frequentemente acontece quando estamos na natureza?

Talvez esse sentido, caso exista, explique por que tantos de nós usamos terminologia religiosa quando falamos sobre nossa experiência com a natureza, mesmo quando não temos nenhuma religião formal.

Robert Michael Pyle, que escreve sobre a natureza e criou o excelente termo "a extinção da experiência", pergunta: "O que acontece com uma espécie que perde contato com seu *habitat*?". Nossa sensibilidade em relação à natureza e nossa humildade diante dela são essenciais para a nossa sobrevivência física e espiritual. Contudo, nossa crescente desconexão com a natureza adormece nossos sentidos e no final obscurece até mesmo o mais afiado dos estados sensoriais criados pelos desastres naturais ou provocados pelo homem. Passar algum tempo em contato com a natureza, particularmente nas imensidões mais selvagens, pode apresentar perigos físicos, mas rejeitar a natureza por conta desses riscos e desconfortos é um desafio ainda maior.

O sentido de humildade

No rio do Alasca, onde o salmão com pintinhas nas costas avançava contra a corrente e a floresta se curvava para a frente, formando um dossel sobre as margens, o potencial de um urso naquelas moitas representava um perigo. Ao mesmo tempo, nossa consciência deu-nos proteção e estimulou nossos sentidos para tudo que estava ao redor, acima e naquele rio. E ela também nos ofereceu algo maior: um sentido de humildade natural.

Na planície aberta, na outra margem do rio, um urso corria em nossa direção. Joe sugeriu que ficássemos juntos. "Ficaremos parecidos com um grande animal de muitas pernas", disse ele. A recomendação parecia sensata. Eu sabia muito bem que o urso pardo de Kodiak, isolado no arquipélago de Kodiak durante 12 mil anos, é o maior carnívoro terrestre do mundo e pesa mais de uma tonelada e meia.

"Vamos nos afastar da água", disse Joe.

O urso atravessou à nossa frente e saltou para a curva do rio, exatamente onde tínhamos atravessado. Ficamos a observá-lo extasiados. Jovem, porém imenso, o urso agarrava o salmão migrante e batia fortemente nele; e às vezes erguia o nariz, balançava a cabeça e olhava para nós, voltando em seguida à sua pesca.

"Ele também precisa ganhar a vida", disse Joe.

Olhei para Matthew, que segurava firmemente sua lata de *spray* de pimenta. Irracionalmente, senti um fluxo de alegria que superava qualquer preocupação com segurança. Como é bom, pensei, que Matthew vivencie este momento, com sua beleza e humildade natural, ainda que, nesse caso, obrigatória. O prazer de estar vivo torna-se mais concentrado quando você precisa prestar atenção no fato de *estar* vivo. Vivo no universo maior, vivo no tempo.

A ilha Kodiak, mais habitada por ursos do que por pessoas, é um dos últimos lugares selvagens do planeta onde o ser humano pode sentir aquela contração peculiar na nuca, que só acontece quando se está no ambiente de outro predador. Mesmo os que vivem nas regiões menos desenvolvidas do mundo sabem que esses momentos vêm se tornando raros. Em seu livro *Monsters of God*, de 2003, David Quammen prevê que, por volta do ano 2150, todos os grandes predadores do mundo estarão ou extintos ou em zoológicos, com seu acervo genético definhando e sua possibilidade de viver em grandes regiões selvagens restrita a uma jaula. Então, escreve ele, as pessoas "acharão difícil acreditar que aqueles animais foram outrora orgulhosos, perigosos, imprevisíveis, que viviam espalhados pelo mundo e reinavam soberanos... As crianças ficarão surpresas e excitadas ao saberem — se alguém lhes disser — que leões viviam em liberdade no mundo". E tigres, e ursos.

Em raros casos, os grandes predadores estão em melhor situação. Depois de ser dizimada pelos caçadores na década de 1940, e de esforços subsequentes para protegê-la, a população de ursos de Kodiak estabilizou-se e provavelmente está aumentando. No Sul da Califórnia, o número de leões da montanha aumentou de maneira significativa desde que o Estado proibiu sua caça em 1990. Contudo, uma contagem exata do leão da montanha torna-se mais difícil em consequência da mentalidade "atire, cave um buraco e enterre" dos fazendeiros que às vezes conduzem seu próprio tipo de controle animal. Os lobos reinseridos em Yellowstone enfrentam um futuro igualmente questionável. Não ouvimos mais falar sobre controle pela população humana, apenas de controle da vida selvagem.

Nas regiões selvagens, como nos casos naturais ou mesmo em parques urbanos, encontramos nossos sentidos — mas teremos tempo de conviver com eles? Mesmo que os humanos nunca encontrem espécies predadoras (além dos próprios humanos), sua proteção da vida selvagem preserva ou recupera parte de nossa humanidade. Alimenta o que resta de nossos sentidos profundos, principalmente o sentido da humildade, necessário à verdadeira inteligência humana.

Em Kodiak, uma parte dessa fronteira sobrevive — uma espécie de Parque Jurássico com salmões. Outro dia, meu filho e eu observamos um urso diferente, que passou com grande rapidez por um terreno elevado na direção de um grupo de cavalos não domesticados, ou selvagens, da ilha. Talvez ele só estivesse interessado no pequeno potro. Incrivelmente, os cavalos (mais perigosos para as pessoas do que os ursos, disse-nos Joe), liderados por um forte baio branco, avançaram diretamente para o urso. Com a investida dos cavalos, suas caudas içadas como pendões, o urso pensou em outro plano.

Os cavalos selvagens pararam, agruparam-se e observaram, e o mesmo fizemos nós, enquanto o urso se retirava cautelosamente, até desaparecer na neblina. Os cavalos seguiram seu caminho, embrenhando-se na mesma neblina. E então estávamos sozinhos na planície.

Capítulo 2

A mente híbrida

Aperfeiçoando a Inteligência nos Espaços Livres do Mundo

SEJAMOS REALISTAS. Mesmo que tivéssemos a sorte suficiente de cantar para ursos no Alasca ou de ter tido um relacionamento amoroso com a natureza quando jovens, manter esse apego ou estabelecer uma relação duradoura com a natureza não é coisa fácil.

Meu escritório em San Diego é um oceano de dispersão. Dois computadores, duas impressoras, uma impressora multifuncional (fax, secretária eletrônica e escaneadora), um escâner para negativos e diapositivos, um rádio e quatro discos rígidos ocupam minha escrivaninha; abaixo, um emaranhado de fios que já vem me infernizando há anos. Às vezes, tenho a impressão de que essa confusão de núcleos irá subir pelas escadas uma noite dessas, como um assassino em série, e me estrangular enquanto durmo. Neste momento, porém, vejo um movimento nos arbustos para além da porta de vidro corrediça. Um tentilhão sarapintado baila nas folhas, fazendo sua cômica dança enquanto procura besouros e canta *tuí-tuí*. Recentemente, nosso filho Matthew, que passou a se dedicar à observação de aves apaixonadamente, deu à minha mulher e a mim excelentes binóculos e um exemplar do *The National Audubon Society Field Guide to Birds: Western Region*. Ele assinalou nas páginas do livro, com caneta marca-texto, quais pássaros frequentam nosso território.

Os binóculos e o livro estão sobre minha escrivaninha. A escrivaninha está vibrando. Pego o iPhone.

Robert Michael Pyle seria o primeiro a dizer que não é fácil encontrar um equilíbrio. Em 2007, Pyle anunciou em sua coluna sobre a natureza na *Orion Magazine* que estava pensando em abandonar definitivamente sua atividade com e-mails. "O tempo dirá se conseguirei ganhar a vida sem um e-mail", escreveu ele. "Enquanto isso, eu voltarei à mala postal e às virtudes de paciência e silêncio. Pior para mim, dirão vocês. Veremos...".[1]

Dois anos depois, mandei um e-mail a Bob e perguntei como estava sua vida desde que ele renunciara ao e-mail. "Tive uma recaída", disse ele. "Você poderia dizer que fiz uma pausa, mas ainda não fui plenamente bem-sucedido na conquista do ideal. Tento passar o mínimo de tempo possível escrevendo nessa máquina, e praticamente abri mão da web." Quando ele precisa passar algum tempo diante de uma tela para fazer seu trabalho diário de escrita, ele se levanta e sai de casa o mais rápido possível.

Às vezes, até Pyle — um dos homens mais esperançosos e dinâmicos que já conheci — fica desanimado com as enormes dificuldades que envolvem a união homem/natureza.

Personalidades verborrágicas berram para nós em TVs de tela plana nos postos de gasolina. Empresas de anúncios substituem papel colado por telas digitais de cores berrantes. Damos de cara o tempo todo com telas em aeroportos, nas filas dos caixas de cafés, em bancos e mercearias, até mesmo nos banheiros, acima dos mictórios ou sobre secadores de mãos. Em algumas empresas aéreas, mensagens publicitárias chegam até nós em algum espaço acima ou abaixo do banco da frente, onde vamos comer. DVDs de anúncios da Disney para pré-escolares em artigos higiênicos nas mesas para exames dos consultórios pediátricos. Talvez seja esse nosso castigo por usarmos o DVD para fugir dos comerciais. "Nunca sabemos onde estará o consumidor a qualquer momento do tempo, então precisamos descobrir um jeito de estar em toda parte", diz ao *New York Times* Linda Kaplan Thaler, executiva-chefe da agência Kaplan Thaler Group. "A ubiquidade é a nova exclusividade."[2]

Essa *Blitzkrieg* informática gerou um novo campo chamado "ciência da interrupção" e uma categoria recém-inventada: atenção parcial contínua.[3]

Maggie Jackson, autora de *Distracted: The Erosion of Attention and the Coming of Dark Age*, afirma que um operário distraído leva mais ou menos meia hora para retomar e continuar um trabalho; 28% do dia de um operário típico é consumido por interrupções e recuperação do tempo; as constantes intromissões eletrônicas deixam os operários interrompidos frustrados, pressionados e estressados, além de menos criativos.[4] Produzimos mais textos, comunicamo-nos menos. No Centro de Estudos da Vida Cotidiana das Famílias da UCLA, Elinor Ochs, uma antropóloga de formação em linguística, mais uma equipe de 21 pesquisadores vêm usando os instrumentos da etnografia, ecologia, arqueologia e primatologia para gravar em videoteipe e estudar as rotinas de 32 famílias na região de Los Angeles. O grupo descobriu que os membros agitados da família movimentavam-se rapidamente, passando em uma mesma dependência só 16% de seu tempo; eles tendiam mais a resmungar do que a falar; passavam uns pelos outros sem se cumprimentar, mal olhando para o *video game*, a televisão ou o computador. "Voltar para casa ao fim do dia é um dos momentos mais delicados e vulneráveis da vida. Em todas as partes do mundo, em todas as sociedades, há algum tipo de cumprimento." Mas não nessas famílias.[5]

Larry Hinman, professor de filosofia e diretor do Values Institute na Universidade de San Diego, estudou a evolução dos robôs. Um dos cientistas por ele entrevistados observou que as máquinas não "têm emaranhamentos", o que para ele constituía uma característica positiva. "A natureza é um mundo complexo, e você nasce com emaranhamentos, começando pelo cordão umbilical", diz Hinman. Apesar da fiação eletrônica, "o mundo tecnológico é o mundo da tábula rasa; você pode refazê-lo sem as complicações da realidade. Um sonho falso, mas isso é o que toma conta da imaginação de algumas pessoas que trabalham no campo da robótica." E é particularmente o que acontece no Japão, onde os robôs para demonstrações vêm se tornando assustadoramente parecidos com os humanos. "Um robô 'noticiarista' leu as notícias à noite na televisão, e praticamente ninguém percebeu", diz ele. "Outro cientista criou um protótipo básico com os traços de seu jovem filho, que comentou: 'Mas eu não sou suficiente, papai?'. A pergunta foi devastadora para o cientista."

Levada a extremos, a vida desnaturalizada é uma vida desumanizada. Como diz o naturalista e escritor norte-americano Henry Beston, quando o vento sobre a relva "não mais faz parte do espírito humano, deixou de ser parte de seu sangue e de sua carne, o homem se torna, por assim dizer, uma espécie de marginal cósmico". Não há como negar os benefícios da Internet. Contudo, a imersão eletrônica, sem uma força que lhe sirva de equilíbrio, cria o buraco no barco — exaurindo nossa capacidade de prestar atenção, pensar com clareza, ser produtivo e criativo. O melhor antídoto para a imersão negativa na informação eletrônica será o aumento da quantidade de informações *naturais* que recebermos.

Quanto mais nos deixarmos envolver pela alta tecnologia, mais precisaremos da natureza.

Inteligência natural

Durante uma visita às ilhas Galápagos em 2010, passei uma tarde na Tomas de Berlanga School, na Ilha de Santa Cruz. A Scalesia Foundation, uma organização não governamental criada em 1991 para oferecer uma alternativa educacional aos residentes do arquipélago, mantém a escola, que atende ao crescente número de crianças da ilha cujos pais mudaram-se para lá em busca de trabalhos ligados ao ecoturismo. Mesmo ali, naquelas ilhas extraordinárias — onde você precisa ver bem onde põe os pés para não pisar em um iguana, em um lagarto das lavas, em um leão-marinho ou em um mergulhão de patas azuis —, as crianças pouco sabem sobre sua própria biorregião.

Nesta escola, nem tanto. Com exceção dos cursos que requerem computadores, as aulas são dadas em abrigos toscos, sem paredes. Essas "escolas florestais", particularmente populares na Europa, podem variar desde as escolas tradicionais, que colocam os alunos ao ar livre algumas horas por semana, até aquelas que não têm edificação nenhuma. Sua eficácia é mantida pela variedade de estudos.

A diretora da Escola Berlanga, Reyna Oleas, pessoa extremamente ativa, é uma ex-consultora ambiental do Equador que anos atrás ajudou a conseguir mais de vinte provimentos de fundos ambientais na América Latina e no Caribe. Agora, chegando aos 40 anos, mudou-se para Galápagos em 2007 para abrir essa escola. Perguntei-lhe de que maneira o mundo natural havia influenciado seu modo de pensar. Teria ela ficado mais perspicaz?

"Prefiro a expressão 'agudeza de espírito'. Tenho mais perspicácia e mantenho eterna vigilância", disse ela. "Antes de eu vir para cá, minha vida era [...] uma espécie de torpor."

Ela apresentou uma interessante definição do "torpor" em que vivia: não adormecida, mas propensa ao desalento e à dispersão. "Você fica escrevendo e-mails, assistindo a TV, atendendo ao telefone. Sua cabeça está ligada em tantos canais... Seu corpo poderia entrar em colapso e você nem se daria conta. Eu fumava dois maços de cigarros por dia. Estava estressada. Não estava bem. Aqui, eu me curei, parei de fumar." A essa altura, ela esclareceu precisamente seu modo de ver a situação. "Quando você tem de lidar com alguma coisa, você vai e faz. As soluções vêm mais naturalmente. Consigo separar o problema real do que não passa de conversa fiada. Antes, era assim — você tem um problema, e tudo é gigantesco. E agora, se alguma coisa acontece, tudo bem — é assim mesmo, como vamos lidar com a questão?"

Isso parece bem claro: quando estamos verdadeiramente presentes na natureza, não há dúvida de que usamos todos os nossos sentidos ao mesmo tempo, o que constitui uma condição ideal para o aprendizado.

Naquele dia, fui apresentado a Celso Montalvo, com quem almocei. Celso é naturalista e líder de expedições, tinha pouco mais de 30 anos na ocasião e trabalhava com a Lindblad National Geographic Expeditions. Ele havia passado parte da infância nas Galápagos. Pós-graduado pela Academia Naval Equatoriana, estudou ciências da computação em Nova York, mas resolveu voltar para suas amadas ilhas. Quando eu e Oleas conversávamos sobre inteligência natural — ou, como ela havia dito, perspicácia e consciência —, Celso entrou na conversa. Ele definiu inteligência natural como "conhecimento dos sinais da natureza".

"Percebo algo como uma inteligência animal geral. Posso ver isso nos peixes, posso ver isso nos pássaros", disse ele. "Todos nós nascemos com essa característica. Ela pode ser deflagrada novamente. Não é tão difícil assim. Conhecer biologia é útil, mas esse conhecimento torna-se muito mais profundo. Toda vez que vou para o convés ou saio de casa, consigo sentir a direção da brisa; sinto o que os animais conseguem sentir. Eles sentem o nascer e o pôr do sol. As plantas apontam para uma direção quando o tempo está úmido e para outra quando está seco. Ligar os pontos. É simples assim. Longe da Internet, tudo está conectando você com o mundo. *Tudo.*"

O mundo natural ajuda-nos a perceber conexões e também pode nos ajudar a aperfeiçoar o conhecimento.

Wolf Berger, professor e pesquisador emérito na Divisão de Pesquisas em Geociência da Scripps Institution of Oceanography e meu amigo, faz caminhadas para clarear a mente e sentir-se mais concentrado. Em geral, ele anda pela praia em La Jolla, subindo o caminho que leva ao Torrey Pines State Park ao longo das esculturas de barro retorcidas dos rochedos de arenito extremamente endurecidos pelo tempo, em meio à sálvia litorânea, onde cascavéis tomam sol, e aos mais raros pinheiros da Califórnia, um local remanescente de uma antiga floresta costeira. Ele olha para o mar e segue os botos, com suas costas curvas cortando as ondas, e os mergulhos das gaivotas.

Um dia, quando ele e eu andávamos pelo planalto de uma ilha distante, ele explicou o modo como sua mente científica processava a natureza. "Os solos e as plantas têm uma exuberância de diferentes tons de marrom e verde e, se observarmos isso atentamente, poderemos adivinhar o que nos espera mais adiante em termos de rochas e plantas à medida que nos aproximarmos", disse ele. "Minha audição piora à medida que envelheço, mas ainda assim consigo apreciar o farfalhar dos pinheiros e abetos tocados pela brisa, e o canto dos pássaros. Tento adivinhar o tamanho de cada pássaro com base na distribuição de frequência de suas emissões acústicas — o que talvez não seja uma abordagem muito romântica. Muito mais do que meus sentidos, meu *pensamento* é intensificado pela natureza."

Nossa sociedade parece olhar para toda parte, menos para o domínio natural, em busca do aprimoramento da inteligência. Gary Stix, no periódico *Scientific American*, escreve sobre o surto de medicamentos para aprimorar o desempenho cerebral. Muitas pessoas já tomam suplementos naturais para estimular ou acalmar o cérebro — *Ginkgo biloba* para aumentar o fluxo sanguíneo, erva-de-são-joão para a depressão, e assim por diante. E as substâncias psicoativas são usadas há milhares de anos para aumentar a capacidade humana de imaginar e, depois, criar. Porém, como qualquer sobrevivente da explosão populacional dos anos 60 pode atestar, os resultados podem variar. Agora, estamos dando o próximo passo. "A década de 1990, proclamada como a década do cérebro pelo presidente George H. W. Bush, foi seguida pelo que poderíamos chamar de 'a década do cérebro melhor'", escreve Stix. Universitários e executivos comerciais e empresariais estão largando as drogas que estimulam o desempenho mental rotineiro, embora as drogas nunca tenham sido aprovadas com esse objetivo. Chamados de intensificadores neurais, nootrópicos ou drogas inteligentes, os medicamentos inteligentes preferidos geralmente incluem metilfenidato (Ritalina), a anfetamina Adderall e o modafinil (Provigil). "Em alguns *campi*, um quarto dos alunos já afirmou ter usado essas drogas", segundo Stix.[6] Algumas pessoas precisam dessas medicações, sem dúvida, mas a confiança nelas continua sendo uma experiência maciça, com efeitos colaterais de longo prazo ainda por ser determinados. Além das drogas, a nova imaginação da mídia foi dominada pelo potencial de redes neurais artificiais — a reprodução ou extensão do sistema nervoso biológico — de fomentar a inteligência humana. Contudo, já existe um suplemento imediatamente acessível para estimular a inteligência a baixo custo.

O estudo da relação entre acuidade mental, criatividade e tempo passado ao ar livre é uma fronteira da ciência. Porém novas pesquisas sugerem que a exposição ao mundo vivo pode aumentar a inteligência de algumas pessoas. É provável que isso aconteça pelo menos de duas maneiras: em primeiro lugar, nossos sentidos e sensibilidades são aumentados por meio de nossa interação direta com a natureza (e o conhecimento prático dos sistemas naturais ainda é aplicável a nossa vida cotidiana); em segundo lugar, um ambiente mais natural parece estimular nossa capacidade de prestar atenção, pensar com clareza e ser mais criativo, mesmo em ambientes urbanos de extrema densidade. Essa pesquisa tem implicações positivas na educação, nas atividades comerciais e empresariais e no cotidiano de jovens e idosos.

O trabalho pioneiro nesse campo foi realizado nos anos 70 pelos psicólogos ambientais Rachel e Stephen Kaplan.[7] As déscobertas de seu estudo de nove anos de duração para o Forest Service dos Estados Unidos e pesquisas posteriores sugeriram que o contato direto e indireto com a natureza pode ajudar na recuperação de cansaço mental e recuperação da atenção. Além de defender a teoria segundo a qual a experiência com a natureza pode aumentar a saúde psicológica, eles também descobriram que ela ajudava a recuperar a capacidade do cérebro de processar informações. Eles acompanharam participantes num programa em que todos ficariam cerca de duas semanas numa floresta. Durante essa excursão (ou depois dela) os participantes afirmaram ter tido uma sensação de paz e de conseguir pensar com mais clareza; disseram também que o simples fato de estar junto à natureza era mais recuperador do que as atividades fisicamente desafiadoras, como escalar rochas, pelas quais esses programas são mais conhecidos.

Com o tempo, os Kaplan desenvolveram sua teoria da fadiga decorrente da atenção dirigida. Segundo um texto de Stephen Kaplan e Raymond DeYoung: "Em circunstâncias de exigências contínuas, nossa capacidade de dirigir nossos processos inibitórios se cansa... Essa situação diminui a eficácia mental e dificulta o exame de objetivos abstratos a longo prazo. Diversos sintomas são atribuídos a essa fadiga: irritabilidade e impulsividade, que resultam em escolhas lastimáveis; impaciência, que nos leva a tomar decisões ruins; e dispersão, que dá ao ambiente imediato a possibilidade de exercer um efeito exagerado sobre nossas escolhas comportamentais".[8] Os Kaplan formularam a hipótese de que o melhor antídoto para essa fadiga, provocada pelo excesso de atenção dirigida, é a atenção involuntária, que eles chamam de "fascínio" e que ocorre quando estamos num ambiente que satisfaz a alguns critérios: o contexto deve transportar a pessoa para longe de sua rotina cotidiana, provocar uma sensação de fascínio, um sentimento de amplitude (espaço suficiente para permitir a exploração) e uma certa compatibilidade com as expectativas de uma pessoa relativamente ao ambiente a ser explorado. Além disso, eles descobriram que o mundo natural é um espaço particularmente eficaz para que o cérebro humano supere a fadiga mental e se recupere.

A obra dos Kaplan sugere que a natureza acalma e concentra o cérebro simultaneamente, ao mesmo tempo que nos leva para um estado que transcende o relaxamento, permitindo que a mente descubra padrões dos quais não se daria conta por outros aspectos. Sim, algumas pessoas podem ter sentimentos e sensações desse tipo quando andam pelas ruas de Nova York, ou por meio da meditação avançada, ou talvez, algum dia, mediante a ingestão de uma pílula. O mundo natural, porém, oferece seus próprios suplementos. "Nosso trabalho concentrou-se nas diferentes maneiras como a natureza circundante, quer vivenciada diretamente, quer indiretamente, pode contribuir para o bem-estar", diz Rachel Kaplan. "Cuidar de plantas em estufa, olhar pela janela e ver uma árvore, trabalhar com jardinagem, admirar as árvores das ruas, as floristas nos pontos de ônibus... O mundo natural pode fazer bem às pessoas de muitas maneiras."

Pesquisas posteriores confirmaram as descobertas dos Kaplan. Os pesquisadores Marlis Mang e Terry Hartig, da Universidade da Califórnia, em Irvine, compararam três grupos de mochileiros entusiasmados. Um grupo excursionou pelas matas e melhorou muito seu desempenho na revisão de textos, enquanto os que passaram suas férias na cidade ou não viajaram para lugar algum não demonstraram nenhum progresso nessa atividade.[9] Na Universidade Michigan, pesquisadores demonstraram o desempenho da memória dos participantes, e os lapsos de memória melhoraram cerca de 20% depois de apenas uma hora de interação com a natureza, segundo os resultados publicados em *Psychological Science* em 2008.[10] Marc Berman, psicólogo da Universidade de Michigan e principal autor do estudo, comentou: "As pessoas não precisam apreciar a caminhada para obter seus benefícios. Descobrimos benefícios idênticos tanto em dias ensolarados de verão, quando a temperatura era de quase 30 graus Celsius, quanto em dias de inverno com temperatura de 30 graus negativos. A única diferença era que os participantes curtiam as caminhadas mais na primavera e no verão do que no auge do inverno".

Nesse meio-tempo, no Human-Environment Research Laboratory da Universidade de Illinois, pesquisadores descobriram que as crianças apresentam uma significativa redução dos sintomas do transtorno de déficit de atenção quando convivem com a natureza.[11] Tendo em vista que os adultos também podem apresentar os sintomas do transtorno de déficit de atenção, podemos especular que essa pesquisa também é importante para a vida dos adultos.

A maior parte das pesquisas sobre o modo como a experiência com a natureza pode fomentar a aprendizagem foi feita com jovens. Contudo, a educação estreitamente ligada à natureza parece funcionar para todos que com ela convivem, inclusive para os professores. Um estudo canadense mostrou que a existência de áreas verdes nas escolas não só melhorava o desempenho acadêmico como também diminuía a exposição às toxinas e aumentava o entusiasmo dos professores por sua atividade profissional, em parte devido à redução dos problemas disciplinares em sala de aula.[12]

As escolas com gramados e áreas verdes também diminuem a falta de assiduidade à escola. A prática de jardinagem na escola pode favorecer a aprendizagem e melhorar o comportamento dos alunos; os que participaram dessas atividades fizeram progressos em sua atitude com relação à escola e ao trabalho em grupo, ampliando suas oportunidades de aprendizagem. As paisagens naturais vistas a partir de escolas de ensino médio podem ter um impacto muito positivo sobre o desempenho e o comportamento estudantis. Um estudo que analisou 101 escolas públicas em Michigan constatou que os alunos de escolas com janelas maiores e mais visões panorâmicas da natureza circundante — a partir de salas de aula, cantinas e espaços para alimentação ao ar livre — saíam-se bem melhor nos testes-padrão e tinham notas e conceitos mais altos. Além disso, entre esses alunos do ensino médio era maior a porcentagem dos que pretendiam fazer faculdade. (Também havia menos relatos de comportamentos criminosos.)[13] Os verdadeiros passeios campestres oferecem melhores ambientes para a aprendizagem do que as excursões de campo virtuais. Isso não quer dizer que as excursões de campo virtuais (por meio de uma webcam, por exemplo) não sejam úteis, mas um passeio verdadeiro por regiões campestres dá aos alunos a oportunidade de usar todos os seus sentidos, sua espontaneidade e vontade de aprender — aquilo que os pesquisadores chamavam de ambiente de aprendizagem superior que extrapola a aprendizagem limitada a programas de ensino.[14] Os chamados alunos em risco de reprovação que ainda não tiveram muita vivência da natureza mostram um avanço acentuado de 27% nos resultados de suas avaliações em ciências, quando adquirem seus conhecimentos em atividades ao ar livre, durante os *residential programs** que podem durar uma ou mais semanas. Eles também mostram mais cooperação e capacidade de resolver conflitos; aumentos de autoestima; aumentos de comportamento ambiental positivo; motivação para aprender e bom comportamento em sala de aula.[15] Em geral, esses programas lidavam com questões relativas à posição socioeconômica, ao contexto raça/etnia, à formação da personalidade e ao nível de engajamento.

---

* Cursos oferecidos a adolescentes nos meses de verão, com grande variedade de atividades sociais e culturais e muitas excursões por campos e matas, com acomodações em dormitórios residenciais (quartos compartilhados). (N.T.)

Mais pesquisas são necessárias sobre a aprendizagem dos adultos, mas os estudos e as teorias relativos aos jovens são importantes em qualquer discussão sobre a inteligência, seja qual for a idade do estudante.[16]

Só quer saber de tudo limpinho e arrumadinho? Um estudo conduzido por Dorothy Matthews e Susan Jenks no Sage Colleges em Troy, Nova York, descobriu que uma bactéria inoculada em ratos ajudava-os a atravessar um lugar cheio de bagunça com o dobro de rapidez. A bactéria em questão é a *Mycobacterium vaccae*, uma bactéria natural do solo comumente ingerida ou inalada quando as pessoas passam algum tempo junto à natureza. Quando os ratos foram testados depois de três semanas de descanso, o benefício já havia deixado de ser estatisticamente significativo, mas, como disse Matthews, a pesquisa sugere que a *M. vaccae* talvez tenha um papel a desempenhar na aprendizagem dos mamíferos. Ela imaginou que criar ambientes propícios à aprendizagem ao ar livre, em lugares onde a *M. vaccae* esteja presente, pode "aumentar a capacidade de aprender novas tarefas".[17] Pílulas inteligentes, tratem de fazer contato com essas bactérias inteligentes.

Mesmo que as pesquisas sobre bactérias venham a se mostrar muito bem-sucedidas, não espere que alguém vá começar a distribuir bichinhos inteligentes na sala de aula ou na diretoria. Porém, seja feito com adultos ou crianças, o corpo cada vez maior de pesquisas que associam a capacidade de aprender com o tempo passado na natureza não tem implicações para os métodos de ensino em todos os níveis, assim como implicações para o projeto de áreas verdes e edifícios escolares. Essa constatação aplica-se a faculdades e universidades, e também ao modo como as instituições educacionais e comerciais podem oferecer programas educativos extensivos ou contínuos. É possível imaginar uma tendência educacional baseada na natureza que rivalizaria com a explosão da educação virtual de tecnologia de ponta. Essa pesquisa também sugere que as pessoas podem agir por conta própria para desenvolver um intelecto natural e obter vantagens criativas se passarem a viver mais tempo em contato com a natureza.

Ainda assim, a maioria das pessoas precisa de uma ajudazinha dos amigos para fazer o contato e persistir nele. Jon Young, um professor que há muito tempo se dedica a percorrer regiões selvagens e incultas, trabalha com adultos e crianças na Área da Baía de São Francisco, com orientação do Regenerative Design Institute em Bolinas, Califórnia. "Quase nunca você acha uma pessoa conectada com a natureza e a comunidade inteira à margem desse contato", diz ele. "Há práticas culturais que envolvem toda a comunidade em atividades que podemos chamar de "prática de conexão com a natureza". Ele trabalha com cerca de duzentos adultos por ano, ensinando-os a se tornarem instrutores desse tipo de atividade junto à natureza. Em seus cursos, Young aplica o método descrito em *Coyote's Guide to Connecting with Nature*, um livro que ele escreveu em coautoria com Ellen Haas e Evan McGown. Entre os exercícios e rituais estão o radar corporal, as seis artes de caminhar e observar em ambientes naturais, mapeamento, imaginação com os olhos da mente, ouvir e entender a linguagem dos pássaros e concentrar-se na vegetação ambiente. Sua escola ensina práticas de navegação, conhecimento da hora do dia, noção de que certas aves retornaram de sua migração, previsão de mudanças sazonais, conhecimento de onde os cogumelos vão surgir nas encostas em decorrência dos padrões de chuvas. "Tudo que está profundamente inserido em nosso [...] será que posso chamar de software? Odeio usar essa analogia. É o sistema operacional que nosso hardware se destina a processar, caso prefiram assim... E quando estamos em conexão com a natureza, todas essas funções entram em atividade por si próprias. Brincamos, seguimos trilhas, andamos a esmo. E alguns meses depois de estarem nesses lugares, uma luz se acende em seus olhos e de repente eles dizem: 'Ah, isso é o máximo. Eu não me sentia assim desde os 9 anos!'. É como se algum tipo de fenômeno neurológico entrasse em ação quando esse redespertar acontece. Alguns adultos sentem-se culpados por isso; eles acham que a aprendizagem precisa fazer sofrer. Os sistemas educacionais com que estamos acostumados dizem respeito à transferência de informações." Se essa abordagem for usada exclusivamente, as pessoas tenderão a reter as informações em sua memória de curto prazo, fazendo-as aflorar durante um teste, "e depois elas deixam que elas desapareçam — elas não vão pertencer aos bancos de memória de longo prazo". Na outra extremidade do espectro dos ambientes de aprendizagem encontra-se aquilo que Young chama de "conexão plena". Ele dá este exemplo: "Uma garota de 11 anos de idade que criou uma profunda relação com um cavalo pode lhe dar uma quantidade extraordinária de informações sobre cavalos, e ela nem mesmo saberá de onde elas provêm. Ela conseguirá lhe transmitir essas informações por meio de uma narrativa engajada. Sempre lembro às pessoas que, se tivermos uma ligação sincera com a natureza, as informações virão por si sós, sem esforço".

A palavra *inteligência* deixa Young hesitante. "Penso na relação com a natureza como algo mais substancial, num sentido emocional, intelectual e espiritual. É uma parte profundamente insondável do que somos como seres humanos e de nosso potencial." Assim, Young pergunta a si mesmo se estamos falando sobre inteligência ou alguma coisa que ele chamaria de consciência inata. "A inteligência pode estar no contexto dessa consciência mais ampla, um subgrupo de um maior *corpus* perceptual. É o grande repositório, maior que o conjunto das inteligências. É o sistema de fundo."

Criatividade natural — Porque o homem não vive dominado só pelo medo

O gênio criativo não é o acúmulo de conhecimento; é a capacidade de perceber padrões no universo, detectar ligações ocultas entre o que é e o que poderia ser.

Ligar os pontos, como diz Celso Montalvo, da escola de Galápagos. Ralph Waldo Emerson, num discurso na missa de corpo presente de Henry David Thoreau, descreveu os múltiplos talentos de seu amigo: "Ele era um bom nadador, corredor, patinador, remador, e é bem provável que andasse muito mais do que a maioria dos seus compatriotas durante todo um dia... O alcance de sua caminhada uniforme equivalia ao alcance de sua escrita. [Se vivesse] fechado em casa, não escreveria absolutamente nada".[18] Essas caminhadas não apenas estimulavam sua criatividade, como também tinham aplicações práticas em seu cotidiano: as experiências de Thoreau ao ar livre tornaram-no um agrimensor muito procurado; ele conseguia determinar limites e divisas com exatidão, além de explicar o funcionamento ecológico de determinada área com riqueza de detalhes. Observador diletante de rios e regatos, ele conhecia os segredos das águas locais bem antes que os hidrologistas viessem tomar suas medidas.

Quando John Hockenb pesquisa erry, comentarista da NPR (National Public Radio), apresentou a que revelava maior discernimento mental depois de uma caminhada por ambientes naturais, ele afirmou que Albert Einstein e o matemático e filósofo Kurt Gödel, "duas das pessoas mais brilhantes que já pisaram a face da Terra, eram também conhecidos por fazerem caminhadas diárias nas matas nos arredores do campus de Princeton". Bem, nenhum de nós é um Einstein. Mas todos já vivenciamos aquele momento *eureca*, quando o cérebro está agradavelmente relaxado.

Como no caso dos estudos sobre capacidade de aprender, a maior parte das pesquisas sobre a relação entre experiências na natureza e criatividade diz respeito aos jovens. Em 2006, por exemplo, num estudo dinamarquês constatou-se que os jardins de infância ao ar livre eram melhores do que as escolas fechadas para estimular a criatividade das crianças. Os pesquisadores afirmaram que 58% das crianças que ficavam em contato com a natureza frequentemente inventavam novos jogos, o que só era feito por 16% das que frequentavam escolas tradicionais.[19] Uma explicação, tanto para adultos quanto para crianças, é sugerida pela "teoria das peças soltas" em educação, segundo a qual quanto mais partes soltas houver num ambiente, mais criativa será a interação. Um jogo de computador tem muitas peças soltas em forma de código de programação, mas o número e a interação dessas peças são limitados pela mente do ser humano que criou o jogo. Numa árvore, numa floresta, nos campos, numa montanha, numa ravina ou num terreno baldio, o número de peças soltas é ilimitado. É possível, portanto, que a exposição às partes soltas porém conexas da natureza possa estimular uma maior sensibilidade a padrões que estão na base de toda experiência, toda matéria e tudo que interessa.

Em 1977, a falecida Edith Cobb, conhecida proponente da educação baseada na natureza, afirmou que os gênios compartilham uma característica: a experiência transcendente na natureza em sua infância.[20] A psicóloga ambiental Louise Chawla, da Universidade do Colorado, apresenta um ponto de vista mais amplo. "A natureza não é importante apenas para os futuros gênios", diz ela. Seu trabalho explora os "lugares extáticos". Ela usa a palavra *extático* muito criteriosamente. Em vez de usar a definição contemporânea de "deleite" ou "arrebatamento", sua preferência recai sobre as antigas raízes gregas do termo — *ekstatikós, é, ón* —, que significam "enlevado", "transportado para fora de si e do mundo sensível". Esses momentos extáticos são "joias radioativas inseridas em nós, emitindo energia ao longo de nossos anos de vida", como afirma Chawla. Esses momentos são geralmente vivenciados durante os anos de formação. Contudo, devido à plasticidade do cérebro e às sensibilidades individuais, eles podem ocorrer durante toda a vida.

E o mesmo acontece com a criação de novos neurônios, as células cerebrais que processam e transmitem informações. Portanto é razoável especular que o tempo passado em contato com o mundo natural, ao restaurar e estimular o cérebro, pode levar ao surgimento de novos neurônios — "neurônios da natureza", como diz minha mulher.

A consciência do tempo também pode ser um fator. Como foi dito no relatório "Healthy Parks, Healthy People", publicado pela Deakin University School of Health and Social Development, de Melbourne, na Austrália: "A vida urbana é dominada pelo tempo mecânico (pontualidade, prazos finais etc.), enquanto nosso corpo é dominado pelo tempo biológico". Sabemos que o conflito entre os tempos biológico e mecânico — e o *jet lag* nos vem imediatamente ao pensamento — pode levar à irritabilidade, inquietação, depressão, insônia, tensão e dor de cabeça. Além disso, "a experiência da natureza em sentido neurológico pode ajudar a fortalecer as atividades do hemisfério direito do cérebro e devolver ao cérebro a harmonia da totalidade de suas funções", afirma o relatório da universidade.[21] "Essa talvez seja uma explicação técnica do processo que ocorre quando as pessoas 'fazem caminhadas num parque para aliviar a cabeça'... Além do mais, os pesquisadores descobriram que, no ato de contemplar a natureza, o cérebro atenua o 'excesso' de circulação (ou atividade), e a atividade do sistema nervoso também se vê reduzida".[22]

Seja qual for o processo, as pessoas criativas frequentemente percebem que são atraídas pelo ar livre em busca de revigoramento e ideias. "Se possível, sempre trabalho ao ar livre. É importante apreender o pensamento no instante mesmo em que ele surge", diz a escritora Hilary Mantel, ganhadora do renomado Booker Prize em 2009.[23] O pintor norte-americano Richard C. Harrington mantém a tradição dos artistas que se sentem mais inspirados quando trabalham ao ar livre. Ele escreveu: "Para mim, ficar afastado do ambiente natural, não pintar regularmente ao ar livre, são coisas que me deixam estressado, deprimido e quase sempre infeliz".[24]

O escultor David Eisenhour, na faixa etária dos 50 anos, mora numa cidadezinha no Estado de Washington. Conheci-o em 2009, do outro lado do continente, no Chautauqua Festival, no norte do Estado de Nova York, onde suas obras estavam expostas. Ainda menino, ele morava num *trailer* com seu pai numa comunidade agrícola no norte da Pensilvânia. Passava a maior parte de seu tempo livre longe das cidades, mas também tinha um aquário cheio de rãs, peixes, lagostins e insetos. Um bom microscópio fazia com que ele mergulhasse profundamente em outro mundo. Hoje, suas peças em metal fundido expressam formas naturais que parecem familiares, ainda que sua inspiração geralmente venha de objetos ou criaturas tão pequenos que se tornam difíceis de identificar. Liquens ou besouros assumem formas surpreendentes em suas mãos. Em Chautauqua, ele expôs uma grande e estranha escultura do chifre de um besouro-do-esterco; parecia mais um tricerátopo e era uma bela peça. Ao lado de uma parede de pedras perto da obra, ele falou sobre a ligação entre natureza e inspiração.

"A razão de parecer que estou me saindo bem em minha carreira é que o imaginário que pretendo criar não é sentimental, mas sim orgânico e de aspecto bem primordial. Ela está num momento favorável porque as pessoas estão querendo essa conexão com o mundo natural. Meu trabalho vai buscar novamente aquele fascínio infantil e o recupera lá dos recessos profundos de nossa mente", disse ele. "Procuro um repertório de imagens que, no nível macro ou microscópico, seja repetido. Você está olhando mais para as unidades estruturais da vida. Em alguma parte de nosso cérebro simiesco, o subconsciente, temos todas essas informações. Simplesmente perdemos o acesso a elas [...] o conceito de que a espiral da concha de um caracol e a espiral da Via Láctea são a mesma coisa."

Contudo, o motivo principal pelo qual ele escolhe essas imagens, diz ele, é que "o contato com a natureza acalma minha mente, e é dessa quietude que surge a verdadeira arte".

No verão de 2009, eu e vários colegas fomos convidados pelo ator Val Kilmer para ir a sua propriedade rural no Novo México e conversar com ele sobre seus planos de criar uma espécie de museu de arte/centro de criatividade em sua propriedade. O que mais me surpreendeu durante a visita não foram as ideias do ator, mas sim uma pequena foto em preto e branco sobre a lareira. A imagem era de uma nuvem escura sobre a água, prenunciando trovões e tempestades. Abaixo dela, na caligrafia espremida e difícil de ler de Kilmer, havia a seguinte inscrição para seu filho: "Inspiração é confirmação [...] *xox** Papai." No canto inferior da

---

* "Beijos e abraços" (Hugs and kisses). (N.T.)

foto, ele acrescentou um P.S. *"Porém, se alguma vez você ficar sem ideias, vá caminhar por aí."*

Pensamento híbrido

Mais uma reflexão antes de passarmos para a saúde física e emocional. Ainda no terreno da natureza e da inteligência, vamos fazer alguns estragos na falsa dicotomia entre natureza e tecnologia.

Quando meus filhos estavam crescendo, eles ficavam bastante tempo ao ar livre, mas também gostavam muito de jogar *video game* — bem mais do que seria do meu agrado. De vez em quando, Jason e Matthew tentavam me convencer de que sua geração estava dando um salto evolutivo; como ficavam tanto tempo enviando mensagens escritas, jogando *video games* etc., eles eram diferentemente programados. Em resposta, eu enfatizava que minha geração havia dito algo semelhante sobre as drogas, e que isso não funcionara tão bem. As probabilidades indicam que o vício eletrônico tampouco dará certo, razão pela qual o equilíbrio natural é tão necessário. O que há de diferente agora não é a presença da tecnologia, mas o ritmo da mudança — a rapidez da introdução de novas mídias e a adoção de novos equipamentos eletrônicos.

Gary Small, neurologista da Universidade da Califórnia, em Los Angeles, sugere que o ritmo das mudanças tecnológicas está criando o que ele chama de "lapso cerebral" entre as gerações. "Talvez desde que o homem primitivo aprendeu a usar uma ferramenta o cérebro humano não tenha sido afetado tão rápida e drasticamente", escreve ele em seu livro *iBrain: Surviving the Technological Alteration of the Modern Mind.*[25]

Se Small estiver certo, então minha resposta aos meus filhos — a de que a evolução não funciona tão rápido assim — pode ser exagerada.

Small e seus colegas usaram imagem por ressonância magnética (MRI) para estudar a área dorsolateral do córtex pré-frontal, que integra informações complexas e a memória de curto prazo e é muito importante para a tomada de decisões.[26] Dois grupos foram testados: usuários de computador experimentados, ou "tarimbados", e usuários inexperientes, ou "neófitos". Enquanto faziam pesquisas na Web, a área dorsolateral dos tarimbados ficava muito ativa, porém permanecia inoperante no caso dos neófitos. Como se afirmou na revista canadense *Macleans*:

"No quinto dia, o cérebro do grupo dos tarimbados parecia mais ou menos igual. No grupo dos neófitos, porém, algo surpreendente acontecera: à medida que pesquisavam, seus circuitos adquiriam vida, brilhando e vibrando exatamente como havia acontecido com seus equivalentes tecnicamente bem preparados".[27] Depois desse breve período de tempo, será que os participantes neófitos já "haviam reprogramado seus cérebros?". As pessoas acima de 30 anos, que tinham o cérebro totalmente formado quando passaram a usar a Web pela primeira vez, também podem tornar-se proficientes no universo virtual. O cérebro dos adolescentes, porém, é particularmente maleável, mais propenso a ser moldado pela experiência tecnológica.

Há um ponto de vista segundo o qual as pessoas que lidam excessivamente com a tecnologia em seus anos de formação irão tolher a maturação do desenvolvimento normal do lobo frontal, "cristalizando-o, em última análise, no modo do cérebro adolescente", como diz a *Macleans*. "Estaremos desenvolvendo uma geração com lobos frontais subdesenvolvidos, incapaz de aprender, lembrar, sentir, controlar impulsos?", escreve Small. "Ou será que essa geração desenvolverá novas habilidades avançadas que irão prepará-la para experiências extraordinárias?"[28]

Os pesquisadores otimistas sugerem que toda essa quantidade de multitarefas e envio de textos está criando a geração mais inteligente que já existiu, livre das limitações geográficas, do tempo atmosférico e das distâncias — todos esses desagradáveis inconvenientes do mundo físico. Contudo, Mark Bauerlein, professor de estudos ingleses na Universidade Emory, apresenta estudos que comparam essa geração de estudantes com gerações anteriores, constatando que, apesar de toda informação disponível, "eles não sabem mais nada sobre história, civismo, economia ou ciência, literatura ou fatos contemporâneos".

Eis uma terceira possibilidade: talvez estejamos desenvolvendo uma mente híbrida. A multitarefa crucial será viver simultaneamente tanto no mundo digital quanto no físico, usando computadores para aumentar nossa capacidade de processar dados intelectuais e ambientes naturais, de modo a estimular todos os nossos sentidos e acelerar nossa capacidade de aprender e sentir; assim, poderíamos combinar os poderes "primitivos" dos nossos ancestrais com a velocidade digital dos nossos adolescentes.

A evolução pode (ou não) estar fora do nosso domínio. Como pessoas, porém, podemos aceitar e celebrar nossas capacidades tecnológicas ao mesmo tempo que buscamos os dons da natureza essenciais para a concretização do nosso pleno potencial intelectual e espiritual.

A melhor preparação para o século XXI pode ser uma combinação das experiências natural e virtual. Um instrutor que treina jovens para que se tornem pilotos de navios de cruzeiro descreve "dois tipos de aluno, os que são bons em *video games* e fantásticos com os sistemas de navegação eletrônica e aqueles que têm características distintas — e têm um sentido especial, muito superior, de onde o navio está. Tendemos a escolher um ou outro tipo". O piloto ideal, diz ele, é a pessoa dotada de equilíbrio entre conhecimento natural e conhecimento de alta tecnologia: "Precisamos de pessoas que dominem *ambas* as maneiras de compreender o mundo". Em outras palavras, uma mente híbrida.

Novas estratégias de disciplina pessoal deverão ser integradas ou introduzidas entre essas maneiras aparentemente incompatíveis de estar no mundo. Talvez um jovem de 15 anos possa começar a nos mostrar como fazer isso.

Em sua página no LinkedIn, Spencer Schoeben descreve a si mesmo como "gerente de marketing para adolescentes na rede; fundador, arquiteto-chefe do site de Twitloc; criador de sites na área de Cassy Bay; especialista em criar sites na Internet; editor de mídias sociais em Paly Voice e fundador da Netspencer (profissional autônomo)". Uma ficha técnica completa. Ele também usa seu tempo para estudar na Escola de Segundo Grau de Palo Alto. Schoeben mostra-se orgulhoso de seu conhecimento do mundo do computador e vê as vantagens de levar, como ele diz, "uma vida de conectividade" no seu site. "Não importa onde eu esteja, não importa o que eu esteja fazendo, todas as coisas e pessoas das quais gosto estão facilmente ao meu alcance." Mas ele também descreve o impacto de duas semanas de acampamento de verão em Hidden Villa, uma organização educacional sem fins lucrativos com uma fazenda orgânica e vegetação nativa no sopé das montanhas de Santa Cruz, ao sul de São Francisco. Ele escreve que, de início, não estava com muita vontade de ir para Hidden Villa. "Eu pensava nas dificuldades que teria para sobreviver sem conexão com a Internet." Mas ele foi mesmo assim, e lá, como diz, "preparei batatas fritas com batatas colhidas ali mesmo, e cheguei a conduzir uma cabra pelas matas. Ficou tudo bem. Na verdade, foi surpreendente.

Eu não conseguia acreditar que tinha feito tudo aquilo". E ele aprendeu que há "milhares e milhares de espécies de árvores e plantas e animais que não precisam da eletricidade para viver".

Quando voltou para casa, foi imediatamente para o seu quarto, pegou seu laptop e leu o equivalente a doze dias de mensagens de e-mail e Facebook. "Mas não dei a mínima. O que eu realmente queria era sair e me divertir no mundo real." Percebeu que a melhor maneira de viver "está no meio-termo". Ele pode continuar apaixonado pela tecnologia — "de nada adianta descartar essas coisas" —, mas [aprendeu que] a Internet não é o universo. "É difícil perceber como sua vida pode ser solitária [...] até que experimente como é viver no outro lado."

Spencer tem um novo projeto para sua vida. Por ora, pelo menos, ele pretende equilibrar o mundo tecnológico com a experiência naquele mundo das conexões naturais. Em busca dessa experiência híbrida, ele cita Carl Sagan: "Em algum lugar, alguma coisa incrível está esperando ser descoberta".

SEGUNDA PARTE

Vitamina N

Canalizar o Poder do Mundo Natural para Nossa Aptidão Física, Emocional e Familiar

Precisamos do estímulo da vida selvagem.
— Henry David Thoreau

Capítulo 3

O jardim

LEMBRANÇAS SÃO SEMENTES. Quando menino, na minha família, os grandes momentos estavam quase sempre associados à natureza — às pescarias, cobras encontradas e rãs capturadas, com as águas escuras refletindo as estrelas. Morávamos no limite das periferias, em Raytown, Missouri. No fundo do nosso quintal começavam os milharais, depois vinha a mata e, para além dela, mais sítios e fazendas que pareciam intermináveis. Todos os verões, eu percorria os campos com meu pastor escocês, abrindo caminho por entre os cipoais da floresta para escavar minhas fortalezas subterrâneas e subir pelos galhos de um carvalho que havia sobrevivido a Jesse James. Quando a colheita do milho terminava, meu pai e eu caminhávamos entre o restolho e procurávamos os ninhos de maçaricos, que nidificam no chão. Juntos observávamos — cheios de admiração — os gritos dramáticos e as asas falsamente quebradas com que eles tentavam nos afastar de seus ninhos.

Lembro-me do pescoço do meu pai, queimado de sol e cheio de poeira e terra enquanto ele escavava nosso jardim. Eu corria atrás dele, chutando pedras, ossos e brinquedos que encontrava pelo caminho. Meu pai, minha mãe, meu irmãozinho e eu plantávamos mudas de morango e enterrávamos as sementes de abóbora--cheirosa e fazíamos nosso próprio plantio de milho-doce. Certo ano, meu pai leu sobre a produtividade da acelga e, como de hábito, plantou-a aos montes. Nunca comemos tanta acelga como naquele verão. Nossa cozinha e parte do porão estavam cheias delas. Minha mãe enlatou-as. Levei sacos de supermercado cheios delas para os vizinhos. Minha mãe adorava contar a história do verão em que "as acelgas comeram a vizinhança".

Sem o controle de nenhuma associação comunitária, nosso quintal estava repleto de gafanhotos e outros fenômenos naturais, além de todo o calor. Com todos os meus sentidos, lembro-me de um fim de tarde em que eu, meus pais e meu irmão corremos contra o tempo para concluir a construção de um muro de arrimo que protegesse o gramado e o jardim. Percebemos que o vento estava ficando mais forte e que o ar se tornava pesado, mas ficamos juntos até o fim; enxugávamos o suor e olhávamos para o céu verde-ervilha com a textura de um acolchoado, sentimos uma calmaria desagradável e um súbito recrudescimento do vento; depois, a tempestade de granizo chegou ao nosso quintal como um exército invasor. Corremos para a porta do porão.

Esses momentos tornaram-se parte de nossas histórias de vida, pois todo esse tempo passado no jardim, na água e nas matas manteve nossa família unida.

Mais tarde, meu pai, que era engenheiro químico, passou a ganhar mais dinheiro e a aventurar-se menos fora de casa. O jardim praticamente desapareceu, substituído pelo capim do campo que ocorre muito no Kentucky. Os vizinhos ergueram cercas. Nosso pastor escocês não podia mais correr livremente, assim como nós. Em vez de ter acelga e pequenos montes de terra para plantar morangas e abóboras, o jardim ficou ordenado e alinhado com arbustos uniformemente organizados. Em vez de legumes, plantávamos dente-de-leão; acabamos com a variedade e introduzimos ordem no jardim. O sol de verão tornou-se opressivo. Minha mãe ainda contou a história da acelga algumas vezes, depois nunca mais voltou a contá-la. O jardim virou uma memória longínqua. Mudamo-nos para uma casa maior.

Quando eu estava fora, fazendo faculdade, o mercado de trabalho para os engenheiros químicos deixou de ser competitivo. Meu pai sempre sonhara com a aposentadoria, com a mudança para os Ozarks.* Ele acreditava que, uma vez lá, pescaria todos os dias e faria um grande jardim. Então ele, minha mãe e meu

---

* As Montanhas Ozark (ou simplesmente as Ozarks) são uma cordilheira localizada no estados de Missouri, Arkansas, Oklahoma e Kansas, entre os rios Arkansas e Missouri (N.T.)

irmão mudaram-se para as montanhas ao sul do Missouri, para Table Rock Lake. Na ocasião, porém, meu pai vinha passando a maior parte do tempo sentado à mesa da cozinha, com o olhar perdido no vazio. Pescava pouco. Não plantou nenhum jardim. Ele e minha mãe voltaram para o subúrbio.

Doze anos depois, me sentei na poltrona onde ele fizera sua própria vida e abri uma gaveta. Ali, encontrei um documento manuscrito intitulado "dívidas vencidas e não pagas". Era um amargo livro-caixa de seus tempos idos, uma redução de nossa família a números; contudo, no meio daqueles parágrafos, havia uma frase que mencionava um bom período da vida dele — aquilo que ele chamava de seu "breve Éden".

Olhei para a frase durante algum tempo. Eu sabia que período havia sido aquele.

Hoje, sou mais velho do que meu pai era quando morreu. Minha vida e meus escritos foram moldados por aquela época nos limites dos milharais. Às vezes, tenho a impressão de que o que aconteceu com meu pai — o desaparecimento da natureza em sua vida e seu mergulho na pobreza — equivale à vida de nossa cultura, em que a liberdade de as crianças vagarem a esmo diminuiu, quando as famílias se fecharam em si mesmas, quando a natureza tornou-se uma abstração. Entendo que essa equação está incompleta. O que veio primeiro? O mal-estar do espírito e do corpo ou o afastamento da natureza? Sinceramente, não tenho resposta para essa pergunta. Frequentemente, porém, pergunto a mim mesmo como teria sido a vida de meu pai se o vocabulário da terapia de saúde mental tivesse ido além do Thorazine* e do Quaaludes** e se expandido para os domínios da terapia da natureza.

Quando menino, eu devo ter percebido o poder de cura da natureza. À medida que via meu pai cada vez mais distante, pensava em como seria bom se ele largasse seu trabalho como engenheiro e se tornasse guarda-florestal. De alguma maneira, eu acreditava que, se ele fizesse isso, tanto ele quanto nós ficaríamos

---

* Nome comercial de medicamento antipsicótico assim chamado nos Estados Unidos; no Brasil, recebe o nome de Amplictil. (N.T.)

** Nome comercial do princípio ativo metaqualona, droga sedativa e hipnótica; no Brasil, recebia o nome de Mandrix. (N.T.)

bem. Hoje, claro, percebo que a natureza sozinha não o teria curado, mas não tenho nenhuma dúvida de que teria ajudado.

Talvez essas experiências da infância expliquem por que hoje, adulto, algo me leva a crer na força restauradora da natureza, numa união homem/natureza. E que, graças a essa união, a vida será melhor.

Capítulo 4

Fontes de vida

A Conexão Mente/Corpo/Natureza

O TEMPO QUE PASSAMOS NO MUNDO NATURAL pode ajudar a formar nossa aptidão física, emocional e familiar. A conexão mente/corpo é, sem dúvida, um conceito bem conhecido, mas a pesquisa e o senso comum sugerem um novo componente: a conexão *mente/corpo/natureza*.

Há mais de dois mil anos, os taoistas chineses criavam jardins e estufas para melhorar a saúde humana. Em 1699, o livro *English Gardener* aconselhava o leitor a "passar algum tempo no jardim, seja escavando, fazendo pequenos consertos ou semeando; não existe melhor maneira de preservar nossa saúde". Há um século, John Muir observou que "Milhares de pessoas cansadas, com nervos abalados e excesso de civilização estão começando a descobrir que ir para as montanhas significa ir para casa; que as regiões silvestres e não cultivadas são uma necessidade; e que os parques e as reservas nas montanhas são úteis não apenas como fontes de madeira e irrigação fluvial, mas como fontes de vida".[1]

Hoje, a crença muito antiga de que a natureza tem um impacto positivo direto sobre a saúde humana está fazendo a transição de teoria para comprovação, e desta para a ação. Certas descobertas tornaram-se tão convincentes que alguns provedores e algumas organizações de assistência médica de primeira linha começaram a incentivar a terapia natural para um grande número de doenças e a prevenção delas. E muitos de nós, sem ter um nome que o designe, estamos usando o tônico da natureza. Em essência, estamos nos automedicando com um medicamento sucedâneo barato e incomumente proveitoso. Vamos chamá-lo de vitamina N — *n* por conta de Natureza.[2]

Novas pesquisas sustentam a afirmação de que a terapia da natureza ajuda a controlar a dor e o estresse; e, para as pessoas com doenças cardíacas,[3] demência[4] e outros problemas, a prescrição da natureza tem benefícios que podem ir além dos resultados previsíveis do exercício ao ar livre.[5] A capacidade restauradora do mundo natural pode nos ajudar a curar, mesmo a uma distância relativa. Nos pavimentos cirúrgicos de um hospital periférico da Pensilvânia com duzentos leitos, alguns quartos davam para um grupo de árvores decíduas, enquanto outros davam para um muro de tijolos marrons. Os pesquisadores constataram que, comparados aos pacientes que só viam a cor marrom, os pacientes que viam árvores tinham menores períodos de internação (em média, quase um dia inteiro), menos necessidade de analgésicos e menos comentários negativos nas anotações das enfermeiras.[6] Em outro estudo, pacientes submetidos à broncoscopia (um procedimento que implica a inserção de um tubo de fibra óptica nos pulmões) eram aleatoriamente designados a receber sedação ou sedação mais contato com a natureza — nesse caso, uma pintura mural em que se via um regato numa montanha numa paisagem primaveril e um gravador que reproduzia continuamente sons da natureza como, por exemplo, o fluir da água num regato ou o arrulho de pássaros. Os pacientes que tinham contato com a natureza apresentavam um controle substancialmente melhor da dor.[7]

A proximidade com a natureza pode ser um antídoto contra a obesidade. Um estudo de 2008, publicado pelo *American Journal of Preventive Medicine*, constatou que quanto mais verde for o ambiente em que vivemos, menor será o Índice de Massa Corporal das crianças. "Nosso novo estudo com 3.800 crianças que vivem nas cidades revelou que, em longo prazo, morar em áreas com espaços verdes exerce um efeito positivo sobre o peso das crianças e, portanto, sobre sua saúde", segundo o autor Gilbert C. Liu, MD. Embora o estudo não tenha comprovado diretamente uma questão de causa e efeito, ele controlou muitas variáveis, inclusive a densidade populacional da vizinhança. Os resultados reforçam o ponto de vista daqueles que acreditam que mudar o ambiente construído para crianças urbanas é tão importante quanto as tentativas de mudança do comportamento familiar.[8]

Embora seja verdade que o excesso de exposição à luz solar pode desenvolver melanoma, a falta quase total de tempo fora de casa também pode exercer impacto negativo sobre a saúde. Segundo um estudo, a deficiência de vitamina D, que é naturalmente obtida da luz do sol e de alguns alimentos ou suplementos, chega a atingir três quartos de adolescentes e adultos norte-americanos. Os afro-americanos correm um risco especial, explica um cientista na *Scientific American*, pois "eles têm mais melanina ou pigmento na pele, o que dificulta, para seu corpo, a absorção e o uso dos raios ultravioleta para a síntese da vitamina D".[9] Alguns cientistas questionam a porcentagem de pessoas que podem estar em situação de risco (que pode estar próxima de metade de três quartos), mas há consenso sobre o fato de que os níveis sanguíneos de vitamina D estão caindo, e que a deficiência está associada a um grande número de problemas de saúde, inclusive câncer, rigidez arterial em adolescentes afro-americanos, diabetes tipo 2, mau humor durante o inverno, decréscimo da força física em jovens e diminuição da função pulmonar em crianças asmáticas. A vitamina D também tem se mostrado benéfica na redução de riscos de algumas doenças infecciosas, doenças autoimunes, fraturas e doença periodontal.

Há mais pesquisas sobre o impacto do tempo passado em contato com a natureza no que diz respeito à saúde mental do que à saúde física; as duas esferas de ação (juntamente com a acuidade mental) são inter-relacionadas. A ciência não esgotou seus recursos e as provas disponíveis não são totalmente consistentes. Boa parte delas é correlativa, não causal. Entretanto, uma leitura honesta do que há na ciência pode levar a conclusões cautelosas.

Vários relatos, inclusive uma resenha bibliográfica completa feita pelos pesquisadores na Universidade Deakin de Melbourne, na Austrália, catalogam o que é conhecido.[10] Segundo a análise Deakin, cada um dos benefícios de saúde (entre outros) relacionados a seguir é corroborado por pesquisas ilustrativas, teóricas e empíricas:

- A exposição a ambientes naturais, como os parques, aumenta a capacidade de lidar com o estresse e recuperar-se dele, e o mesmo se pode dizer sobre outras doenças e ferimentos.[11]

- Métodos reconhecidos de terapias baseadas na natureza (inclusive a terapia em regiões agrestes, a prática da horticultura e a prestação de assistência a animais doentes) são bem-sucedidos para curar pacientes que antes não respondiam ao tratamento de algumas enfermidades emocionais ou físicas.[12]

- As pessoas têm uma perspectiva de vida mais positiva e mais satisfação pelo fato de estarem vivas quando estão em contato com a natureza, principalmente em áreas urbanas.[13]

Imunidade ao ar livre

Em 2007, o naturalista Robby Astrove e eu atravessamos West Palm Beach (Flórida) de carro, a caminho de um evento sobre a preservação dos Everglades.* Ele me disse: "Quando menino, eu estava sempre grudado à janela do carro, observando tudo. Ainda faço isso, e sempre procuro um assento junto à janela quando viajo de avião. Relembrando aquele tempo, não admira que eu tenha me tornado um naturalista, uma vez que treinei meus sentidos para perceber todos os detalhes, padrões, imagens, sons e sensações". Na quarta série do ensino fundamental, uma excursão escolar de estudos práticos aos Everglades levou-o à escolha de sua carreira. Como educador, ele tem levado milhares de alunos a essa região, para aprenderem sobre o grande "rio de grama" e as ameaças à sua saúde. Astrove e eu tivemos um começo de vida difícil. Ele nasceu em Miami em 1978 e imediatamente recebeu três transfusões de sangue que lhe salvaram a vida. Infelizmente, o sangue do doador infectou-o com HIV e hepatite C, doenças que só foram descobertas quando ele tinha 16 anos. Os exames de sangue indicaram a presença dos vírus quando ele não conseguia se recuperar de uma infecção estafilocócica resultante de um ferimento provocado por um instrumento de percussão. Astrove lembra-se de ter sido chamado ao consultório médico, onde encontrou seus pais

---

* Região pantanosa subtropical da Flórida atualmente protegida pelo Everglades National Park. (N.T.)

debulhados em lágrimas. "O médico pediu para eu me sentar e me deu a notícia. Minhas primeiras palavras foram: 'O que vamos fazer agora?'".

Nos anos seguintes, ele foi levado muitas e muitas vezes ao rio de grama. "É difícil explicar, mas fui curado pelo conhecimento dos ciclos, dos padrões e da interconectividade do mundo", disse ele. "Às vezes, acordo no meio da noite e me vejo calçando botas, pegando uma capa de chuva e recipientes para coleta de insetos, borboletas etc. Não questiono esse tipo de ação. Fico louco de vontade de sair à noite sem saber o que vou encontrar. Pode ser que eu só me dê conta do que estou fazendo ali quando ouço o chamado de uma coruja-barrada. Ou quando vejo uma árvore conhecida que estudei milhões de vezes durante o dia, e ela me revela algo de novo à noite. Vou porque confio nos meus instintos, tenho paciência e permito que as coisas aconteçam. Bem, a sorte também é importante. Mas a mesma confiança e o mesmo instinto são necessários para lidar com uma doença. Quando não tenho tempo suficiente para a natureza, há alguma coisa que meu corpo me diz. E eu o escuto."

Astrove, que está estudando saúde pública internacional na Universidade Emory, considera seu HIV fascinante do ponto de vista biológico. "Ele consegue reproduzir-se rapidamente e pode sofrer mutações, sempre criando a exigência de novos medicamentos. De modo muito estranho, o HIV é elegante, belo. Como sei do que esse monstro é capaz, estabeleço limites. Não fico fora até muito tarde, tenho uma alimentação saudável e nunca fumo." Evitar esses comportamentos na adolescência foi difícil para ele, mas o respeito pelo vírus superou a pressão do grupo. "A natureza está sempre fazendo adaptações, e então me pergunto por que também não posso fazer o mesmo. Ouço. Quando escuto 'descanse', é isso que faço. Quando vejo macroinvertebrados num regato, um sinal de água limpa, isso me faz prestar atenção aos indicadores da minha própria saúde. Quando me deparo subitamente com uma planta rara, isso me traz à mente o caráter único da minha situação. Não há duas pessoas iguais em sua resposta a um vírus."

No seu papel de educador, ele ensina a seus alunos que as regiões pantanosas funcionam como um "fígado da natureza", e faz uma associação pessoal entre ele próprio e o sistema. "As regiões pantanosas purificam a água e são armadilhas para os poluentes." Astrove explica que as florestas tropicais e outros ambientes naturais são a fonte de muitos outros medicamentos e que o tempo passado nesse mundo diminui o estresse. "Sentimo-nos bem graças à liberação de endorfina que ele estimula, e é também um ambiente inspirador. A inspiração é outra fonte de saúde. Vou para as matas sabendo que minha saúde ficará melhor. E os benefícios chegam em forma de ganhos físicos, psicológicos e espirituais. Às vezes, sinto uma euforia natural quando sou tomado por uma sensação de luz, energia e admiração reverencial." Ele olhou pela janela do caminhão, observando a paisagem circundante enquanto dirigia. "Agora que estou tomando medicamentos há algum tempo, os exames de sangue superficiais não conseguem encontrar o vírus; os resultados vêm seguidos pelas palavras 'não detectável'."

As pesquisas corroboram a experiência de Astrove? Talvez. Um estudo com 260 pessoas em 24 lugares no Japão levou à constatação que, entre as que observavam a floresta por vinte minutos, a concentração média de cortisol (um hormônio do estresse) na saliva era 13,4% inferior à das pessoas de contextos urbanos.[14] "Os seres humanos [...] viveram na natureza por cinco milhões de anos. Fomos criados para viver em ambientes naturais... Quando somos expostos à natureza, nosso corpo volta a ser como deveria ser", explicou Yoshifumi Miyazaki, que conduziu o estudo que reportou a conexão com o cortisol na saliva. Miyazaki é diretor do Centro de Ciências Ambientais e de Saúde [Center of Environment Health and Field Sciences] da Universidade Chiba e o maior especialista acadêmico do Japão em questões relativas à "medicina florestal", um conceito de assistência médica muito aceito nesse país, onde às vezes é chamado de "banho de floresta". Em outra pesquisa, Li Qing, professor assistente sênior de medicina florestal na Nippon Medical School de Tóquio, descobriu que o exercício em áreas verdes — o movimento físico num contexto natural — pode aumentar a atividade das células exterminadoras naturais (NK — *Natural Killer*). Esse efeito pode ser mantido por até trinta dias.[15] "Quando a atividade NK aumenta, a imunidade é reforçada, o que estimula a resistência contra o estresse", segundo Li, que atribui o aumento da atividade NK em parte à inalação de ar que contém fitoncidas, óleos vegetais antimicrobianos essenciais que as plantas exalam. Os estudos desse tipo merecem um exame mais acurado. Por exemplo, no estudo das células exterminadoras naturais não havia nenhum grupo de controle, o que torna difícil afirmar se a mudança deveu-se ao tempo longe do trabalho, aos exercícios, ao contato natural ou a alguma combinação de influências.

Não obstante, para Astrove as regiões selvagens e agrestes ajudaram a criar um contexto para a cura — e *podem* ter fortalecido seu sistema imunológico e oferecido propriedades protetoras que ele — assim como nenhum de nós — ainda não entendeu por inteiro.

Fantasmas do passado natural

Terry Hartig, atualmente professor de psicologia aplicada na Universidade Uppsala , na Suécia, tem uma advertência a fazer. Às vezes, ele tem a impressão "de que a 'natureza' que as pessoas têm em mente quando falam sobre natureza e saúde é uma natureza 'pasteurizada' — sem dentes, garras ou ferrões, sem apresentar nenhuma exigência". Ele também afirma que, de longe, a maior quantidade de pesquisas sobre natureza e saúde diz respeito a temas como moléstias infecciosas e catástrofes naturais. "É importante ter em mente que as pessoas vêm trabalhando duro há milhares de anos para se proteger das forças da natureza", diz ele.

Essa é uma questão importante. Contudo, há outro ponto de vista. Desde o quintal até os lugares mais remotos, a natureza se apresenta de diferentes maneiras. Os impactos negativos dos riscos que realmente existem nas regiões selvagens (como os grandes predadores, por exemplo) devem ser equilibrados pelos benefícios psicológicos positivos desses riscos (a humildade, para começar). E, sim, a maior parte das pesquisas sobre a natureza e a saúde humana tem se concentrado na patologia e nos desastres naturais, mas essa preferência dos pesquisadores tem algo a ver com a origem dos fundos de pesquisa. Os pesquisadores que se ocupam dos *benefícios* naturais à saúde estão, de fato, voltando-se para um desequilíbrio do conhecimento.

Ainda falando sobre a preocupação de Hartig, a ciência realmente tem dificuldade para definir o modo como percebemos a natureza. Anos atrás, trabalhei com um grupo de neurocientistas especializados no desenvolvimento infantil da arquitetura do cérebro. Quando lhes perguntavam como o mundo natural em si influencia o desenvolvimento do cérebro, geralmente eles não sabiam bem o que responder. "Como o senhor define 'natureza'?", perguntavam-lhe com afetação. Entretanto, em seus laboratórios, esses mesmos cientistas simulam "condições naturais" para grupos de controle. Um amigo meu gosta de dizer que a natureza é qualquer coisa molecular, "inclusive um sujeito tomando cerveja num estacionamento de *trailers* e uma debutante tomando uísque com guaraná em Manhattan". Tecnicamente, ele está certo. Na maioria das vezes, deixamos a definição de "natureza" a filósofos e poetas. Gary Snyder, um de nossos melhores poetas contemporâneos, escreveu que atribuímos dois sentidos à palavra, que vem das raízes latinas *natura* e *nasci*, ambas as quais sugerem nascimento.

Eis minha definição de "natureza": os seres humanos existem na natureza em qualquer parte em que tenham ligações significativas com outras espécies. Segundo esta descrição, um ambiente natural pode ser encontrado nas regiões selvagens ou nas cidades; conquanto não se exija que ela seja antiga, essa natureza é influenciada tanto por um mínimo de áreas selvagens e estado atmosférico quanto por pessoas que promovam seu desbravamento, cientistas, bebedores de cerveja ou debutantes. Conhecemos essa natureza quando a vemos.

Além disso, séculos de experiência humana realmente sugerem que a tônica é mais que um placebo. De que modo, então, a prescrição da natureza funciona quando o que está em jogo é a saúde?

As respostas podem estar escondidas em nossas mitocôndrias. Segundo a hipótese aventada por E. O. Wilson, de Harvard, a biofilia[16] é nossa "afiliação congenitamente emocional com [...] outros organismos vivos".[17] Seus intérpretes ampliaram essa definição, fazendo-a incluir a paisagem natural. Várias décadas de pesquisas inspiradas pela teoria de Wilson sugerem que, num nível que não entendemos plenamente, o organismo humano precisa de experiência direta com a natureza.

Gordon H. Orians, renomado ornitologista, ecologista comportamental e professor emérito do Departamento de Biologia da Universidade de Washington, sustenta que nossa atração pelo meio ambiente natural existe no nível de nosso DNA e que, em suas muitas formas genéticas, ela nos faz sentir continuamente perseguidos por sua lembrança. Ele assinala que, entre o surgimento inicial da agricultura e o café da manhã de hoje só transcorreram cerca de dez mil anos. "O mundo biológico, como o mundo mental de Ebenezer Scrooge, está cheio de fantasmas", diz ele. "Há fantasmas muito antigos de *habitats*, predadores, parasitas, competidores, dependências mútuas e animais ou plantas pertencentes à mesma espécie, bem como fantasmas de meteoros, erupções vulcânicas, furacões e estiagens de tempos imemoriais."[18] Esses fantasmas podem viver em nossos mais profundos recessos genéticos, mas às vezes eles falam conosco, sussurrando que *o passado é o prólogo*.

Essa concepção, baseada na ecologia ou na sociobiologia comportamental, tem seus críticos, que desconfiam que essa teoria evoca o predeterminismo genético. Nos últimos anos, porém, os proponentes da biofilia e seus detratores parecem ter chegado a algo que se aproxima de um consenso: a genética de longo termo pode estabelecer um caminho plausível para o desenvolvimento do cérebro, mas o resultado também é determinado pelo ambiente mais usual — por exemplo, pela ligação aos cuidados relacionais e assistenciais com os seres humanos. Orians afirma que todas as adaptações se fazem relativamente a ambientes passados. "Elas nos falam sobre o passado, não sobre o presente ou o futuro... Como Ebenezer Scrooge descobriu, os fantasmas, por mais inconvenientes que possam ser, podem trazer grandes benefícios." Ele acrescenta: "As pessoas certamente compreenderam, por intuição, o valor revitalizador das interações com a natureza por um longo tempo". Basta pensarmos nos jardins do Egito antigo, nos jardins murados da Mesopotâmia, nos jardins dos mercadores nas cidades chinesas medievais, nos parques norte-americanos de Frederick Law Olmsted, ou mesmo nas escolhas que fazemos ao procurar os lugares onde iremos morar e nossa reação visual a certas paisagens. Orians e Judith Heerwagen, psicóloga ambiental que mora em Seattle, passaram anos entrevistando pessoas de todo o mundo para verificar suas preferências por diferentes imagens. Os pesquisadores descobriram que, a despeito de sua cultura, as pessoas sentem-se atraídas por imagens da natureza, em particular pela savana, com seus agrupamentos de árvores, sua cobertura horizontal, seus horizontes distantes, além de flores, água e elevações que mudam ou parecem mudar de cor.

Outro explorador das tendências biofílicas humanas, Roger S. Ulrich, professor de arquitetura paisagística e planejamento urbano na Universidade Texas A&M, propôs sua teoria da recuperação do estresse psicofisiológico em 1983, sugerindo que nossas respostas ao estresse localizam-se no sistema límbico, que gera reflexos de sobrevivência. Citando Ulrich, o médico William Bird, professor emérito da Universidade Oxford e principal consultor de saúde da Natural England, o braço ambientalista do governo britânico, explica: "O reflexo de lutar ou correr é uma reação normal ao estresse causado pela liberação de catecolaminas (incluindo a adrenalina) e resulta em tensão muscular, elevação da pressão sanguínea, pulso acelerado, desvio do sangue, afastando-se da pele para os músculos, e transpiração. Todos esses fatores ajudam o corpo a lidar com uma situação perigosa. No entanto, sem uma recuperação rápida, essa reação ao estresse causaria lesões e exaustão sem resposta limitada à repetição de uma situação de risco."[19] A evolução favoreceu nossos ancestrais distantes, que conseguiam se recuperar do estresse provocado por ameaças naturais usando a capacidade restauradora da natureza.

Uma das melhores explicações que já ouvi sobre esse processo veio da falecida Elaine Brooks, uma educadora californiana que trabalhou durante anos como bióloga na Scripps Institution of Oceanography. Em *Last Child in the Woods*, eu descrevi como Brooks costumava subir na mais alta colina no último espaço natural de La Jolla. Ela me disse como, principalmente em tempos de estresse pessoal, imaginava-se como sua ancestral distante, no alto de uma árvore, recuperando-se da ameaça de algum predador. Naquelas ocasiões, ela olhava para os telhados das casas — que, em sua imaginação, seriam as planícies abertas da savana — para ver o mar além delas. Sua respiração ficava mais lenta e seu coração se tranquilizava. "Como nossos ancestrais subiam ao topo daquela árvore, havia alguma coisa no fato de ficar ali olhando para a paisagem terrestre — alguma coisa que nos curava rapidamente. Descansar naqueles altos galhos pode ter provocado uma rápida diminuição da descarga de adrenalina provocada pelo fato de ser uma presa potencial", disse-me ela um dia enquanto caminhávamos por aquelas terras. "Ainda estamos programados para lutar ou fugir de grandes animais. Geneticamente, ainda somos em essência as mesmas criaturas que éramos no começo de tudo. Nossos ancestrais não conseguiam correr mais do que um leão, mas tínhamos nossa sagacidade. Sim, sabíamos como matar, mas também sabíamos correr e subir numa árvore — e usar o meio ambiente para recuperar nossa astúcia." E ela continuou descrevendo a vida moderna: como hoje estamos continuamente em estado de alerta, acossados, como ela dizia, pelo barulho infernal de automóveis de quase uma tonelada e utilitários de quase duas mil. Em nossos locais de trabalho e nossas casas, o massacre continua: imagens ameaçadoras invadem nossos quartos pela TV. No nível celular, provavelmente herdamos o antídoto eficiente para tudo isso: sentar no topo daquela colina, como Brooks fazia.

Devo acrescentar, aqui, que há muitos contextos em que a natureza pode compensar o estresse tóxico sem que isso implique algum risco físico. Encontros breves e tranquilos com os elementos naturais podem simplesmente nos acalmar e fazer com que nos sintamos menos sós.

Capítulo 5

Renaturalizar a psique

Aplicando o Princípio da Natureza a Nossa Saúde Mental

COMO DIRETOR DO GOLDEN GATE RAPTOR OBSERVATORY, Allen Fish conduz estudos sobre a migração de aves de rapina e monitoramento da vida selvagem. Noventa por cento de seu trabalho é feito com adultos — centenas de voluntários que contam, catalogam e rastreiam falcões.

"Muitos de nossos voluntários permanecem por cinco anos ou mais. Seu trabalho com essas aves torna-se profundamente terapêutico em sua vida urbana", diz ele. "Já ouvi, aqui, histórias sobre autocura que surpreenderiam muitos terapeutas: transtornos maníaco-depressivos, maus-tratos e dependência química. A força que essas pessoas põem em sua decisão de se conectar com a natureza é extremamente comovente. E já ouvi estas palavras dezenas de vezes: 'Achei que devia abrir mão da natureza para tornar-me adulto'".

Nada poderia estar mais distante da verdade. Para encontrar esperança, sentido e alívio do sofrimento emocional, nossa espécie recorre à meditação, aos medicamentos, às bebidas alcoólicas etc. Esses métodos funcionam por algum tempo, alguns mais que outros, alguns muito bem, e alguns só pioram nossa situação. O poder revitalizador da natureza, porém, está sempre lá. "Ganhamos mais vida ao olhar para a vida." Essas palavras são da doutora Mardie Townsend, professora assistente da Escola de Saúde e Desenvolvimento Social na Universidade Deakin, em Victoria, na Austrália. "Se vemos coisas vivas, não temos a sensação de estar vivendo no vazio."[1] Passar um tempo em ambientes naturais não é uma panaceia; não é uma substituição total de outras formas de terapia profissional ou autocura, mas pode ser uma poderosa ferramenta para manter ou melhorar a saúde mental.

Nancy Herron, de Austin, no Texas, foi casada durante 31 anos e tem dois filhos adultos. Ela trabalhou como diretora voluntária de um albergue para doentes, e atualmente presta serviços ao Texas Parks e ao Wildlife. Ela descreve a si própria como alguém que supera todas as expectativas. Quando seus filhos nasceram, ela ficou distante de seu emprego por algum tempo. Ao retomar o trabalho, estava ansiosa por criar credibilidade e fazer carreira. "Porém, como toda mãe que trabalha fora, eu também queria fazer o melhor possível pelos meus filhos, pelo meu marido, por meus amigos, minha família e pelos vizinhos. Eu trabalhava feito louca, sem saber como parar. Dormia pouquíssimo, preocupava-me demais com tudo — aquele frenesi que quase todos conhecem."

Foi nessa época que ela voltou a acampar. Como terapia, funcionou. "Você só precisa planejar suas necessidades básicas. Você vê a natureza tomando conta de suas necessidades básicas. Isso me lembrava de que a vida nos pede muito pouco. Comer, dormir, procriar — de fato, não são muitas as exigências sobre nossos ombros. Que diabos, então, eu estava fazendo? Todos aqueles detalhes que viviam me torturando, fazendo minha pressão arterial subir, privando-me da minha própria existência não tinham nada a ver com o verdadeiro sentido da vida. Afastar-me disso tudo deixou as coisas claríssimas para mim. Viva, simplesmente viva. Quando já não estivermos mais neste mundo, a maior parte das coisas não terá nenhuma importância. Por assim dizer, estaremos reconciliados com tudo. Quando começo a esquentar a cabeça com ninharias, saio de casa e procuro pensar no que realmente importa." E, segundo a definição clássica, a perfeição não importa.

Como me disse um pai que havia passado por um divórcio penoso: "Às vezes, fujo para a natureza para fazer um pouco de exercícios e relaxar os músculos, principalmente depois de ter passado uma quantidade absurda de tempo diante do computador ou participando de reuniões. Mais frequentemente, porém, o que me faz ir de encontro à natureza é a necessidade de recuperação psicológica. E ela nunca deixa, literalmente, de fazer com que eu me sinta melhor — no que diz respeito a mim mesmo, à minha vida, ao meu trabalho, à minha família. Ela me transforma numa pessoa mais criativa e generosa".

Sem dúvida, o exercício em si ajuda a aliviar o cansaço mental. Esse homem também admite que a natureza oferece valor agregado ao seu exercício. Ele busca a natureza para curar as "feridas emocionais que a vida pode infligir". Logo depois de mudar para San Diego, ele recebeu um telefonema de sua primeira mulher "em que ela me dizia que provavelmente não voltaria comigo para a Califórnia e, além do mais, não sabia mais ao certo se ainda me amava". Minutos depois de desligar o telefone, ele já estava em seu carro, a caminho do parque mais próximo, o Torrey Pines State Park, o qual ele nunca antes havia visitado. "Depois de passar pela vegetação costeira repleta de artemísias em plena floração", diz ele, "encontrei-me no sopé de alguns penhascos impressionantes, desgastados pelas tempestades, que davam para o Oceano Pacífico. Admito que, naquele momento, tive vontade de jogar meu carro contra aqueles penhascos, mas o desejo de continuar retornando a lugares daquele tipo foi parcialmente responsável por manter meus pés no chão". A natureza sempre segue seu curso, e a vida encontra um jeito de resolver as coisas.

Não admira que as pessoas cujo trabalho as coloca em contato frequente com a natureza estejam sempre predispostas a apreciar a energia que dela provém e sejam mais propensas a usar essas forças, principalmente em tempos de crise. "A natureza é o antidepressivo por excelência", diz Dianne Thomas, diretora de um programa de condicionamento físico municipal na Carolina do Norte que conhece o impacto da natureza em participantes de seus programas ao ar livre. Os ambientes naturais realmente parecem oferecer alguma coisa extra à saúde mental, um revigoramento que vai além dos benefícios dos exercícios físicos por si sós.

O tônico da natureza para a saúde mental

Como geralmente acontece com as questões relativas à saúde, a aplicação da natureza à saúde mental assume três modalidades básicas: terapia autoaplicada ou prescrita por profissionais, o impacto da degradação ambiental sobre a psique e o espírito humano e a restauração da natureza onde moramos, trabalhamos e passamos nossos momentos de lazer.

"Há indícios empíricos [...] cada vez maiores que mostram que a exposição à natureza traz benefícios substanciais à saúde mental", segundo o "Green Exercise and Green Care", um relatório de 2009 feito por pesquisadores do Centro de

Meio Ambiente e Sociedade da Universidade Essex. "Nossas descobertas sugerem que se deve dar prioridade ao desenvolvimento do uso de exercícios ao ar livre como intervenção terapêutica (cuidados e assistência prestados em ambientes naturais)."[2] Num estudo com mais de 1.850 participantes, esses pesquisadores relataram três resultados principais que os exercícios ao ar livre trazem para a saúde: aumento do bem-estar psicológico (melhora do humor e da autoestima e redução de sentimentos de raiva, confusão, depressão e tensão), geração de benefícios à saúde do corpo (diminuição da pressão arterial e queima de calorias) e (como veremos nos próximos capítulos) desenvolvimento de redes sociais.

Os pesquisadores também examinaram pessoas que participaram de duas caminhadas, uma num parque campestre ao redor de matas, gramados e lagos, e outra dentro de um *shopping center*; a caminhada dos dois grupos durou a mesma quantidade de tempo. "O aumento da autoestima e do humor foi bem maior para os que caminharam ao ar livre do que para os que passearam pelo *shopping*, sobretudo no que diz respeito aos sentimentos de raiva, depressão e tensão. Depois do passeio ao ar livre, 92% dos participantes sentiram-se menos deprimidos; 86%, menos tensos; 81%, menos irritados; 80%, menos cansados; 79%, menos confusos; e 56% mais fortes." Por outro lado, "não se verificou nenhuma mudança no estado depressivo depois do passeio pelo *shopping center*".[3]

Da mesma maneira, pesquisadores suecos descobriram que os praticantes de *jogging** em ambientes naturais, com árvores, folhagens e vistas de paisagens, sentem-se mais revigorados e menos ansiosos, irritados ou deprimidos do que aqueles que queimam a mesma quantidade de calorias praticando *jogging* em áreas urbanas.[4] Em outras palavras, os benefícios para o estado de espírito podem ser atribuídos ao exercício, que geralmente ajuda, mas também à vitamina N. E a falta dela pode muito bem contribuir para nossa suscetibilidade à depressão.

Em que quantidade o contato com a natureza é suficiente para fazer a diferença em termos de saúde mental? Um estudo sugere que os benefícios são percebidos quase imediatamente. Resultados recentemente publicados por Jules Pretty e Jo Barton, da Universidade Essex, no periódico *Environmental Science and Technology* sugerem uma dose mínima ideal da vitamina N. "Pela primeira vez na literatura científica, conseguimos demonstrar relações de resposta à dose para os

---

* Corrida a pé em ritmo moderado, ao ar livre. (N.T.)

efeitos positivos da natureza sobre a saúde mental humana", escreveu Pretty. O humor e a autoestima aumentaram depois de uma dose de cinco minutos. Os exercícios em áreas verdes e azuis são ainda melhores; o estudo constatou que um passeio por uma região adjacente à água melhorava ainda mais a disposição geral das pessoas. O que não quer dizer que cinco minutos por dia seja tudo de que precisamos da natureza. A análise de 1.252 pessoas de diferentes idades, sexo e saúde mental foi extraída de dez estudos feitos no Reino Unido, e nela se descobriu que pessoas de todas as idades e posição social obtinham benefícios, mas que as maiores mudanças na saúde ocorriam nos jovens e nas pessoas com problemas mentais. "A exposição à natureza por meio do exercício em ambientes naturais pode, portanto, ser vista como uma terapia facilmente disponível, sem quaisquer efeitos colaterais evidentes", de acordo com o relatório.[5]

Até mesmo a exposição à sujeira pode melhorar o humor e o sistema imunológico. A pesquisa que levou à descoberta do efeito positivo da *Mycobacterium vaccae* sobre a habilidade dos ratos de percorrer um labirinto também fez perceber uma redução da ansiedade. Um estudo isolado, conduzido na Universidade Bristol e relatado no periódico *Neuroscience*, mostrou que os ratos expostos à *M. vaccae*, a bactéria "amigável" normalmente encontrada no solo, produziam mais serotonina.[6] A falta de serotonina é associada à depressão em pessoas, e os antidepressivos comuns funcionam por meio do aumento da produção dessa substância química no cérebro. Embora a influência da serotonina tenha sido questionada por alguns cientistas, estudos sobre o impacto da *M. vaccae* "ajudam-nos a entender como o corpo se comunica com o cérebro e por que um sistema imunológico saudável é importante para manter a saúde mental", segundo o pesquisador sênior Chris Lowry. "Esses estudos também nos levam a questionar se não deveríamos passar mais tempo em contato com o chão e em outros lugares impuros."[7]

Os animais de estimação também podem ajudar. A maioria das pesquisas sobre o seu impacto sobre a saúde mental tem sido feita com animais domésticos. Os resultados são positivos. Os cientistas descobriram, por exemplo, que os níveis de neuroquímicos e hormônios associados à formação de laços sociais afetivos aumentam durante as interações animais-humanos. Um estudo sobre pacientes esquizofrênicos de meia-idade internados em casas de saúde constatou que a presença de animais ajudava durante as sessões terapêuticas e na vida cotidiana. E um estudo da Escola de Enfermagem da Universidade Purdue mostrou que as pessoas com Alzheimer que foram expostas a peixes coloridos em aquários apresentaram melhoras de comportamento e hábitos alimentares. Esse conhecimento tem sido usado de maneira positiva.[8] Já faz tempo que os terapeutas usam visitas de animais como terapia para a solidão dos idosos e, mais recentemente, para diminuir a ansiedade em pacientes psiquiátricos. O uso formal de animais para tratamentos de saúde mental tem, inclusive, seu próprio acrônimo: terapia assistida por animais (TAA — Animal Assisted Therapy).

Em 2008, foram anunciados os resultados do primeiro estudo aleatório controlado dos benefícios terapêuticos de animais de propriedades rurais. O estudo, realizado pela Universidade Oslo, na Noruega, revelou que esses animais conseguem proporcionar ajuda terapêutica nos casos de transtornos mentais como esquizofrenia, distúrbios afetivos, ansiedade e transtornos de personalidade.[9] O que dizer, porém, dos animais selvagens? Um estudo de 2005 sugere que a interação direta com pelo menos uma espécie selvagem — os golfinhos — pode reduzir os sintomas de depressão leve a moderada.[10] Segundo relatos do *British Medical Journal*, nadar com golfinhos "ajudou a aliviar sintomas de depressão depois de duas semanas de tratamento". Os pesquisadores sugeriram que os pacientes com depressão leve ou moderada poderiam reduzir seu uso de antidepressivos ou de terapias convencionais. A terapia assistida por golfinhos tem seus críticos — inclusive aqueles que questionam partes dessas pesquisas e aqueles que a elas se opõem por considerá-las como exploração dos golfinhos. As pesquisas, porém, se sobreviverem bem ao tempo, realmente mostrarão ligações entre nossa saúde mental e membros de outras espécies.[11]

Desse modo, enquanto boa parte das pesquisas desenvolvidas é específica aos exercícios na natureza, o acúmulo de evidências indica o impacto profundo que pode ter sobre nossa saúde mental a opção por uma vida e um trabalho simples, num ambiente natural ou renaturalizado — tanto em casa quanto em hospitais ou em nossa comunidade. Voltarei a esse tema em capítulos posteriores, e as novidades são auspiciosas nesse campo. Contudo, precisamos abordar outra ligação com a saúde mental: o impacto negativo, às vezes devastador, que provém do modo como os humanos destroem ou negam o mundo natural.

O inconsciente ecológico

A ideia de um "inconsciente ecológico" hoje paira sobre os caminhos cruzados da ciência, da filosofia e da teologia — a noção de que toda a natureza está conectada de muitas maneiras que não conseguimos entender plenamente. Em seu ensaio de 1841, "The Over-Soul" ["A Superalma"], Ralph Waldo Emerson escreveu sobre "essa grande natureza em que repousamos enquanto a Terra permanece nos braços macios da atmosfera; aquela Unidade, aquela Superalma na qual o ser específico de cada homem está contido e em que eles se tornam unos uns com os outros; aquele coração comum". A teoria de um inconsciente coletivo — com antecedentes no transcendentalismo, no budismo e no romantismo — é um despropósito para a ciência e até mesmo ofensiva para alguns religiosos. Entretanto a maioria das pessoas percebe uma ruptura, como indicam milhares dentre nós que ainda têm um profundo sentimento de perda em consequência dos danos ambientais do vazamento de petróleo da British Petroleum na Costa do Golfo dos Estados Unidos, um desastre que atingiu todos os países do Golfo do México e extrapolou fronteiras entre espécies.

A American Psychiatric Association relaciona mais de trezentas doenças mentais em seu *Diagnostic and Statistical Manual*. "Os psicoterapeutas analisaram exaustivamente cada forma de família disfuncional e as relações sociais, mas 'relações ambientais disfuncionais' não existe nem mesmo como conceito", afirma o crítico social e escritor Theodore Roszak. Como ele observa, o *Diagnostic and Statistical Manual* "define 'transtorno de ansiedade de separação' como 'ansiedade excessiva, decorrente da separação de casa e das pessoas às quais o indivíduo é ligado'. Contudo, nenhuma separação é mais onipresente nesta Era de Ansiedade do que nosso desligamento do mundo natural". Já é hora, diz ele, de "criar uma definição de saúde mental com base nos problemas ambientais".

Em *Last Child in the Woods*, levantei a hipótese do transtorno de déficit de natureza, que descreve o preço que pagamos por nos alienarmos da natureza. Outros observadores usaram outros nomes. O professor australiano Glenn Albrecht, diretor do Instituto de Sustentabilidade e Projetos de Tecnologia da Universidade Murdoch em Perth, na Austrália, cunhou um termo específico para designar a saúde mental: solastalgia.[12] Ele combinou a palavra latina *solacium* ("conforto", como em *solace**) e o pospositivo grego *algia* ("dor"**), que ele define como "a dor vivenciada quando alguém reconhece que o lugar em que vive e que ama está sendo agredido". Albrecht formulou sua teoria e inventou seu neologismo quando trabalhava com comunidades desintegradas pela mineração por escavação superficial na Upper Hunter Region de New South Wales e com agricultores no leste da Austrália que vinham enfrentando uma estiagem devastadora de seis anos de duração. Numa visita ao oeste australiano, conheci Albrecht, um homem alto, cordial e de andar desajeitado que mais tarde me enviou as palavras de Wendy Bowman, de 93 anos de idade, que vinha resistindo à escavação a céu aberto de suas terras e padecia de angústia e solastalgia à medida que a destruição se aproximava cada vez mais. Ele a descreveu como uma mulher cerrando o pulso que lhe dizia: "Emagreci demais. Eu acordava no meio da noite com fortes dores de estômago".

Em um caso, o homem causou a destruição do ambiente. No outro, a longa estiagem foi um acontecimento natural — a menos que devamos culpar o aquecimento global. Hoje, essa possibilidade é dominante na mente dos australianos. Albrecht pergunta: a saúde mental das pessoas poderia ser prejudicada por uma sucessão de mudanças, inclusive por mudanças climáticas sutis?

Seja qual for o nome, toleramos essa perda num nível primário. Os seres humanos vivendo em paisagens que carecem de árvores ou outras características naturais convivem com padrões de colapso social, psicológico e físico que são surpreendentemente semelhantes àqueles observados nos animais que foram privados de seu *habitat*. "Nos animais, o que se vê é aumento de agressividade, padrões de comportamento confusos e perturbações nas hierarquias sociais", diz Frances Kuo, professor na Universidade de Illinois que, com seus colegas, estudou o impacto negativo da vida desnaturalizada sobre a saúde e o bem-estar humanos. Entre esses padrões, eles observaram a redução da civilidade, mais agressividade, mais crimes contra a propriedade, mais ociosidade, mais grafitagem e pichação e mais sujeira e desordem, bem como a diminuição dos cuidados com as crianças quando fora de casa. "Poderíamos chamar isso de 'macular o ninho', o que não é

---

* Em inglês, *solace* significa "conforto", "alívio", "refrigério" etc. (N.T.)

** "Dor" no sentido de "mágoa originada por decepção, agonia, perda etc." ou "sensação dolorosa em qualquer parte do corpo"; no caso, aqui, a palavra está sendo usada no primeiro sentido. (N.T.)

saudável", diz ele. "Nenhum organismo faz esse tipo de coisa quando está em boa forma... Em nossos estudos, as pessoas com menos acesso à natureza demonstram atenção ou funções cognitivas de qualidade relativamente inferior, administração medíocre das grandes questões da vida e inaptidão no controle dos impulsos."[13]

Se Albrecht estiver certo e se a mudança de clima ocorrer na velocidade prevista por alguns cientistas, e se os seres humanos continuarem a se amontoar em cidades desnaturalizadas, então a solastalgia contribuirá para a aceleração da espiral de doenças mentais.

Assim como o transtorno de déficit de natureza, a solastalgia ainda é uma hipótese teórica e não um diagnóstico oficial. Em termos ilustrativos, porém, essas e outras hipóteses propõem uma maneira de identificar a dissonância, esse sofrimento psicológico e até mesmo físico que tantos de nós sentimos ao vermos as paisagens naturais que amamos sendo substituídas por minerações a céu aberto e *shopping centers*. A tristeza é real. Essa realidade não significa que a vida urbana seja, em si, intrinsecamente má para a saúde humana. No entanto, o *tipo* de vida que muitos de nós estamos levando, mesmo nas áreas rurais, não é propício à saúde e ao bem-estar ideais.

"Uma terapia que atribui importância à natureza"

Em Santa Bárbara, Califórnia, a psicoterapeuta Linda Buzzell-Saltzman pede que seus pacientes adultos mantenham um diário. Ela diz que alguns de seus clientes percebem que, além de entrar e sair do carro para se locomoverem, eles gastam menos de quinze a trinta minutos por dia ao ar livre, em qualquer lugar, natural ou não. Primeiro, porém, eles precisam reconhecer que esse tempo fora de casa, além de divertido, é coisa séria. Buzzell-Saltzman, fundadora da International Association for Ecotherapy, apresenta talvez a descrição atual mais concisa da terapia baseada na natureza. Ela descreve a ecoterapia como "a reinvenção da psicoterapia que atribui importância à natureza".[14] Seja qual for o nome, a terapia orientada pela natureza está começando a fazer parte da corrente principal da psicologia à medida que a combinação das pressões urbanas com a perda dos espaços naturais criam problemas psicológicos com os quais outras formas de tratamento não parecem lidar tão bem.

Como no caso da terapia natural para doenças físicas, o uso terapêutico do mundo natural para a saúde mental começou há muitos séculos. O doutor Benjamin Rush, pioneiro em saúde mental nos Estados Unidos, cuja assinatura consta da Declaração da Independência, acreditava que "escavar o solo tem efeito curativo sobre os que sofrem de doenças mentais". A partir da década de 1870, o Quakers' Friends Hospital, na Pensilvânia, tratava as doenças mentais, em parte, oferecendo aos pacientes uma estufa e um pouco mais de mil metros quadrados de paisagem natural. Durante a Segunda Guerra Mundial, o pioneiro da psiquiatria Karl Menninger criou um movimento terapêutico com base na horticultura no Veterans Administration Hospital System.[15]

Segundo seu diretor-presidente, atualmente, a Mind — principal instituição de caridade na Inglaterra e no País de Gales — "é uma parte importante do futuro da saúde mental". "É uma opção de tratamento confiável, clinicamente válida, e precisa ser receitada por um clínico geral, sobretudo quando, para muitas pessoas, o acesso a outros tratamentos além dos antidepressivos for extremamente limitado." A Mind não afirma que a ecoterapia pode substituir os medicamentos, mas sugere enfaticamente que a variedade de abordagens terapêuticas deve ser ampliada. Se a ecoterapia fizesse parte do grupo dominante, ela "teria o potencial de ajudar milhões de pessoas que, em todo o país, padecem de sofrimentos mentais", acrescentou ele.[16] Num importante relatório, a Mind recomendou uma nova agenda para os serviços de saúde mental: "Com o grande volume de novas e crescentes evidências, a Mind pede que a ecoterapia seja reconhecida como um tratamento de primeira linha para os problemas de saúde mental".

Não há consenso universal sobre essa abordagem. Alan Kazdin, ex-presidente da American Psychological Association e professor de psicologia e psiquiatria infantil em Yale, afirmou que "a psicologia moderna diz respeito ao que pode ser estudado cientificamente e comprovado... Há uma verdadeira inconsistência espiritual naquilo que aqui vejo".[17]

Não obstante, os profissionais que usam a terapia da natureza em sua prática geralmente reportam bons resultados.

Marnie Burkman, licenciada em medicina e credenciada em psiquiatria e medicina holística, que trabalha como psiquiatra de ambulatórios para adultos no Department of Veterans Affairs no Colorado, trata veteranos de todas as ida-

81

des. Burkman se diz "abismada diante do poderoso efeito que a natureza tem de melhorar a saúde das pessoas". Ela conta a história de um paciente, Al (nome alterado), um veterano da Guerra do Vietnã que era um homem cheio de ódio — ódio do governo, ódio da vida, ódio dele mesmo. Al lutava para enfrentar sem sucumbir cada dia de sua vida. Burkman descreve uma sessão em que ele estava vociferando e dando vazão a toda a sua raiva de tudo, sentado e com a cabeça abaixada, praticamente aos berros. "Para redirecioná-lo, perguntei: 'O que você faz para enfrentar o seu dia a dia? O que o ajuda a relaxar?'. Ele ficou ali parado, depois começou a dizer como adorava ir para as montanhas com sua moto e acampar." Al disse a Burkman o quanto gostava de se sentar sob as estrelas sem ninguém por perto, diante de um chalé nas montanhas, e como adoraria passar o resto da vida num lugar assim. "O que mais me surpreendeu enquanto eu o observava foi que, em questão de *segundos* depois de ter começado a falar sobre aventurar-se de moto pelas montanhas para ficar em contato com a natureza, uma transformação corporal absoluta aconteceu diante dos meus olhos, sem que ele percebesse", diz Burkman. "De punhos cerrados e na posição raivosa de quem se senta com a cabeça quase tocando o chão, agitando os braços enquanto falava aos gritos, Al de repente transformou-se em outra pessoa — inclinou-se para trás na cadeira, esticou as pernas, juntou as mãos com os dedos entrelaçados, segurou a cabeça e abriu um grande sorriso — uma postura de bem-estar e relaxamento. Eu jamais vira um ansiolítico funcionar com tamanha rapidez! Em segundos, só de *pensar* na natureza, essa mudança profunda operou-se em seu sistema nervoso."

Burkman também presenciou esse efeito em outros pacientes, sobretudo naqueles que já haviam criado uma relação carinhosa com a natureza em outros tempos. E ela percebeu um enorme contraste com aqueles que ainda não haviam tido esse tipo de relação, em geral seus pacientes mais jovens: "Quando pergunto a veteranos jovens [quase sempre provenientes dos conflitos no Iraque e no Afeganistão] como eles lidam com as coisas, a resposta de muitos é 'Não sei'. Ou dizem que enfrentam o cotidiano com álcool ou TV, ou às vezes exercitando-se numa academia. Contudo, mesmo nesses veteranos que frequentam academias onde os exercícios físicos os ajudam a ser mais tolerantes, nunca vislumbrei essa postura mais saudável que é tão evidente nos que buscam aprofundar seu contato com a natureza".

Yusuf Burgess (ele prefere "Irmão Yusuf" depois de sua conversão ao islamismo) participou de seu primeiro combate aos 17 anos de idade. Vinte anos se passaram antes de ele ser diagnosticado com transtorno de estresse pós-traumático. "Duas décadas de isolamento, separação, abuso de drogas, prisões e quase um domínio da técnica de retraimento que me deixavam muito solitário e alienado mesmo no meio de uma multidão e, principalmente, no meu ambiente familiar", diz ele. "Foi a combinação de um programa de doze passos e a sugestão do uso de um caiaque por um psicólogo clínico que me puseram no caminho da recuperação e da volta ao fluxo normal da existência." Hoje, o Irmão Yusuf é conhecido em todos os Estados Unidos por seu trabalho pioneiro de levar jovens urbanos para as montanhas de Adirondack* em busca de sua recuperação. Nessa ocupação, ele encontra sua própria reabilitação e paz. Vários programas, inclusive o Sierra Club's Military Family Outdoor Initiative, oferecem experiências de cura em contato com a natureza aos veteranos que voltaram e às suas famílias.

Peter H. Khan Jr., professor adjunto de psicologia na Universidade Washington e renomado pesquisador de ecopsicologia, e Patricia Hansen Hasbach, psicóloga que atende em seu consultório particular, mas também ensina ecoterapia no Lewis and Clark College de Portland, Oregon, atualmente trabalham juntos para melhor definirem a ligação entre saúde mental e o mundo natural. Khan concentra seu trabalho no relacionamento humano com o "maior do que o mundo humano"; Hasbach explora a natureza como metáfora, um trabalho que ela chama de "mapeamento da paisagem interior". Ela vê o surgimento da ecoterapia como parte de uma progressão natural dos cuidados com a saúde mental: a terapia psicológica começou com o trabalho intrapsíquico de Sigmund Freud — a ênfase incidia sobre a experiência inicial do indivíduo —, depois adquiriu maior amplitude e passou para o interpessoal até chegar, finalmente, à família toda. "Na década de 1970, demos um grande salto nos sistemas familiares e então, entre o fim dos anos 80 e o começo dos 90, passamos para os sistemas sociais", disse-me Hasbach certa noite num pequeno café em Chautauqua, Nova York, onde também vim a conhecer o escultor David Eisenhour. "A ecopsicologia ou ecoterapia está nos levando para a próxima etapa: o contexto em que levamos nossa vida, o mundo natural", acrescentou ela.

---

* Cordilheira no Estado de Nova York. (N.T.)

Hasbach explicou seu uso da natureza como metáfora, para deixar os pacientes desinibidos, mas também como um tratamento específico, sem qualquer intermediação. Durante a fase da entrevista de admissão, ela faz perguntas sobre a família, o trabalho e outros aspectos da vida do paciente. Pergunta-lhes também sobre sua relação com a natureza e quanto tempo eles ficam ao ar livre. "Alguns me dizem 'Não faço isso há anos'." Ela pergunta se eles tinham um lugar especial na natureza quando eram crianças. "E isso é um quebra-gelo. É comum que me passem mais informações do que quando falam sobre suas famílias." Ela também leva seus pacientes para além dos limites urbanos.

"Eu estava sentada no parque com uma paciente quando alguém passou de bicicleta. Havia um periquito australiano empoleirado no guidão, e nós duas percebemos isso. Suas asas estavam abertas, e estava claro que as asas da ave tinham sido aparadas, razão pela qual ela não voava, e isso deixou a mulher muito emocionada. Ela começou a chorar e falou como vivia, com asas aparadas." Em outro caso, uma mulher conseguiu falar sobre os prós e os contras de sua vida ao "observar o rio em cuja margem estávamos sentadas".

E Hasbach também contou a história de um paciente de 17 anos. "Esse garoto estava fazendo coisas muito autodestrutivas. Os pais estavam em processo de divórcio e não se reportavam diretamente a ele. Ele havia tido outros dois terapeutas. Ia uma vez e não voltava mais. Mas eu e ele estabelecemos uma relação quando ele começou a me falar sobre pesca. Eu disse 'Vou lhe passar um dever de casa. Quero que você vá pescar três vezes esta semana'. Na semana seguinte, ele voltou e disse, 'às vezes, eu simplesmente vou para um rio e fico ali sentado'. Ele começou a me falar sobre as tartarugas — e sobre como elas se recolhiam dentro de sua carapaça dorsal. Em nossa terceira sessão, já confiava em mim o suficiente para dizer 'Pensei em acabar com minha vida'." Durante algum tempo, Hasbach receitou medicamentos e mais exposição ao ar livre. "Convidei o pai dele, com quem ele estava morando, para tentar refazer os laços afetivos entre ambos. Esta semana, os dois estão pescando juntos no Alasca."

Mais tarde, quando Hasbach e eu fazíamos uma caminhada, começou a chover na praça de Chautauqua, cercada por casas em estilo vitoriano. Interrompemos nossa conversa.

Contei a ela como eu havia visto o desligamento entre meu pai e a natureza, que havia sido uma fonte primordial de alegria para ele, e também falei sobre a relação afetiva que existira entre meus pais, meu irmão e eu. Isso foi muito antes que os psiquiatras ou os hospitais para pacientes com transtornos mentais que ele frequentava considerassem esses problemas como parte de todo um sistema familiar. Portanto o problema dele — talvez uma combinação de transtorno bipolar com alcoolismo — foi tratado isoladamente, sem sua família, a sociedade em que ele vivia e o mundo natural.

Eu me perguntava se a terapia natural poderia ter sido útil a meu pai. Sem dúvida, teria ajudado nossa família.

Hasbach concordou. "Quando nos vemos diante de um problema tão grave como esse, é comum que os membros da família percam as esperanças", disse ela. "Por meio dos vislumbres de uma época mais feliz, da familiaridade com determinado lugar e da esperança de mais plenitude numa atividade familiar compartilhada, seu pai talvez tenha sido capaz de conectar-se com um lugar mais profundo de conhecimento e cura, um lugar que tem raízes em nossa ligação biofílica com a natureza. O mapeamento interior sobre o qual conversamos poderia ter sido útil para tocar essa profundidade de experiência", disse ela. "Para seu pai, a terapia da natureza talvez não tivesse ajudado a superar o ponto crítico, mas poderia perfeitamente bem tê-lo ajudado a mitigar seu sofrimento, reconfortar sua família, produzir melhores lembranças dele e, quem sabe, poderia até tê-lo mantido com vocês por mais algum tempo."

Capítulo 6

A euforia do verde profundo

A Verdadeira Aptidão Física é uma Surpresa Radical

JOHN MUIR ASSOCIAVA AS REGIÕES SILVESTRES à saúde e às experiências nas alturas: "Uma das tempestades mais belas e revitalizadoras que já vi em Sierra Nevada aconteceu em dezembro de 1874, quando, por acaso, eu estava explorando um dos vales afluentes do rio Yuba". Ele subiu ao topo de uma árvore de aproximadamente trinta metros de altura para apreciar uma tempestade violenta. Os "topos cerdosos" da árvore escolhida e as árvores que a cercavam "balançavam e rodopiavam num êxtase selvagem".

Como ele já havia subido em muitas árvores por conta de seus estudos de botânica, foi fácil chegar à parte mais alta daquela. Depois, veio a "empolgação do movimento". Os topos das árvores se curvavam e rodopiavam enquanto Muir se agarrava aos galhos "como um pássaro num aglomerado de juncos". Ele ficou aninhado ali por horas. Frequentemente, fechava os olhos "para curtir a música em si, ou deleitar-se calmamente com o delicioso perfume que por ele passava". Quando a tempestade começou a arrefecer, ele desceu e caminhou pela mata. "Os sons da tempestade foram desaparecendo ao longe e, voltando-me para o leste, observei os incontáveis trechos de floresta, silenciosos e tranquilos, erguendo-se uns sobre os outros nos declives das colinas, como uma devota congregação. O sol poente impregnava-os de uma cor amarelo-acastanhada e parecia dizer, enquanto eles ouviam serenamente, 'Ofereço-vos a minha paz'."[1]

No mundo de Muir, a extrema exaltação da natureza era contagiante.

Saúde não é apenas a ausência de doença ou dor; é também *capacidade* física, emocional, mental, intelectual e espiritual — em resumo, diz respeito à alegria de estar vivo. Por que capacidade? Stephen Kellert, o professor de Yale que ajudou a apurar e difundir a hipótese de biofilia de E. O. Wilson, sugere que conversar sobre capacidade, no sentido mais amplo desse termo, ajuda-nos a levar a discussão da patologia para o potencial.

Para essa linha de pensamento, os exercícios ao ar livre fazem sentido. Os movimentos exigidos para fazer caminhadas, pescar, cavalgar, acampar e realizar outras atividades ao ar livre fortalecem o corpo, como também o fazem as atividades de escalar, alongar-se e curvar-se para cuidar do jardim. Portanto, fortalecemos músculos fracos e aumentamos os índices de flexibilidade das articulações, juntamente com a capacidade geral de resistência física, o equilíbrio e a coordenação. Conforme descrevi nos capítulos anteriores, o exercício junto à natureza não produz apenas disposição física, mas fortalece nossos sentidos, nossa capacidade intelectual e nossa saúde mental.

"Lembro-me claramente do momento em que minha abordagem sobre a capacidade passou por uma transformação", escreve Tina Vindum, ex-esquiadora nos Alpes, praticante de ciclismo de montanha e autora de *Outdoor Fitness*, um livro em que ela afirma que é muito melhor exercitar-se em contato com a natureza do que em academias e ginásios de esportes.[2] Ela havia passado anos de sua vida nesses lugares. "Com o tempo, eu vinha ficando cada vez mais frustrada com o treinamento em ambientes fechados, estáticos", escreveu ela. "Meus músculos haviam se habituado muito aos exercícios repetitivos dos equipamentos de ginásios e academias, e eu chegara a um nível que vinha perturbando meu desempenho. Certo dia, flagrei-me olhando fixamente pela janela no meio de mais uma monótona sessão de exercícios na academia e não conseguia deixar de mirar a majestosa Sierra Nevada. Sentia-me reprimida e frustrada... O chão estava coberto de folhas, e o vento estava frio e cortante. Como uma criança trancada numa sala de aula, eu ansiava pela liberdade que estava ali, para além da minha janela. Foi esse o dia em que me rebelei." Ela foi para fora e logo estava fazendo *slalom**

---

* O *slalom* é uma modalidade do esqui alpino.

no terreno mais irregular e desafiador da floresta e exercícios de alongamento para os quais usava troncos de árvores e rochas.

Como Vindum, Kelli Calabrese, uma treinadora sediada no Texas e coautora do livro *Feminine, Firm & Fit*, escreve sobre como o terreno ao ar livre é muito melhor do que aparelhos de academias para a prática de exercícios físicos.[3] "Os aparelhos são criados para facilitar nossa vida, mas o solo faz com que nos ajustemos a todas as formas em que os elementos os transformaram ao longo do tempo", diz ela. "Literalmente, cada trecho de uma colina é diferente do outro, e trabalhará suas panturrilhas de modo ligeiramente diferente."

Não precisamos de um *personal trainer* para fazermos atividades físicas ao ar livre. Para algumas pessoas, porém, esse profissional pode ser útil. Há também a abordagem de grupo. No Reino Unido, os Green Gyms desenvolvidos pelo British Trust for Conservation Volunteers [Associação Inglesa de Voluntariado para a Conservação da Natureza] tiram as pessoas dos ginásios de esporte, que consomem energia, e colocam-nas em contato com a natureza, usando seus músculos para incrementar as paisagens locais.[4] A ideia básica é que as pessoas podem se juntar para organizar suas próprias academias naturais, reunindo-se em parques, jardins e trilhas locais onde podem fazer caminhadas e jardinagem, ou mesmo trabalhar em conjunto para a recuperação da natureza. É claro que as pessoas também podem fazer isso sozinhas. Ponto essencial: a natureza está cheia de academias, desde que procuremos por elas.

Além dos benefícios à saúde física e mental, há o acréscimo do valor espiritual do exercício ao ar livre. O teólogo e rabino Abraham Joshua Heschel escreveu: "Nosso objetivo deve ser viver em estupefação radical, olhar para o mundo de um jeito que não toma nada como certo. Tudo é fenomenal; tudo é incrível; ser uma pessoa espiritualizada significa estar continuamente maravilhado".

Exercício verde profundo

Lembro-me da citação acima toda vez que converso com Brook Shinsky, que mora em Oakland, Califórnia, e trabalha para a North Face, uma empresa de equipamentos e acessórios para prática de exercícios e esportes ao ar livre. Shinsky arrola uma extraordinária variedade de métodos de exercícios que ela pratica ao ar livre: pedalar (por montanhas e estradas), surfar na neve (*snowboarding*), escalar rochas (*rock climbing*), correr e voar com um "traje planador" (*wingsuit flying*; para este último, ela usa um traje especial que transforma seu corpo numa espécie de aerofólio, conferindo-lhe força ascensional). O traje planador, às vezes chamado de "macacão de homem-pássaro, homem-esquilo ou Batman", permite que Shinsky e outros praticantes desse esporte radical tenham grandes vantagens sobre o paraquedismo tradicional, inclusive uma menor velocidade de descida, quedas livres mais longas e maior capacidade de manobra. Perguntei a Shinsky, que tem trinta e poucos anos, se alguma vez, por ficar tão concentrada no ato de saltar, planar e aterrissar, ela teria deixado de perceber o mundo natural. "Ao contrário", foi sua resposta. "Quando criança, eu vivia intrigada com os pássaros, e agora sei o que é voar — tornei-me um pássaro. Vejo o mundo do mesmo modo que um pássaro o vê, e é nesses momentos que estou verdadeiramente presente e na plenitude de minha consciência", disse ela. À medida que ela descrevia sua experiência, comecei a ter um melhor entendimento da atração exercida pelos esportes radicais ao ar livre, que são preferidos por um número cada vez maior de jovens, em detrimento dos esportes mais tradicionais ao ar livre, como a pesca e a caça. É uma imersão total na natureza, com a atração adicional do risco. Alguns homens e mulheres, em busca de esportes ao ar livre, usam fones de ouvido para iPod; não prestam atenção ao mundo natural — ou, no mínimo, põem a perder a experiência de estar ali. Shinsky, porém, vive claramente em busca de um tipo diferente de comunhão.

Alguns anos atrás, eu conheci Margot Page. Ela mora numa casa de fazenda de madeira que já tem 160 anos de idade e fica numa elevação de onde se pode avistar um vilarejo e um vale. Sua casa é branca com remates verdes e parece estar fixada ao solo pelas profundas raízes das árvores que a cercam. Page é uma dentre muitas mulheres que se tornaram conhecidas no universo dos adeptos da pesca com iscas artificiais. Como Page admite, ela e outros praticantes desse mesmo esporte estão ampliando — sutilmente, criativamente — sua relação com a natureza. Eles buscam um "diferente tipo de pesca", diz ela. "Eles se aproximam da água e não começam a pescar imediatamente; primeiro, observam e escutam, mantêm-se afastados da margem e só então tentam integrar-se ao contexto desse meio ambiente. É assim que pescamos, é assim que nos conectamos." Passe a pensar nesse tipo de pesca com caniço como "pescaria profunda".[5]

Page também descreveu um tipo diferente de organização para a pesca: *Casting for Recovery*,* em que um grupo sem fins lucrativos ensina a pesca com iscas artificiais a sobreviventes de câncer de mama. Embora Page não tenha tido câncer, ela faz parte do conselho consultivo do grupo. A ideia da pesca como terapia é antiga; a criação de grupos de terapia de pesca é relativamente nova. Em sua maioria, diz Page, as mulheres que participam do *Casting for Recovery* nunca haviam pescado com iscas artificiais. "Quando elas voltam para a sala de quimioterapia, para toda aquela dureza, na sua mente elas terão um lugar ao qual retornar, e isso talvez lhes dê um pouquinho de paz." Os médicos do conselho consultivo do *Casting for Recovery* acreditam que os benefícios são, ao mesmo tempo, fisiológicos e psicológicos. "O arremesso ajuda os músculos que se tornaram inoperantes e os nervos que se romperam. Algumas mulheres ficam com ombros imobilizados depois que fazem mastectomia. O movimento fisiológico de arremessar ajuda a dar-lhes mais flexibilidade. Os instrutores foram treinados para ajudar a adaptar o movimento de arremesso a qualquer circunstância em que a paciente se encontre", explica Page. Além da terapia física, alguma coisa mais está em funcionamento aqui. Algumas dessas mulheres seguem a liderança de Page e buscam uma imersão curativa mais profunda na natureza.

O profundo conceito de pesca de Page é semelhante à abordagem do traje planador de Brook Shinsky. Podemos chamar o que Shinsky faz de "voo profundo". De sua posição como agente comunitária para a North Face, Shinsky percebe uma mudança que está ocorrendo em um número cada vez maior de jovens — a geração Y, como a indústria de trajes para atividades e esportes ao ar livre a ela se refere — que tendem a ver o mundo natural como um espaço para sensações fortes: a natureza como um passeio ou uma viagem por um parque temático. "Muitos jovens estão percebendo que essas atividades ao ar livre têm mais a oferecer do que uma corrida em busca de adrenalina", disse-me ela. "Eles estão descobrindo os benefícios físicos, psicológicos e, inclusive, espirituais dos exercícios em contato com a natureza e vêm se tornando mais conscientes do meio que os cerca."

Em certo sentido, os surfistas abriram o caminho em fins da década de 1960 e começo da de 1970. Seus filmes mostravam essa consciência mais profunda, e hoje Shinsky sabe de muitos jovens cineastas que preferem outros esportes radi-

---

* Uma tradução aproximada seria "Arremesso de Anzol como Auxiliar na Convalescença". (N.R.)

cais ao ar livre, e cujos filmes expressam a mesma estética e reverência para com as dádivas da natureza.

Portanto o "exercício verde profundo" pode ser a tendência que virá depois dos esportes radicais ou que, pelo menos, irá torná-los mais interessantes. Podemos imaginar coisas como esqui profundo, surfe na neve profundo, escalada de rochas profunda. Conway Bowman, uma das estrelas do setor de pesca da ESPN,* usa o termo "esportes de modalidades variáveis". Eu e ele temos pensado em quais poderiam ser os parâmetros ou preceitos desse novo gênero. Dentre eles: imersão sensorial na natureza, em vez da mera observação; prática de esportes ao ar livre em lugares incomuns e inesperados; prática de mais de uma atividade ao ar livre ao mesmo tempo (pescar e observar pássaros = *bishing*,** ou pescar e fotografar a vida selvagem = *phishing*);*** combinar recreação com conservação (marcar tubarões [com localizadores]); evitar os equipamentos caros, dando preferência a equipamentos restaurados e feitos à mão, e praticar o minimalismo; quando for pescar ou caçar, matar para comer e não simplesmente por matar (alguns adeptos da pesca com iscas artificiais agora usam iscas sem anzóis para sentir apenas a emoção da fisgada). E, acima de tudo, desligar o iPod e deixar todos os sentidos receptivos a uma experiência plena.

Caminhando pela trilha do genoma

Nascemos para andar. E correr. E fazer longas caminhadas. Precisamos nos manter em movimento. É possível que, ao caminhar por muito tempo, estejamos sendo levados pela necessidade, à medida que rastreamos as melodias inaudíveis de nossos genomas.

Uma gratificação que alguns caminhantes têm — e, talvez, especialmente aqueles que percorrem trilhas — é às vezes chamada de "euforia do caminhante", que pode ser definida como a euforia de um corredor mais os complementos sensoriais de estar ao ar livre. Scott Dunlap adotou a corrida em trilhas — corridas em cenários naturais — em 2001 "para fugir da rotina do trabalho e ver um

---

* Entertainment and Sports Programming Network (Rede de Programação de Esportes e Entretenimento). (N.T.)

** Junção de bird e fishing. (N.T.)

*** Junção de fishing e wildlife photography. (N.T.)

pouco mais o que se passa ao ar livre". Em seu blog, Dunlap descreve a euforia, que ocorre por volta de 13 a 15 quilômetros de corrida, como uma "sensação mística de que você pode correr para sempre, sem limites — psicológicos ou físicos". Sua euforia, diz ele, "pode ser desencadeada por algo tão sutil quanto uma súbita mudança de temperatura, ou pode resultar de um momento épico em que você esteja atravessando uma parte íngreme de uma cordilheira a quase quatro mil metros de altura quando nuvens que prenunciam chuva começam a se formar no horizonte". Outro caminhante, Sage Ingham, de Rockville, Maryland, escreveu na versão *on-line* da *National Geographic*, na seção "Ask Adventure": "Não dá outra: depois de três a quatro horas de caminhada, começo a sentir o que chamo de 'euforia do caminhante', quando, sem mais nem menos, começo a rir sem motivo. O que está acontecendo?". Uma explicação vem das pesquisas que mostram que os corredores de longas distâncias apresentam um aumento dos opioides do próprio corpo, resultando na sensação de euforia e felicidade.[6] Na Califórnia, meu sobrinho Kyle Louv é considerado um dos melhores corredores da faculdade. Durante anos, já a partir do ensino médio, Kyle praticava suas corridas nas florestas perto de sua casa, na zona suburbana de Eureka. Ele está convencido de que as influências sutis e nem tão sutis assim (o aparecimento repentino de ursos) do local aumentaram consideravelmente sua velocidade, sua resistência e sua euforia. Talvez ele estivesse "acessando" seu passado genético, a resposta "fugir ou lutar", em combinação com a euforia do corredor na natureza.

Uma parte da ânsia por drogas de nossa sociedade pode estar associada a nosso anseio por esse estado mental unificado — corpo e natureza. As drogas de uso recreativo, ou as drogas usadas em contextos religiosos, estão presentes em quase todas as sociedades, inclusive nos grupos tribais que vivem próximos da natureza. Todavia, quase sempre o objetivo e o contexto não dizem respeito à transcendência nem à fuga. Na sociedade ocidental, as drogas e o álcool tendem a ser usados mais para mitigar o sofrimento e bloquear a estática e o ruído — o excesso de informações, em geral destituídas de sentido, que se interpõe em nosso caminho dia após dia. Por outro lado, a euforia obtida por meio do exercício verde profundo abre os sentidos; essa euforia diz respeito à transcendência, ao êxtase natural. O renomado filósofo australiano Glenn Albrecht criou um termo para designar essa euforia espontânea, essa sensação de identidade com a terra e suas forças vitais: "eutierria" (*eu* = bom, *tierra* = terra).

Quando eu tinha vinte e poucos anos e trabalhava no Project Concern — uma organização médica humanitária —, passei algumas semanas na Guatemala. Tinha mais tempo livre do que trabalho a realizar, e então costumava fazer caminhadas. Andei muitos quilômetros pelas margens do lago Atitlán, o mais profundo da América Central. Naquele mesmo ano, um terremoto matou mais de 26 mil pessoas na Guatemala; foi tão devastador que abriu uma fenda no leito do lago, formou um escoadouro no subsolo e, naquele mesmo mês, fez o nível da água baixar dois metros. Assim como as pessoas, a natureza pode nos preencher por toda uma vida ou nos esvaziar em questão de um milissegundo. Mais tarde, perto de Antigua, uma cidade maior nas Terras Altas do Centro-Oeste do país, caminhei pelo Volcán de Agua, conhecido como Hunapú pelos maias caqchiquel. Em pleno calor tropical, comecei a escalar o caminho íngreme que leva de Hunapú a uma densa floresta. Quando a névoa começou a se fechar ao meu redor na mata coberta de nuvens, a temperatura tinha caído rapidamente e eu tremia de frio. Relutando em voltar, porém despreparado para os extremos daquela altitude de 3.600 metros, voltei pelas bordas do vulcão.

Foi nessa ocasião que senti pela primeira vez a euforia da caminhada. Eu havia pegado um galho para usar como bengala e, enquanto descia pela trilha escorregadia, tendo às vezes de saltar sobre fissuras resultantes de profundas erosões que se interpunham no meu caminho, meus passos tornaram-se maiores, leves como o ar. As tragédias do mundo, tanto as naturais quanto as criadas pelo homem, desapareceram. Eu me sentia como se voasse por entre as nuvens e, naqueles momentos, queria — e sentia que podia — continuar andando para sempre e transpor o mundo num único salto.

A outra e última vez em que senti essa euforia específica ocorreu alguns anos mais tarde, depois de subir caminhando até o topo do pico Stonewall [situado dentro do Cuyamaca State Park, a 120 quilômetros de San Diego], que, visto de longe, lembra a montanha que se ergue sobre Atitlán. Na volta de Stonewall, com minha futura mulher Kathy caminhando atrás de mim — nossos passos começavam a ficar perigosamente rápidos —, eu percebi, num relance de grande clareza, que estava feliz e que, se pudesse continuar caminhando com Kathy, aquela caminhada nunca precisaria chegar ao fim.

Capítulo 7

A receita da natureza

Recarga: Ilimitada

ALGUNS DE NÓS PENSAMOS que não há nada de bom no envelhecimento. Isso posto, eis algumas boas notícias: passar mais tempo na natureza pode tornar o envelhecimento mais fácil — talvez, até mesmo mais salutar. Pense nisso como um envelhecimento auxiliado pela natureza. Quando perguntei a adultos de meia-idade como a natureza os tinha ajudado (ou ainda estava ajudando) em seu processo de envelhecimento, suas respostas foram reveladoras. Um homem disse: "Não me sinto velho quando estou em meio à natureza. Minha relação com esse mundo permite, se não me engano, que eu me reconecte com épocas já recuadas no tempo; ele me traz de novo o arrebatamento e entusiasmo que eu tinha quando jovem, como se aqueles dias de pescarias, de busca por besouros e ninhos de pássaros tivessem acontecido poucos dias atrás. Sei que meu corpo está envelhecendo, mas, enquanto eu me sentir conectado com a natureza, não me sentirei velho".

Outros disseram que passar algum tempo na natureza lhes dava a necessária perspectiva da passagem do tempo: "A dimensão temporal do mundo natural (bilhões de anos) nos ajuda a lidar com a mortalidade", afirmou um cientista. Outra mulher escreveu: "Não consigo mais escalar uma árvore como fazia antes, nem penso em construir fortalezas com os pés de milho do agricultor, logo atrás da minha casa, e tampouco brinco na neve até que minha roupa congele e minha pele comece a doer. Quando penso nessas coisas, volto a sentir o que sentia na época, com ternura e certa melancolia. A diferença é que consigo refletir conscientemente sobre aquelas experiências e atribuir-lhes valor, pois percebo o quanto elas foram determinantes para definir o que sou hoje. Vejo as coisas de maneira diferente, com mais determinação".

Sem dúvida, quando vamos nos tornando mais velhos, nossa natureza passa por transformações. "À medida que envelheço, torno-me mais propensa a apreciar as experiências tranquilas e simples na natureza", escreve uma mulher da Carolina do Norte. "Mesmo para nadar no mar, eu costumava mergulhar com escafandro e pegar peixes com meu arpão. Hoje, dou-me por satisfeita em simplesmente apreciar o panorama, nadando de lado ou de costas. Não preciso de todo aquele equipamento, nem de fazer sua manutenção, para ver, sentir e experimentar a riqueza daquilo tudo. A experiência tem mais sabor pelo fato de eu saber que tudo está ali, ao meu alcance, e que disponho dos sentidos e das aptidões necessárias para apreciar essa experiência fantástica."

Assim também, um artista que tinha mudado para uma região rural da Nova Inglaterra afirmou: "Hoje em dia, para mim, pescar trutas no rio é menos importante. Fico emocionado e satisfeito simplesmente ao ver um peixe saltar ou uma grande garça azul passar voando baixinho, um castor irritado agitando a cauda para um pescador, ou mesmo quando interrompo minha pesca para dar livre passagem a um canoeiro". E uma mulher que projeta bosques urbanos afirmou, com simplicidade e otimismo: "Sinto-me bem-recebida e apoiada pelo mundo natural e pelo papel que ele desempenha em minha longevidade potencial".

Infelizmente, o engajamento ativo não é para sempre. Uma incapacidade de participar fisicamente do mundo exterior significa que a associação indireta com a natureza se torna ainda mais importante. Mais estudos geriátricos são necessários, porém as pesquisas existentes confirmam que os moradores de lares para idosos mencionam maior satisfação e sentimentos mais fortes de bem-estar quando eles têm a visão de um jardim.[1] Outros estudos mostram que os benefícios realmente aumentam se os idosos puderem sair de casa e passar algum tempo no jardim. Em 1994, um estudo dividiu oitenta idosos em dois grupos. Um deles fez terapia horticultural — trabalhos de jardinagem —, e o outro não. Os pesquisadores avaliaram os grupos três vezes num período de seis meses e constataram uma previsível melhora emocional e mental no ponto central, que caía quando a terapia deixava de ser feita.[2]

Outra consequência do trabalho com jardinagem é o aumento da força para pegar e segurar, bem como o aumento da destreza. Os pesquisadores Candice Shoemaker, Mark Haub e Sin-Ae Park, da Universidade do Estado do Kansas, apresentaram esses e outros benefícios num estudo publicado em 2009 no periódico *Hort-Science*.[3] Em 2000, pesquisadores reportaram que pacientes com Alzheimer mostravam maior interação de grupo, menos agitação e menos deslocamentos aleatórios quando podiam passar algum tempo num jardim em diferentes momentos do dia e vivenciar a mudança dos níveis de luz. Aparentemente, isso permitia que o cérebro estruturasse mentes que, fossem outras as condições, estariam confusas.[4] E num estudo australiano de 2006, realizado com 2.805 homens e mulheres com 60 anos ou mais, que no começo não tinham nenhuma deficiência cognitiva e foram acompanhados ao longo de dezesseis anos, constatou-se que a prática diária de jardinagem estava associada a uma redução de 36% do risco de desenvolvimento de demência.[5]

No nível básico, o modo como envelhecemos depende da saúde das mitocôndrias. "Elas já foram pequenas bactérias que nadavam no oceano. Contudo, há cerca de um bilhão de anos, elas se juntaram a outras bactérias em busca de energia, e isso criou a vida como hoje a conhecemos", explica o médico William Bird, um dos maiores defensores, no Reino Unido, da conexão entre as pessoas e a natureza.

Hoje, quase toda planta e todo animal usam as mitocôndrias para transformar o ar e os nutrientes em energia. Todas as células do nosso corpo contêm cerca de duzentas a trezentas mitocôndrias. São as nossas centrais elétricas. Elas também participam de outros processos, inclusive da diferenciação celular, do crescimento e da morte das células. As mitocôndrias realizam muito bem seu trabalho até que sua vida seja devastada pelos radicais livres — átomos ou moléculas que com um único elétron não pareado numa cobertura externa são liberados quando as mitocôndrias produzem energia. Segundo a teoria do envelhecimento baseada nos radicais livres, os organismos envelhecem quando as células acumulam radicais livres que podem produzir reações em cadeia, as quais, por sua vez, podem provocar câncer e doenças degenerativas, inclusive as cardiovasculares, a artrite, o diabetes e doenças pulmonares.

"Todas essas doenças dizem respeito ao processo de envelhecimento associado à disfunção mitocondrial", afirma Bird. As toxinas e a obesidade criam mais radicais livres, assim como o estresse e o comportamento sedentário. No nível químico, os antioxidantes mantêm controlados os radicais livres. O estresse pode fazer a balança pender para os radicais. "As crianças submetidas a situações estressantes, como os maus-tratos, apresentam envelhecimento prematuro quando entram na vida adulta. O estresse coloca-as em desvantagem ao aumentar o risco de doenças crônicas, como o diabetes, além de tornar sua vida mais curta", acrescenta ele.

Uma indústria minoritária produz atualmente aditivos na forma de alimentos e bebidas para aumentar a produção de antioxidantes, embora as pesquisas sugiram que alguns desses suplementos podem ser tóxicos em altas concentrações, e pouco se sabe sobre seu impacto em longo prazo. O que funciona, então? "Quanto mais exercícios uma pessoa fizer, mais suas células irão liberar antioxidantes para protegê-las", diz ele. "Assim, uma criança que brinca fora de casa em espaços naturais terá reduzidas suas chances de desenvolver doenças crônicas quando começar a envelhecer." Manter o equilíbrio é algo que nos acompanhará por toda a vida. Bird recomenda exercícios, como faz a maior parte dos médicos. Além disso, levando-se em consideração a nova literatura sobre o "exercício verde", ele sugere que a atividade ao ar livre pode implicar o acréscimo de propriedades antioxidantes. Se Bird estiver certo, nossas políticas públicas e pessoais sobre o envelhecimento precisam de novos ares. Portanto chegou a hora de levar nossas mitocôndrias para um passeio na floresta.

Ou, melhor ainda, chegou a hora de os que estão envelhecendo levarem as crianças para passear. Nossa geração ainda se lembra de uma época em que se considerava normal que as crianças ficassem com as mãos enlameadas e os pés molhados, que deitassem na grama e ficassem observando o movimento das nuvens. Não há melhor forma de exercício verde do que transmitir à geração vindoura as dádivas da natureza que recebemos.

A busca por um "sistema de saúde pública natural"

Assim como o impacto das experiências na natureza tem implicações na educação — talvez para a educação superior em particular, que discutiremos mais adiante —, seu papel na conformação física e na saúde mental recomenda uma nova abordagem dos sistemas de saúde. Como, então, poderia o Princípio da Natureza, que sustenta que a religação com o mundo natural é fundamental para o bem-estar humano, ser aplicado ao sistema de saúde?

Em 2009, Janet Ady, do Fish and Wildlife Service dos Estados Unidos, colocou-se diante de um grupo de voluntários que tentava conectar as pessoas com a natureza e mostrou-lhes um grande frasco de remédio. Dentro dele havia uma "receita" de um médico — e essa receita seria benéfica tanto para adultos quanto para crianças. Nela estava escrito: "Use diariamente fora de casa, na natureza. Faça um passeio pela floresta, observe os pássaros e as árvores. Tenha um comportamento respeitoso quando estiver sozinho nos ambientes naturais, ou quando tiver levado consigo amigos e familiares. Recarga: ilimitada. Prazo de validade: nenhum".[6] Recurso para chamar a atenção do público? Claro que sim. Porém, eficaz — uma ilustração direta de como a atitude da indústria farmacêutica assim como nossas atitudes acerca dos exercícios e do bem-estar poderiam ser reformuladas de modo a incorporar a vitamina N.

Nas profissões que lidam com a saúde, o interesse pelas receitas "naturais" vem aumentando. Jardins para cura em pátios hospitalares vêm se tornando cada vez mais populares. A oferta desses espaços naturais para a recuperação de doentes especializou-se, com a criação, por arquitetos paisagistas, de jardins para doenças específicas (como o câncer); esses espaços também se encontram disponíveis aos pacientes necessitados de reabilitação física, para os que sofrem de Alzheimer e outras formas de demência, bem como para os que sofrem de depressão ou encontram-se profundamente estressados.

Daphne Miller, clínica geral nos arredores do Noe Valley em São Francisco, na Califórnia, imagina que as receitas naturais passarão a fazer parte do florescente campo da medicina integrada. Nessas práticas médicas, os profissionais oferecem os serviços típicos, mas também recomendam a seus pacientes outras modalidades de lidar com a saúde, inclusive a medicina herbária, o *biofeedback*,* a homeopatia, a acupuntura e a *atenção plena*.** "A natureza é outro item da nossa caixa de ferramentas", diz Miller, que, além de praticar meditação, é professora clínica adjunta no Department of Family and Community Medicine da Universidade da Califórnia, em São Francisco. Ela também acredita que os guardas-florestais podem, de fato, tornar-se provedores de cuidados com a saúde. Essa epifania, como ela se refere ao processo, surgiu-lhe durante uma palestra ministrada no Yosemite National Park, enquanto ela ouvia um guarda-florestal pregar o evangelho do impacto da natureza sobre a saúde e o bem-estar — tendo testemunhado seu efeito transformador sobre os visitantes de Yellowstone.

Miller lembra-se de que, à medida que o guarda falava, ela foi se dando conta de que "esse sujeito é um praticante da medicina ou de uma profissão paralela". Ela então se perguntou: "Por que não, com o devido treinamento, transformar esses guardas-florestais em paraprofissionais da medicina — como paramédicos — que possam ajudar as pessoas a usar a natureza como um caminho para a saúde?"

Além dos guardas-florestais, quem mais poderia estar numa lista de paramédicos naturais em potencial? Fazendeiros, sitiantes, monitores de acampamentos de verão, guias de ecoturismo, membros do clero, professores, nutricionistas, arquitetos, planejadores urbanos e empreiteiros. A lista poderia continuar. Por que não fornecer um certificado em saúde na natureza, ou dar seguimento aos créditos obtidos por esses profissionais? Pessoas oriundas de uma grande variedade de profissões e outras atividades exercidas como formas de lazer poderiam aprender sobre as aplicações práticas inerentes à sua disciplina, além de receber mais treinamento geral. E os profissionais do sistema de saúde poderiam receber um desses certificados.

As faculdades e universidades poderiam oferecer cursos adicionais que preparassem seus alunos para atuar em muitos campos de conhecimento tradicionais, com a orientação de organizações de saúde pública estaduais ou

---

* Processo que nos permite aprimorar a saúde e o desempenho e adquirir o controle voluntário de funções fisiológicas das quais normalmente não temos consciência. (N.T.)

** *Mindfulness*, termo que tem suas origens na meditação budista e remete à consciência do momento presente, sem julgá-lo nem tentar controlá-lo — em outras palavras, aceitando-o tal como é. (N.T.)

nacionais. A área comercial também poderia oferecer esse treinamento. O mesmo se pode dizer da National Wildlife Federation, da National Recreation and Park Association, da National Environmental Health Association, para nomear algumas possibilidades. Esses paramédicos naturais poderiam ser preparados para ministrar palestras sobre o impacto geral do mundo natural sobre a saúde; sobre as aplicações práticas da aptidão física obtida junto à natureza, incluindo programas de exercícios específicos para, digamos, serem feitos durante as caminhadas por trilhas naturais; a diminuição do estresse; o aumento da saúde mental mediante a experiência em meio à natureza; como introduzir mudanças em casa ou no quintal, estimulando, dessa maneira, as aptidões naturais; e assim por diante. As terapias naturais também têm o potencial de incluir a "terapia de aventuras" para combater os desajustes familiares, melhorar a imagem do corpo de homens e mulheres, tratar os transtornos alimentares e lidar bem com o envelhecimento. Outras possibilidades: treinamento especial em aptidão natural para crianças, idosos ou pessoas com deficiências físicas e carências emocionais. Quase tudo isso poderia ser feito em consonância com os provedores de saúde pública, embora algumas atividades possam ser oferecidas independentemente.

Essa abordagem é atraente porque não haveria necessidade de esperar por uma grande mudança da medicina praticada pelas correntes predominantes, embora os médicos e outros profissionais de saúde pública possam ser mais receptivos a essas ideias do que costumamos pensar. Um desses motivos é o pico de produção de petróleo — aquele momento inevitável em que a escassez de petróleo se torna permanente. Encher os tanques de nossos carros será apenas uma parte do desafio. Howard Frumkin, reitor da Escola de Saúde Pública da Universidade Washington, afirma que a produção de muitos de nossos medicamentos básicos — Aspirina, por exemplo — depende totalmente de moléculas associadas ao petróleo. Embora muitas alternativas sintéticas venham a se tornar disponíveis, é provável que a aprovação da Food and Drug Administration (FDA) não acompanhe sua necessidade. Devido ao impacto do pico da produção de petróleo no abastecimento e nos estoques, no acondicionamento, no transporte e em quase todos os outros aspectos da saúde pública, poderiam ocorrer reduções dramáticas dos testes de triagem de câncer, diálise renal, cuidados pré-natais e terapias físicas. Em virtude da recessão e do aumento do preço da gasolina, é provável que esse efeito já tenha se iniciado. Depois que Frumkin publicou um artigo sobre esse tema no *Journal of the American Medical Association*, ele relatou o comentário de um ecologista segundo o qual "alguns de seus pacientes estavam indevidamente abrindo mão da quimioterapia e optando pela cirurgia, pois não conseguiam arcar com o custo de encher o tanque do carro para ir tantas vezes ao centro médico". Além disso, como o australiano Glenn Albrecht, Frumkin preocupa-se com o impacto indireto sobre a saúde mental à medida que as reservas de petróleo, tão fundamentais para nosso estilo de vida, começam a dar sinais de exaustão.

Mesmo sem o problema do pico da produção de petróleo, uma população com maior número de idosos apresenta ameaças e oportunidades ao sistema público de saúde. "À medida que a população norte-americana envelhece, verifica-se proporcionalmente uma diminuição de clínicos gerais, em particular no que diz respeito aos cuidados básicos", diz Miller. "Isso significa que nossa definição de clínico geral e dos lugares onde cuidamos de nossa saúde passará por mudanças." Os médicos estão cada vez mais abertos a outras profissões de diagnóstico e cura. "Quando você usa o termo 'profissões de diagnóstico e cura', a maioria das pessoas pensa em acupuntura, massagem", diz ela. O termo, porém, poderia ter suas acepções ampliadas. Miller também acredita que os pacientes estejam totalmente preparados para as prescrições naturais. Um de seus pacientes lhe disse: "Tenho um StairMaster* no porão de casa, mas, sinceramente, já faz anos que ele está ali, acumulando poeira e me enchendo de culpa. Comecei a caminhar cinco quilômetros num parque perto da minha casa e logo passei a levar o exercício a sério. Pratico-o todos os dias, faça chuva ou faça sol. Amo o ar puro. A melhor parte é que treino bastante e não estou nem aí com o excesso de transpiração".

Miller já ouviu muitas repetições e variações da história desse paciente que "começou a fazer 'receitas formais' de caminhadas em parques'", afirmou ela num comentário para o *Washington Post*.[7] "As instruções da receita são bem mais detalhadas do que aquelas que alguém encontra numa receita de algum medicamento ou numa prescrição típica de exercícios físicos (por exemplo, 'caminhe

---

* Marca de um aparelho para exercícios projetado para simular o ato de subir um lance de escadas. (N.T.)

quarenta minutos cinco vezes por semana'). Essas receitas incluem a localização de uma área verde local, o nome de uma trilha específica e, quando possível, a exata quilometragem." Ela não é a única profissional de saúde pública a usar nossas prescrições naturais. Em 2010, a National Environmental Education Foundation (NEEF), trabalhando em conjunto com a American Academy of Pediatrics, lançou um programa de treinamento para pediatras cujo enfoque principal era a prescrição de atividades ao ar livre. "Comecei a ouvir falar de médicos de todo o país que estão medicando seus pacientes com a natureza, a fim de impedir (ou tratar) problemas de saúde que vão de doenças cardíacas ao transtorno de déficit de atenção", diz Miller. Entre eles encontra-se a cardiologista Eleanor Kennedy, que trabalhava com os financiadores locais e o Rivers, Trails, and Conservation Assistance Program do National Park Service para criar uma Milha Médica, um caminho para andar e correr ao longo de um trecho do rio Arkansas que passa pelo centro da cidade. Nos arredores há um espaço de lazer novo e natural, criado principalmente para pais e filhos, que inclui colinas em que eles podem rolar sobre um gramado macio, túneis para rastejarem e trechos pantanosos. Kennedy disse a Miller: "Se meus pacientes perceberem que podem praticar atividades ao ar livre, eles se tornarão disciplinados na prática de exercícios físicos".

Em 2009, a cidade de Santa Fé, no Novo México, numa tentativa de combater a alta incidência de diabetes no local, lançou um programa de Prescrições de Trilhas parcialmente financiado pelos Centers for Disease Control and Prevention. Além do tempo dedicado às trilhas, os médicos podem encaminhar seus pacientes a um guia de trilhas. "Todas essas empresas de seguros concentram-se na prevenção, mas nenhuma pensa nos recursos oferecidos por terras públicas gratuitas que se encontram a nosso inteiro dispor", disse Michael Suk, um cirurgião ortopedista e ex-consultor de saúde do National Park Service (NPS). A Golden Gate National Recreation Area planeja criar um *kit* com um conjunto de informações para os médicos, "talvez em parceria com uma grande organização de saúde como a Kaiser Permanente", diz Miller. Ela acredita que "não é nenhum exagero pensar em nosso sistema de parques nacionais como parte integrante de nosso sistema público de saúde; o NPS já oferece serviços de bem-estar grátis e acessíveis a todos, sejam quais forem as condições preexistentes". Em 2010, um programa-piloto semelhante em Portland, no Oregon, começou a pôr médicos e profissionais de parques para trabalhar juntos e registrar se as "receitas" de atividades ao ar livre estavam desempenhando bem seu papel; o programa de prescrições para parques será parte de um estudo longitudinal cujo objetivo será avaliar os efeitos sobre a saúde.

A "terapia florestal" e os "usos terapêuticos de práticas agrícolas", uma parceria entre agricultores, profissionais de saúde e consumidores da área de saúde, vêm lançando raízes em vários países. Na Noruega, os clínicos gerais podem receitar a seus pacientes uma estadia numa clínica rural. Na Holanda, seiscentas clínicas rurais estão integradas ao serviço de saúde pública.[8] Em 2006, um grupo chamado Forest Therapy Executive Committee, formado por pesquisadores e outros profissionais, começou a dar às florestas do Japão as denominações oficiais de Forest Therapy Base [Base de Terapia Florestal] ou Forest Therapy Road [Estrada de Terapia Florestal]. As denominações se baseiam em comprovações científicas. A partir de 2008, 31 bases e quatro estradas haviam sido denominadas, e Yoshifumi Miyazaki, da Universidade Chiba, espera que na próxima década o número chegue a uma centena. As sedes da terapia florestal — geralmente uma floresta e uma trilha — são administradas pelos governos locais e observadas de forma independente pela Forest Agency [Agência Florestal] e pelo Health, Labor, and Welfare Ministry [Ministério da Saúde, do Trabalho e Bem-Estar] do Japão. As pessoas que visitam as sedes e estradas de terapia podem participar de caminhadas com guias e especialistas em medicina florestal; elas também podem matricular-se em outros cursos de saúde, como administração dietética e hidroterapia, além de fazer exames médicos completos. Hoje, algumas empresas japonesas enviam seus empregados a essas sedes de terapia florestal — provavelmente para aumentar sua produtividade. As florestas terapêuticas também trazem turistas que incrementam as economias locais. E, no Reino Unido, um crescente movimento chamado "cuidados verdes" estimula a prática de exercícios terapêuticos em contato com a natureza, a horticultura terapêutica, as terapias assistidas por animais, a ecoterapia e agricultura terapêutica. "Nature's Capital", um relatório publicado na Inglaterra em 2008 pelo Nature's Trust [Sociedade para a Defesa da Natureza e a Proteção dos Lugares Históricos], solicita financiamento local para o exercício em meio ao verde e para as "prescrições de bem-estar", acrescentando: "Há um potencial muito significativo de redução de custos para as Primary Care Trusts [Sociedades de Cuidados Clínicos Primários] que reconheçam irrestritamente o exercício em meio ao verde como uma opção de tratamento clinicamente válida para os doentes físicos e mentais. Estima-se que um aumento de 10% das atividades físicas de adultos traria para o Reino Unido um benefício anual de 500 milhões de libras, o que salvaria 6 mil vidas". A sociedade também cita um relatório do governo que prevê, para o ano 2050, que 60% da população inglesa estará obesa.[9]

O leitor consegue perceber que há um padrão se formando aqui? Na Inglaterra e na Escócia, esforços vêm sendo feitos para criar um Natural Health Service [Serviço Natural de Saúde] como complemento ao National Health Service (NHS) [Serviço Nacional de Saúde]. William Bird, do Natural England,* explica: "Esse serviço representará os espaços verdes não ocupados ao redor dos centros de saúde e hospitais, incluindo parques, jardins comunitários, loteamentos e árvores das ruas". Também estão sendo feitos planos para criar uma floresta do National Health Service, "na qual um milhão e trezentas mil árvores serão plantadas, uma relativa a cada empregado do NHS, para diminuir o calor dos centros urbanos de nossa ilha, oferecer sombra, diminuir o estresse e aumentar as atividades".

O efeito cumulativo desse modo de pensar pode com o tempo levar a uma reforma do sistema natural de saúde em nível nacional, nos Estados Unidos e no mundo inteiro. Daphne Miller e outros profissionais de saúde estão prontos para fazer com que as coisas andem mais rápido. "Não se surpreenda se, na sua próxima consulta médica, você receber um mapa com o itinerário de uma trilha junto ao pedido de exames médicos", diz ela. "Na verdade, se não lhe oferecerem um desses mapas, acho que você deve exigi-lo."

---

* Órgão público não governamental do Reino Unido que concentra suas atividades em quatro resultados estratégicos: um meio ambiente natural saudável, o desfrute do meio ambiente natural, o uso sustentável do meio ambiente natural e um futuro seguro para o meio ambiente. (N.T.)

Transformar o Sistema Público de Saúde vai exigir mais do que mudanças institucionais. Exigirá pesquisas rigorosas e uma evolução filosófica que ultrapasse o que geralmente chamamos de cuidados preventivos. Essa mudança para a aptidão física e o bem-estar natural pode acontecer com o apoio de organizações e instituições em geral — mas também individualmente, em nossas redes sociais e familiares e nos ambientes vivos que criarmos para jovens e idosos.

TERCEIRA PARTE

O Perto é o Novo Distante

Saber Quem Você é para Saber Onde Está

*Não sei se é possível amar o planeta ou não,
mas sei bem que é possível amar os lugares
que podemos ver, tocar, cheirar e vivenciar.*
— David Orr, *Earth in Mind*

Capítulo 8

Procurar seu verdadeiro lugar

Felicidade Sustentável

TODAS AS PESSOAS TÊM PELO MENOS UM LUGAR VERDADEIRO, um pedaço de terra ou de água que muito as atrai — como aquela fazenda no Novo México com os algodoais ondulantes onde encontrei aquele *algo* ilusório que me faltava. Alguns de nós procuram por esse lugar e o chamam de lar; e alguns de nós finalmente voltam para o lar.

A julgar pelo tema de suas pinturas, Adriano Manocchia já estava predisposto a um estilo de vida mais campestre quando ele e sua mulher decidiram que precisavam fazer alguma coisa para reduzir seu transtorno de déficit de natureza. Embora ele seja um artista conhecido por suas pinturas de pesca com iscas artificiais, Manocchia nasceu em Nova York, passou parte de sua vida ali, depois casou-se e mudou-se para o sul do Estado, mais exatamente para os arredores do condado de Westchester. Ele passou a ir diariamente a Nova York para trabalhar e depois ficou vinte anos trabalhando em sua própria casa. Quando seu filho foi para a faculdade, ele e a mulher começaram a questionar o porquê de estarem vivendo ali. "Eu estava infeliz naquele lugar. O custo de vida era exorbitante, o ar era malcheiroso, havia barulho por toda parte e vivíamos com medo a maior parte do tempo. Para piorar as coisas, eu precisava dirigir uma hora para pescar num rio abarrotado de gente", diz ele. "Portanto, minha aversão ao lugar onde estava morando começou a inflamar como uma ferida." Ele se viu aterrorizado diante de tarefas simples, como ir ao correio ou ao banco. "Havia pessoas irritadas onde quer que você fosse. Gente hostil, agressiva."

Ele e a mulher gastavam cada vez mais tempo para ir ao norte de Westchester nos fins de semana, em busca de um pouco de espaço, ar fresco e aquilo que ele chamava de "um ambiente mais amistoso". Prosseguindo, ele diz: "O mais estranho é que demorou mais três anos para que finalmente decidíssemos vender nossa casa e procurar outro estilo de vida".

Foi então, diz Manocchia, que o destino interveio. Certo dia, durante uma das excursões, ele e a mulher descobriram por acaso uma pequena comunidade a aproximadamente 280 quilômetros ao norte de Nova York. Encontraram uma fazendinha com um regato que passava por ela, cheio de salmonídeos; um celeiro para servir de ateliê; uma casa de fazenda de 1803 e "duas das pessoas mais doces e generosas que alguém poderia pensar em encontrar", recorda-se ele. "Bob e Irene estavam de mudança para um lugar a poucos quilômetros dali, onde tinham vivido 45 anos e criado três filhos maravilhosos. Em pouco mais de dez minutos, já havíamos concordado em comprar a fazenda. Bob e Irene mal sabiam que estavam adotando mais duas pessoas em sua família. De repente, percebi que aquilo era o que eu vinha procurando ao longo de toda a minha vida."

A cidade, diz Manocchia, era uma comunidade de artistas, escritores, músicos, agricultores, aposentados, pobres e ricos. Todas as cidades têm escândalos, gente deprimida — os recessos escuros da vida. Mas ele ficou surpreso ao constatar que muitas das pessoas que conheceu esperavam ansiosamente pela chegada da neve, que havia tantas pessoas "com tempo para parar e dizer um sincero 'olá', que se olhavam nos olhos quando conversavam". E havia a paisagem: "Colinas ondulantes de tirar o fôlego, que rivalizariam com quaisquer colinas da Toscana. E rios para pescar, formando mais poços e com mais trutas do que eu jamais poderia ter imaginado quando eu e minha mulher encontramos aquele lugar. Há pessoas aqui que realmente apreciam o céu noturno e falam sobre o brilho das estrelas e as constelações. Renasci dez minutos depois que o caminhão de mudanças nos deixou na soleira da porta da fazenda Donally".

Cerca de quatro anos depois, diz Manocchia, ele ainda consegue perceber esses sentidos renascendo a cada dia que passa. Ele mal consegue esperar que o despertador o acorde às cinco da manhã para correr para pescar no riozinho, respirar o ar fresco da manhã, ouvir o silêncio e o canto dos pássaros. Ele diz que lamenta muito não ter feito antes essa mudança.

Como Manocchia, Gail Lindsey, que faleceu em 2009, ansiava viver numa casa em meio à natureza. Lindsey era ex-*chairman* do American Institute of Architects Committee on the Environment, mas também presidia iniciativas de dotar a Casa Branca e o Pentágono de mais espaços verdes. Seu marido, Mike Cox, cresceu numa fazenda do Centro-Oeste e não precisava ser convencido. O objetivo deles era encontrar um pedaço de terra com árvores de grande porte, a não mais de trinta minutos do escritório de arquitetura de Gail.

"Lembro-me dos seis meses de busca com mais bom humor do que Mike, a quem coube o papel de avaliar diferentes propriedades", disse ela. "Durante seis meses, eu disse *não* a todas elas, às vezes por razões objetivas, outras vezes simplesmente porque eu não 'ia com a cara' do lugar. Sei que esse tipo de motivo deixava meu marido frustrado, mas eu acreditava piamente que nós dois teríamos a intuição do 'lugar certo' quando um *pressentimento* viesse nos dizer que aquele era o lugar." E então uma nova propriedade foi colocada à venda. Para encontrá-la, o casal seguiu de carro por uma rua que terminava numa parede de árvores e depois continuou a pé. "Finalmente, chegamos a uma fonte cercada por grandes árvores em que muitos pássaros cantavam. Havia até um enorme álamo que três pessoas de mãos dadas não conseguiriam abraçar", lembra Lindsey. Para seu deleite, ficaram sabendo que o álamo ficava naquela propriedade que pretendiam adquirir. "Além disso, também fomos informados de que, no passado, ali vivera uma tribo indígena."

O casal comprou a propriedade. A questão seguinte era onde construir, e que não fosse naquela "área mágica". Eles construíram sua nova casa no lado oposto ao lote de quase cinco hectares. "Quando menina, sempre que eu estava estressada, deprimida, ou ao receber más notícias quando já me tornara uma jovem adulta, inclusive a morte de meus avós, eu encontrava consolo quando me sentava debaixo de uma árvore. Conectava-me imediatamente com ela. Hoje, já adulta, quer eu esteja apenas sentada em nossa casa, olhando para as árvores, quer esteja fazendo uma caminhada com meu marido para visitar a mais alta das árvores em nossa propriedade, tenho um profundo sentimento de conexão, de estar em casa."

Felicidade sustentável

O lugar onde decidimos morar pode fazer muita diferença em nossa felicidade e em nossa saúde. Mas também é preciso dizer que viver em áreas rurais não é nenhuma garantia de que todo esse bem-estar vá acontecer. Na verdade, as vantagens podem ser superadas por problemas econômicos ou sociais. Independentemente de as pessoas viverem em cidades ou no campo, os benefícios da natureza diminuirão se não houver uma plataforma social e econômica saudável.

Embora alguns demógrafos acreditem que os *aging boomers** vão mudar para espaços urbanos, com mais pessoas por perto e mais facilidade de locomoção (aumentando a demanda por espaços naturais nas regiões centrais das cidades), outros observadores urbanos, como a gerontologista Sandra Rosenbloom, acreditam que esses *boomers* são mais propensos a "envelhecer onde vivem". Isso significa que eles permanecerão perto de suas casas e, se decidirem engajar-se em atividades ligadas à natureza, certamente se envolverão com a criação ou preservação dos espaços verdes existentes nos arredores, tanto urbanos quanto suburbanos. Joel Kotkin, pensador urbano e autor de *The Next Hundred Million: America in 2050*, e o demógrafo Mark Schill preveem que, em vez de mudarem para o centro, os *boomers* em processo de mudança de estilo de vida que realmente forem viver em outros lugares darão preferência a "cidades pequenas com parques de diversão, piscinas, centros comunitários, praças etc., como o condado de Douglas, no Colorado, certos condados de Idaho, regiões montanhosas da Nova Inglaterra e, até mesmo, partes do Alasca".[1] Pelo menos antes da recessão, esses condados vinham crescendo dez vezes mais rápido do que outros condados rurais. Outro fator pode ser o crescente número de jovens adultos que voltam para casa para viver com os pais; atividades naturais baratas e acessíveis podem ser exatamente o bilhete para as famílias economicamente estressadas.

Em 2006, a Harvard School of Public Health reportou que, em termos de expectativa de vida, sete condados do Colorado eram os mais bem classificados do país. Na verdade, há muitas variáveis em questão. Contudo, em todos os sete condados, a expectativa média de vida era de 81,3 anos.[2] Esses condados — Clear Creek, Eagle, Gilpin, Grand, Jackson, Park e Summit — ficam no Divisor Continental de Águas,** em suas adjacências ou perto dele, e são famosos por suas belezas naturais. Em referência a esse estudo, o *Rocky Mountain News* citou o doutor Ned

---

* *Aging boomers* é a definição genérica da geração do pós-Segunda Guerra Mundial que hoje está chegando à velhice. É o contrário de *baby boomers*, que define essa mesma geração ao nascer. O fenômeno em si é chamado de *baby boom* (em tradução livre, "explosão de bebês") e pode referir-se a qualquer explosão populacional. (N.T.)

** Principalmente as Montanhas Rochosas (local assim designado a partir daqui). (N.T.)

Calonge, diretor-geral de saúde do Department of Public Health and Environment, no Colorado, para quem os resultados do estudo sobre longevidade podem ser atribuídos ao estilo de vida ativo dos habitantes do Colorado, aos baixos índices de tabagismo e ao menor número de obesos de todo o país. Contudo, num artigo para a revista *Time*,[3] a escritora Rita Healy apresentou outra teoria sobre o condado de Clear Creek, onde vive, que ocupa o primeiro lugar em longevidade nos Estados Unidos. "Uma coisa é certa", escreveu Healy, "dinheiro não compra velhice". O condado de Jackson, com uma população de apenas 1.454 habitantes, tem um rendimento médio familiar de US$ 31.821 — substancialmente menor que a média nacional de US$ 41.994. "Montes de congeladores cheios de carne de veado. Montes de carros com motores reconstruídos... Porém, entre os que permanecem, há pelo menos uma constante: mesmo quando já muito idosas, as pessoas são cheias de vida", escreve ela.

Alguma coisa funciona aqui, além do esqui, das mochilas e de um regime alimentar à base de legumes cozidos no vapor; essa coisa indefinível é o *vigor físico e mental*. Um problema pode ser o eventual rigor das forças naturais. Nessas altitudes, as pessoas permanecem bem-dispostas porque "se assim não for, correrão grandes riscos", sugere Healy. "Ignore as nuvens negras que vêm das Montanhas Rochosas e o mau tempo vai deixá-lo em apuros." E aquele movimento quase imperceptível no cume da montanha, que você mal vê com o canto dos olhos? Pode ser um deslizamento de rochas ou uma avalanche. "Seus sentidos permanecem em alerta nessas altitudes, e isso, por si só, pode ajudar a prolongar sua vida."

Na verdade, tenho alguns problemas com a análise de Healy. Em primeiro lugar, é fácil demais idealizar a dureza que acompanha um clima rigoroso, e que certamente compromete nossa saúde. Em segundo, os que se mudam para lugares como o condado de Jackson talvez sejam pessoas fortes, que sabem fazer suas escolhas. Todavia o estudo sugere que, ocorrendo a combinação certa de fatores (inclusive baixos índices de tabagismo), a vida rural em lugares bonitos pode ser boa para todos. Pessoas bem-dispostas e cheias de energia ajudam outras iguais a elas a ser igualmente bem-dispostas e cheias de energia. Talvez o lugar ideal para você seja uma cidadezinha ao lado de uma estrada rural, em uma floresta bem distante das confusões urbanas. Nem todos, porém, precisam viver perto das Montanhas

Rochosas — ou mesmo em um vilarejo cercado por um uma área natural — para desfrutar desses benefícios.

Catherine O'Brien descreve o que ela chama de "felicidade sustentável". Em 2005, O'Brien, com a ajuda do National Center for Bicycling and Walking, lançou a Pesquisa sobre Lugares Encantadores, que foi eletronicamente distribuída para todas as partes do mundo.[4] A pesquisa foi uma tentativa de integrar o planejamento urbano com as revelações da psicologia positiva sobre a felicidade. "A felicidade não é um tema que se costume discutir nos encontros para a abordagem do transporte e do urbanismo, embora exista como motivação subjacente a muitas das coisas que fazemos, a como vivemos e aos planos de ação que elaboramos", escreveu O'Brien. Ela apresentou provas de que "as pessoas verdadeiramente felizes vivem mais, se recuperam mais rapidamente das doenças e são mais propensas a buscar informações sobre a saúde e a agir de acordo com o que nelas se prescreve". Ela perguntava: Que tipos de comunidades ajudam a dar a seus cidadãos oportunidades de alcançar uma felicidade mais duradoura? Os métodos de planejamento urbano atuais estimulam uma felicidade sustentada? Segundo O'Brien, "a nova ciência da felicidade aponta para o fato de que a felicidade autêntica, a felicidade duradoura que nos faz sentir satisfeitos com nossa vida, é obtida por meio de ocupações menos materialistas". "Seus fundamentos são valores intrínsecos. Encontram-se em nossas relações, no trabalho em que nos sentimos realizados e no sentimento de que nossa vida tem uma razão de ser." E a felicidade sustentável também é encontrada em nossa relação com o *lugar*.

A pesquisa de O'Brien com os habitantes de Seattle, Bogotá, Montreal e Melbourne mostrou que os entornos naturais — trilhas, estradinhas e parques — eram os lugares mais encantadores: "Os sons que as pessoas associam a seus lugares favoritos são quase sempre o da água, do vento, do silêncio, de pessoas conversando e dos pássaros... Os cheiros mais comumente mencionados são os da terra, da água, das flores e dos alimentos."[5] Apesar de suas descobertas de que os lugares urbanos podem ser uma fonte de prazeres, no momento de escolher o lugar que a deixava encantada, O'Brien escolheu o campo. Estava decidida a dar a seus filhos uma infância centrada na natureza.

"Mudamos para o vale de Ottawa nove anos atrás, quando eu ainda estava escrevendo minha tese de doutorado", diz ela. "Eu havia feito minha pesquisa na Índia, onde nós (meu marido e dois filhos pequenos) vivemos por quase um ano. Esse tempo que passamos lá nos convenceu de que queríamos uma vida mais campestre, e, além do mais, comprar um sítio abandonado por aqui era mais barato do que alugar um apartamento na cidade. Mesmo que mais de 30 alqueires fizessem parte do pacote."

Como O'Brien e outros já disseram, a mudança para o campo é algo que pode mudar a vida de uma pessoa. Contudo, a "fuga para o verde" também pode ter seu preço.

A vida acima da linha Mason/Walmart

Há três anos, e minha mulher e eu passamos alguns dias percorrendo a região da Nova Inglaterra. Paramos na livraria Briggs Carriage, perto da pousada Brandon, que ali está desde o século XVIII. O homem por trás do balcão estalou os dedos sobre um mapa na parede, demarcando aquilo que poderíamos chamar de linha Mason/Walmart. "A Revolução Industrial chegou até aqui", disse ele.

Seu dedo permaneceu sobre os arredores de Manchester. "Em Vermont, tudo que fica abaixo de Manchester é Massachusetts", explicou-nos ele. Seu tom não era lisonjeiro. Ao norte dessa linha, os *shopping centers*, as espeluncas para troca de lubrificante, as cadeias de cafeterias e as grandes lojas de conveniência praticamente desaparecem.

Seguimos para o norte.

Os habitantes da Nova Inglaterra podem ser surpreendentemente sinceros a respeito das vantagens e desvantagens de viver na América rural. Conheci um homem que havia ido para o norte durante o êxodo, para o campo, no início da década de 1970. Tinha passado um inverno inteiro sozinho numa cabana, usando lampiões a querosene. Precisava andar mais de vinte quilômetros para conseguir água e usava um apoio de ombros para transportá-la em dois baldes. As temperaturas caíam a níveis siberianos. "Em abril, ocorre a maior incidência de suicídios, porque as pessoas ficam esperando pela primavera e ela parece que nunca chega", disse-me ele. "E então, eis que em abril cai uma tempestade totalmente inesperada que deixa a terra sob uma camada de vinte centímetros de neve." Sem dúvida, ali estava um sujeito bastante radical. Contudo, quem pode saber que tempes-

115

tades inesperadas vão desabar para tornar mais humildes as pessoas que para ali foram em busca de um pouco de paz e de ar puro?

Outro morador da Nova Inglaterra, este com mais de 80 anos, parecia um James Stewart desnorteado. Ficava no seu portão, sempre a olhar para os campos nublados e os muros de pedra. Seus antepassados haviam colonizado aquela região no século XVII. "Esta terra é boa e saudável", disse ele. "Há faixas de terra boa e faixas de terra ruim. Os celtas sabiam disso. Os índios sabiam disso. É preciso ter cuidado antes de escolher um lugar para se estabelecer." Divertia-se com as pessoas que se mudavam para a Nova Inglaterra rural em busca de paz, mas que descobriam que sua voz interior se tornava muito alta. Contou-me sobre uma ex-moradora de centros urbanos que não conseguia dormir porque as maçãs não paravam de cair. "Ficava o tempo todo esperando a queda de mais uma maçã."

No entanto a Nova Inglaterra nos atraía tanto quanto nos havia atraído o Novo México. No outro lado de cada monte ou colina, víamos uma cadeia de montanhas, um vale, uma fazenda; as formas e cores pareciam fazer vibrar lembranças ancestrais; até a arquitetura — colonial, vitoriana, rural — parecia construída tanto pela natureza como por mãos humanas. As cores do fim do outono talvez nos impedissem de ver as imperfeições da região: a falta de diversidade racial e a pobreza rural, atribulações que não se encontravam à vista nas ruas principais. Porém o que nos impressionou durante nossa viagem foi a sensação de libertação psicológica. Ansiávamos por isso.

Embora o desenvolvimento permaneça estável em grande parte de Vermont — mas que ideia! —, o Estado não é imune às forças que moldam o resto do país. Rutland, por exemplo, uma pequena cidade a nordeste de Manchester, tem um centro velho meticulosamente restaurado com paredes em alvenaria de tijolos ao lado de um *shopping center* que poderia existir em qualquer outra cidade do país. Foi uma confluência infeliz. Deparar-se com tal coisa depois de quase uma semana sem ver um único centro de vendas ou uma única loja de conveniência foi bastante desolador. Em 1970, esse Estado aprovou uma legislação pioneira para resistir às pressões de empreiteiros de outros Estados, dando às comissões formadas por cidadãos locais o poder de aprovar ou vetar projetos de subdivisões e a compra de terrenos destinados a atividades comerciais. Entretanto o Estado luta para impedir que seus jovens procurem outros lugares para viver; como provedora de postos de trabalho, a nostalgia tem limites. Essa é a única escolha, sem outra alternativa, que tantas comunidades norte-americanas acham que devem fazer.

Sem dúvida, podemos encontrar um caminho melhor, uma solução que utilize as tecnologias verdes para resistir à perspectiva de vivermos cercados por *shopping centers*. Algumas cidades pequenas e zonas rurais estão, de fato, comprometidas com a preservação ou a recuperação de suas áreas naturais. Algumas estão, inclusive, *criando-as* onde nunca haviam existido.

Em 2009, o programa *The Early Show*, da CBS, escolheu as "25 melhores cidades dos Estados Unidos para evitar o transtorno de déficit de natureza". Jonathan Dorn, redator-chefe da revista *Backpacker*, anunciou as três melhores cidades: seus redatores escolheram Boulder, no Colorado, como a número 1, seguida por Jackson, em Wyoming, e Durango, no Colorado. Sem dúvida, todas as três são encantadoras. Segundo Dorn, Boulder ficou em primeiro lugar porque oferece fácil acesso não apenas às regiões de natureza selvagem, mas também a centenas de quilômetros de trilhas interconectadas que funcionam como ciclovias e pistas de corrida. Depois das nevascas, a cidade remove primeiro a neve das ciclovias e só depois a das estradas.

Observe que a maioria das cidades dessa lista é composta de locais de destino turístico — pequenas, pitorescas e relativamente ricas. Mudar para Boulder — ou para a Nova Inglaterra ou o Novo México — pode funcionar para os que dispõem de recursos para custear uma nova vida nesses lugares (ainda que permaneça o desagradável problema das pessoas que destroem aquilo que buscam uma vez que o encontram), mas o que dizer de todos os outros, nós incluídos, que não podem nem querem fazer as malas e mudar? Como encontraremos — ou criaremos — nosso lugar verdadeiro? Uma resposta é ficar onde estamos, descobrir nossa própria biorregião e explorá-la em profundidade, estimular mudanças imediatas e projetos de longo prazo que criem natureza *e* fomentem uma maior densidade humana onde estivermos vivendo. E, seja para onde for que nos mudemos, podemos introduzir mais natureza em nossas casas e em nossos jardins (não é preciso esperar).

O que apresentei aqui não foi uma argumentação contra o fato de as pessoas seguirem seu coração para encontrar seu lugar especial. Foi apenas uma sugestão de que *isso* pode estar bem mais próximo do que tantas vezes somos levados a crer.

Capítulo 9

A incrível experiência
de estar onde você está

Superar a Cegueira que nos Impede até
Mesmo de Apreciar o Lugar em que Vivemos

"A PROXIMIDADE É A NOVA DISTÂNCIA." Essa foi a engenhosa manchete de um artigo da revista *Outside* em que se apresentava uma alternativa ao ecoturismo de longa distância e alta emissão de monóxido de carbono: procurar descobrir o que há de aprazível nas suas cercanias. As viagens, porém, têm seu lado positivo: ajudam-nos a perceber mais claramente o lugar em que vivemos.

Numa viagem à Costa Rica, Kathy e eu estávamos num ônibus que atravessaria a floresta tropical. Passamos por terras acidentadas de propriedades rurais ladeadas por "cercas vivas" ondulantes — feitas com arame estendido não ao longo de postes de madeira ou metal, mas de árvores dispostas a espaços regulares. Nunca tínhamos visto esse tipo de cerca. Com alguma ajuda da natureza, provavelmente aquelas árvores tinham sido plantadas havia séculos pelos agricultores que ali viveram. Na Inglaterra, as sebes são usadas desde a época dos romanos para delimitar as propriedades, mas ali os agricultores plantam deliberadamente as árvores que servirão de apoio ao arame, ou pássaros deixam cair sementes quando param nos postes de madeira originais, e as árvores crescem e se transformam em novos postes que vão sendo integrados à cerca já existente. Pesquisas feitas na Cos-

118

ta Rica, no Peru, em Cuba, na Nigéria e em Camarões mostram quão engenhosa pode ser essa antiga forma de planificação biofílica. As cercas vivas formadas por arbustos densos, espinhosos e às vezes venenosos são usadas pelos agricultores que não dispõem de recursos para comprar arame farpado. Essas cercas fornecem matéria orgânica para proteger a raiz das plantas ou algum arbusto recém-nascido, promovem o controle da erosão, a estabilização da terra, produzem combustível e alimento; em Camarões, elas produzem goiabas, plantas cítricas, ameixas da mata e outras frutas, além de servirem de forragem para o gado. Também podem servir de banco de sementes.[1]

Enquanto o ônibus subia e descia pela estrada poeirenta, eu ficava cada vez mais impressionado com essa engenhosa associação entre formas de vida, a humana e a vegetal. Como as cercas de pedra da Nova Inglaterra e as árvores plantadas nas pradarias dos Estados Unidos para servirem de proteção contra o vento, essas cercas pareciam nascidas da terra.

Naquele dia, minha mulher e eu estávamos a caminho de uma floresta tropical num parque nacional da Costa Rica. Nesse país, na área costeira do Pacífico, as regiões desérticas e as matas ressequidas semelhantes às da Califórnia se transformavam de repente em florestas tropicais que se estendiam dessa parte da Costa Rica até a América do Sul.

Nosso guia, Max Vindas, havia sido criado "na selva", como ele costumava dizer. Ele nos disse que uma pessoa não pode conhecer as florestas tropicais sem encontrá-las pessoalmente. Achava graça no fato de os norte-americanos quase sempre considerarem esse tipo de floresta algo muito perigoso. Claro que isso pode ser verdade, mas Vindas tinha outro modo de ver as coisas. "Quando estive na Califórnia e visitei os parques nacionais, fiquei sabendo que neles havia ursos capazes de matar pessoas, e que no sul da Califórnia havia pumas que podiam atacar os turistas. Aqui nesta mata, porém, só temos bichos-preguiça."

O crepúsculo não demorou a chegar durante nossa visita, e a floresta parecia ter-se transformado num único ser com milhares de vozes, gritos e sussurros, chilreios e chamadas longínquas. Ouvíamos pés ou cascos correndo por entre folhas e galhos, asas alçando voo e o canto das cigarras (assim nos disse o guia), cujo som não se assemelhava em nada com o canto das cigarras que eu havia ouvido em toda a minha vida. Eu estava extasiado com aquela música crescente — ao mesmo tempo dissonante, harmoniosa, percussiva e suave.

Nessas ocasiões, pensamos em nossos *habitats*, nossos quintais de uma nota só, nossos parques urbanos de três acordes, nossos campos de futebol enfadonhos e ao mesmo tempo cheios de um barulho aterrador. E se nos empenhássemos para levar aos nossos *habitats* a biodiversidade, as cercas vivas e a música da natureza?

Voltamos pelo mesmo caminho, pelas estradas flanqueadas por cercas vivas, e depois tomamos o rumo de casa, entrando em outra paisagem que até bem pouco tempo eu mal conhecia.

A cegueira pelo lugar em que vivemos

Minha mulher, Kathy, foi criada em San Diego, cidade para a qual me mudei ao sair do Kansas em 1971, recém-saído da Faculdade. Ela quase não havia explorado as áreas naturais de sua região, e para mim San Diego era uma cidade turística, bela a seu próprio modo, mas eu sentia falta das matas e planícies do Meio-Oeste. Assim, quando comecei a procurar pela natureza ali, não me dei conta de que, nesse quesito, a região tinha muito mais a oferecer do que as coisas que eu havia percebido à primeira vista. Estivemos inquietos durante anos. Aborrecíamos nossos amigos com toda a nossa conversa sobre mudar, encontrar nosso verdadeiro lugar, digamos no Novo México ou talvez na Nova Inglaterra. Chegávamos a nos aborrecer a nós mesmos. Certo dia, Kathy disse: "Até em nossas lápides estará escrito 'Estamos de mudança'." Eu nunca consegui me ligar a essa região como eu fiz com a floresta atrás da minha casa da infância, e quem sabe ainda possamos nos mudar para lá.

Por outro lado, parece que estamos passando por uma mudança de opinião.

O filósofo Ludwig Wittgenstein criou os conceitos de "cegueira para aspectos" e "visão de aspectos", aplicando-os à descrição de imagens ou da linguagem. Pensemos naqueles desenhos curiosos que parecem ser imagens totalmente distintas, dependendo de como e a partir de onde nossos olhos convergem para um foco. O mesmo ajuste pode ocorrer com nossa percepção de determinado lugar e da natureza que nele existe.

Uma década atrás, meu desconhecimento sobre essa biorregião — o condado de San Diego e o norte da península da Baixa Califórnia — ficou claro a mais de

240 quilômetros ao sul da fronteira, graças ao que aprendi com o finado Andy Meling. Andy era um dos mais antigos membros da família que fundou o famoso Rancho Meling, que fora criado em fins da década de 1800 por imigrantes da Noruega e da Dinamarca. Ele se parecia muito com o ator Robert Duvall na série de TV *Lonesome Dove*. Eu estava ali com meu filho mais velho, Jason, na época adolescente, para fazer pesquisas para um dos capítulos de um livro. Andy nos levou até o alto da Sierra San Pedro Martir, uma das remanescentes *sky islands** de um estranho arquipélago chamado Cordilheira Peninsular, que se estende do sul da Califórnia até a península da Baixa Califórnia. Caminhamos por entre um emaranhado de carvalhos sob a luz violeta do alvorecer e logo começamos a ver, bem acima de nós, o granito branco do Picacho del Diablo, a montanha mais alta da [península da] Baixa Califórnia, que se eleva a 3.100 metros sobre pinheirais e álamos trêmulos. Eu estava abismado. Nunca me passara pela cabeça que pudesse existir uma paisagem tão exuberante na Baixa Califórnia, que para mim não passava de um prolongamento ressequido da América do Norte.

Quando contei isso a Andy, ele puxou para trás seu chapéu de vaqueiro, lançou-me um olhar de soslaio que deixava entrever uma ponta de desdém e voltou para sua cabana para preparar um cozido de frigideira num fogão a lenha.

Desde então, aprendi uma ou duas coisas. Li em *Fremontia*, um periódico publicado pela California Native Plant Society, que essa "verdadeira ilha de montanha" é um mundo perdido, praticamente uma relíquia do Pleistoceno. Separada pelo tempo e pela geografia, a vida ali é "etérea [...] primeva", segundo informa o periódico. Agora sei que as trutas do Rio Santo Domingo na Baixa Califórnia, junto a uma espécie estreitamente aparentada nas águas das montanhas setentrionais, no condado de San Diego, têm uma forte relação de parentesco com as trutas-arco-íris originais que se espalharam pela península de Kamchatka, entre o mar de Okhotsk e o mar de Bering, há cerca de 50 mil ou 60 mil anos atrás, a partir do que se tornaria o norte da Baixa Califórnia e o condado da Alta Califórnia, no extremo sul, dispersando-se em seguida — às vezes, graças aos fanáticos pescadores de trutas — pelo mundo inteiro. E também aprendi que San Diego, apesar de ser um dos condados de maior densidade populacional humana dos

---

* Termo genérico que designa uma área geográfica caracterizada por muitas cordilheiras isoladas. (N.T.)

Estados Unidos, apresenta mais biodiversidade do que qualquer outro condado do país, excetuando-se o condado de Riverside, bem ao norte.

Daqui de San Diego até o norte da Baixa Califórnia, as terras são abundantes em *sky islands*, lêmures-de-cauda-anelada e pumas, baleias, tartarugas-do-mar, enormes tubarões-brancos, trombas-d'água e grandes perturbações atmosféricas. Nos condados vizinhos de Imperial e Riverside há o lago Salton, sem contato com o mar e cheio de corvinas. O deserto de Anza-Borrego, um pouco mais ao leste, tem terras áridas com formações erosivas e estranhas, reminiscentes de um Grand Canyon em pequena escala, e oásis profundos com muitas palmeiras — cânions tão imensos e imprevisíveis que, ao acampar neles em pleno verão, uma pessoa pode acordar na manhã seguinte totalmente congelada por uma geada. Eu não fazia ideia de quão assombroso era o pedaço de mundo em que eu optara por viver até que, como jornalista, tomei a decisão inarredável de me aprofundar em tudo que ele tinha a oferecer. Até então, eu sofria de cegueira local.

Talvez eu tivesse medo de ficar ligado a essa região, um sentimento em que eu não estava sozinho. Como colunista do *San Diego Union-Tribune* na década de 1990, fiz a seguinte pergunta aos leitores: O que o deixa ligado ao sul da Califórnia além de bons amigos, bom trabalho e o clima? A maioria das respostas veio de pessoas que diziam ter, quando muito, uma leve sensação de que estavam ligadas à região. Algumas culpavam os aglomerados urbanos, o tráfego das autoestradas, a política local — mas quase sempre escreviam a respeito das ameaças que avançavam sobre a natureza: "a ideia recorrente de que tudo isso é passageiro me acompanha até hoje", escreveu um leitor. Para outro leitor, viver aqui era como estar o tempo todo sobre areia movediça. Outro disse: "É preciso ficar o tempo todo concentrado no lugar onde estamos para não nos perdermos. Temos a sensação de que nada é sagrado aqui, e de que qualquer lugar com o qual criemos vínculos será arrasado por máquinas de terraplenagem. Portanto, adotamos a estratégia que é chamada de 'esquiva' na teoria do apego — fingimos que nossas ligações com alguém ou algum lugar não são importantes porque é doloroso demais revelar nossos sentimentos e arriscarmo-nos a ser abandonados". Também compartilho dessa angústia. Mas aqui está o problema: não podemos proteger alguma coisa que não amamos, não podemos amar o que não conhecemos e não podemos conhecer o que não vemos. Ou ouvimos. Ou só percebemos por intuição.

Felizmente, grupos que ajudam as pessoas a realmente ver o lugar onde elas moram, que estimulam um sentido de lugar, vêm aumentando cada vez mais em termos de tamanho e número. Um deles, Exploring a Sense of Place (ESP), segue o modelo desenvolvido em 2002 por Karen Harwell e Joanna Reynolds na Área da Baía de São Francisco. Em seu livro *Exploring a Sense of Place*, Harwell e Reynolds escrevem: "Como seres humanos, identificamo-nos fundamentalmente por meio das relações — relação com a família, a religião, a etnia, a comunidade, a cidade, o Estado, a nação."[2] Elas afirmam que nossa perda de conexão com a história natural representa uma relação perdida, e que essa relação está entre as mais importantes e menos reconhecidas necessidades da alma humana: "Embora quase todos reconheçamos o lugar onde vivemos por suas cidades, seus edifícios, seus locais de comércio e, inclusive, por suas equipes esportivas, quantos de nós compreendemos e nos identificamos com a beleza, a maravilha e o verdadeiro funcionamento do ecossistema natural que nos sustenta, e do qual somos parte?"

O livro *Exploring a Sense of Place* resultou num guia, em seminários de treinamento de liderança e em cursos locais, e acabou por estabelecer programas regionais suplementares. Harwell afirma ter recebido pedidos do guia de mais de cem lugares dos Estados Unidos, bem como do Canadá, da Austrália, da Nova Zelândia, Suíça, Alemanha e França. Na Inglaterra, dois cursos-piloto baseados em ESP começam a ser usados.

Em 2009, um grupo de San Diego inspirado nas ideias do ESP, formado por 25 exploradores comprometidos com esse trabalho, passou um sábado por mês, durante sete meses, fazendo excursões diárias na minha região. Os exploradores subiram ao topo da Volcano Mountain, perto da cabeceira do rio San Dieguito. Em um sítio arqueológico dos kumeyaays, tomaram conhecimento da existência das culturas pré-europeias do vale do rio. Subiram cerca de trezentos metros por uma trilha sinuosa no meio de uma grande floresta que se abria para uma superfície de pastagem. Phil Pride, professor emérito do Departamento de Geografia da Universidade do Estado de San Diego, acompanhou os viajantes e descreveu a vida das aves que habitam o vale do rio. Dois rastreadores profissionais ensinaram o grupo a identificar as pegadas e os excrementos dos animais selvagens. Nos meses seguintes, quando o grupo explorou diferentes geologias e microclimas da região, os participantes adquiriram um melhor conhecimento de todo o território.

Superar a incapacidade de ver as plantas

Num dia nebuloso de abril, eu e minha mulher juntamo-nos ao grupo para aprender sobre as flores silvestres nativas dos altiplanos e os vales ao sul do lago Hodges, a alguns quilômetros de onde vivíamos. Um dos motivos que me fizeram acompanhar a excursão era superar minha cegueira para com as plantas. Por quase toda a minha vida, dediquei pouca atenção à flora e concentrei-me mais na fauna, o que significa que perdi pelo menos a metade das coisas que poderia ter vivido ao ar livre.

A expressão *cegueira vegetal* foi cunhada por James Wandersee, da Universidade do Estado de Louisiana, e Elisabeth E. Schussler, da Southeastern Natural Sciences Academy. Em um artigo para o *Plant Science Bulletin* (publicação trimestral da Botanical Society of America), eles definem a cegueira vegetal como a "incapacidade de ver ou perceber as plantas de seu próprio entorno".[3] Com base em um amplo espectro de pesquisas, os botânicos exploram algumas das razões complexas que levam à cegueira vegetal, inclusive nossa "equivocada classificação antropocêntrica das plantas como animais inferiores, levando à conclusão errada de que elas não merecem que as levemos em consideração". Isso talvez se deva às limitações de nossos sistemas de processamento de informações visuais. "Parece que a consciência visual é como um projetor de luz, não como um difusor de áreas luminosas", escrevem eles. "E se isso não for suficientemente lastimável, ainda resta o fato de que não vemos os acontecimentos em tempo real. Na computação, experiências mostraram que o tempo necessário para processarmos os dados visuais que recebemos leva aproximadamente 0,5 segundo, transformando o presente numa ilusão." As plantas simplesmente vivem em outra dimensão.

Sejam quais forem nossas limitações — culturais, fisiológicas ou ambas —, se levarmos em conta a aguda acuidade visual para as plantas em algumas culturas, e o vizinho que tem uma mão especial para plantar e cultivar, sem dúvida, poderemos superar algumas de nossas cegueiras vegetais. Schussler e Wandersee (o nome perfeito!) pensam da mesma maneira. Eles acreditam que estamos perdendo outro mundo, mas que podemos chegar a vê-lo. Como parte de sua campanha contra a cegueira vegetal, eles estimulam os amantes das plantas a transformar-se em "mentores vegetais" e, assim, ajudar a maioria das pessoas a desenvolver um "sentido botânico de lugar".

Naquela manhã, o líder de nosso grupo era o botânico e professor do ensino médio James Dillane. Antes de pegarmos a trilha, reunimo-nos num edifício de um parque onde Dillane nos deu um breve curso sobre a flora da região — nossa região. Ele descreveu a extraordinária biodiversidade que predominava ali, particularmente o chaparral* e a salva, e também nos disse que havia muitos incêndios na região. O explorador espanhol Juan Cabrillo, que ali chegou no século XVI, chamou San Diego de Baía do Fogo; na década de 1880, um incêndio se alastrou da fronteira com o México até Los Angeles, devastando tudo que encontrou pelo caminho; recentemente, incêndios de grandes proporções ameaçaram fazer o mesmo. Minha família foi evacuada duas vezes.

Dillane nos mostrou então um vídeo em que se podia ver a propagação de um desses grandes incêndios; olhando atentamente, você pode ver as densas moitas de chaparral, com suas películas cerosas, começando a arder antes que o incêndio propriamente dito as alcance. A velocidade das imagens logo aumenta e tudo se move muito mais rápido do que em tempo real — como no filme *The Time Machine* [*A Máquina do Tempo*]. Aves passam, seguindo as rotas migratórias do Pacífico. O fogo avança pelo campo, seguido pelo fenômeno de arrastamento e carbonização da vegetação, transformada pela devastadora nuvem negra que prenuncia as grandes tempestades; não demora muito e surgem incontáveis novos rebentos, como flores do campo que estivessem perseguindo as chamas. Houve um tempo em que, para mim, não existia entre as plantas a violência que caracteriza o mundo animal... Será isso verdade? No vídeo, a aceleração das imagens mostra as plantas lutando entre si por espaço e água; as espécies nativas rechaçam as invasoras ou são dominadas por elas.

Esses vídeos me fizeram ver pela primeira vez aquilo que os botânicos veem: uma história, uma narrativa de grandes famílias que vivem, queimam e renascem — civilizações paralelas à nossa, mas invisíveis à maioria de nós.

Subimos para os cumes acima do lago, envoltos pela fria neblina da tarde. À medida que falava, Dillane se entusiasmava cada vez mais a cada detalhe que nos

---

* Vegetação característica do Sudoeste dos Estados Unidos e do Norte do México, formada por pequenas árvores retorcidas (os chaparreiros), arbustos, subarbustos e plantas suculentas. (N.T.)

explicava. Essa terra, aparentemente amena e sem perturbações, é na verdade dinâmica. A não ser durante a temporada de incêndios, ela se modifica a um ritmo muito lento, semelhante ao desabrochar de uma flor; só veremos a modificação da paisagem se olharmos muito de perto e soubermos o que estamos procurando.

"Este ano, as papoulas de fogo, que *só* nascem depois de um incêndio, estão espetaculares", disse Dillane. "Um acontecimento que só se vê uma vez na vida! As sementes dessas papoulas podem permanecer em repouso por cem anos, esperando outro incêndio." O que as faz despertar? "Vários motivos concorrem para que isso aconteça. O calor, alguma substância química presente na fumaça, uma reação química provocada pelo carvão ou outra coisa que igualmente desconhecemos." Ele apontou para a giesta do deserto, uma planta do chaparral que os espanhóis e mexicanos chamavam de *yerba de pasmo*. Assim como os habitantes primitivos, eles a consideravam útil para tratar de convulsões, picadas de cobras, tétano, sífilis e inflamações. As moitas de salva e chaparral oferecem técnicas fantásticas de sobrevivência, segundo ele nos disse. A salva pode produzir folhas de tamanhos diferentes, dependendo da disponibilidade de água; e as folhas de uma determinada espécie de salva são cobertas por pelos minúsculos, "criando uma espécie de filtro solar".

Em seu livro *Green Nature/Human Nature: The Meaning of Plants in Our Lives*, Charles A. Lewis, da Universidade de Illinois, aconselha-nos a olhar, a ver as plantas não como objetos, mas como filamentos interconectados de uma finalidade mais alta da qual também somos filamentos.[4] Ele escreve que as duas formas de vida, a vegetal e a animal, "estão unidas de modo a denotar uma relação ainda mais próxima do que a maioria das pessoas imagina". Assim como o escritor Michael Pollan em seu livro *The Bottany of Desire*, Lewis argumenta que nós, *Homo sapiens*, devemos equilibrar nosso sentido de autoimportância de que somos uma "espécie dependente das plantas". As moléculas de clorofila das plantas verdes "têm uma semelhança fascinante com a hemoglobina, o componente fundamental do sangue dos mamíferos", afirma Lewis. Ambas consistem em um único átomo cercado por um anel de átomos de carbono e nitrogênio. A diferença está no átomo central: na clorofila, o átomo é de magnésio, enquanto na hemoglobina é de ferro. "A semelhança desses dois componentes biológicos essenciais sugere uma origem comum em algum lugar da sopa primordial onde a vida na

Terra começou", sugere Lewis. "Embora o papel da vegetação para a manutenção da vida física dos mamíferos seja muito bem conhecido, um aspecto permanece por explorar. De que maneira as plantas, em suas miríades de formas, influenciam nossa vida mental e espiritual? Quais são os significados sutis atribuídos à natureza verde pela psique humana?"[5]

Lewis está entre os que propõem que nós, humanos, participamos de um inconsciente ambiental com origens evolucionárias, que "cada um de nós abriga um eu oculto que reage sem pensar a sinais inseridos em nossos corpos e no mundo exterior". E ele acrescenta: "Toda resposta subconsciente revela fios inconscientes que configuram a tessitura de nossa vida, um manto protetor que foi tecido de modo a nos circundar ao longo de milênios, para garantir nossa sobrevivência. Hoje, em um mundo em grande parte constituído pelo intelecto, esses antigos fios intuitivos são frequentemente distendidos. Devemos aprender a interpretá-los, pois eles nos oferecem *insights* acerca de nossa humanidade fundamental".

Por sob a plácida superfície do meio arbustivo, fungos conectam as raízes do chaparral em vastas comunidades; por meio dessa rede, as raízes e os fungos fazem o intercâmbio de água e nutrientes. O sistema é comparável a uma bateria que guarda energia até uma parte da comunidade do chaparral, e os fungos dela necessitam. Na superfície, os líquens — organismos complexos que consistem em fungos e algas — aderem aos arbustos de chaparral, mas, por algum tipo de discriminação em razão da idade, os líquens se recusam a crescer em qualquer chaparral com menos de cinquenta anos.

Então, nosso grupo se deteve em um pequeno cânion bem protegido, de onde brotava uma cachoeira igualmente pequena, com uma queda-d'água de aproximadamente seis metros. As paredes rochosas do cânion haviam sido ilustradas com imagens de círculos e quadrados concêntricos entre 500 a 1.500 anos atrás pelos índios Kumeyaay, com tintas feitas de sementes de pepino selvagem, ocre vermelho e percevejos fedorentos. Um membro de nosso grupo fixou o olhar numa planta, possivelmente uma erva de folhas oblongas e espessas, e disse: "Acredito que eu comia essa planta quando era criança, ainda que esta seja um pouco diferente". Ele colocou uma folha na boca e sobreviveu.

Ao subirmos além do cânion, Dillane apontou para o topo rochoso de uma colina acima do cume. "Ali em cima fica a caverna de um xamã. Uma pessoa pensou em abrir uma trilha até lá, mas felizmente isso não aconteceu."

O ar foi ficando mais fresco à medida que subíamos. Encontramos outros habitantes desse mundo de sombras. *Chinese houses*,* verônicas-dos-campos, cardos-santos e a *filaree*, uma planta rasteira que foi uma das primeiras introduzidas nos Estados Unidos pelos europeus. "A *filaree* pode 'caminhar' até encontrar uma boa fenda", disse Dillane. Ele também nos apresentou às "seguidoras do fogo", inclusive a lágrima-dourada, a samambaia-língua-de-cobra, um líquen parasitário chamado "cabelo de bruxa", "o vampiro do mundo vegetal". E uma altíssima espécie perene do gênero iúca, que pode crescer cinco centímetros por dia e que, por depender de uma única espécie de mariposa para a polinização, só floresce uma vez a cada quinze anos.

Durante algum tempo, Dillane e todos nós, membros do grupo, caminhamos em silêncio. Quando estávamos nos encaminhando para outro cume, ele disse: "Seus olhos não sabem para onde olhar, então vocês não veem". De repente, ele parou. "Vejam só, amapolas-de-fogo! Eis que encontramos amapolas-de-fogo!"

Estávamos sobre um afloramento de rochas negras tomadas por líquens. O lago, cinzento-azulado devido ao adensamento da névoa, ficava logo abaixo. "Estamos presenciando um instante de um dia do ano", disse ele. "Em nada semelhante a qualquer outro. Um dia que nos trouxe um mundo totalmente diferente."

Um mundo que de repente parecia tão exótico como uma floresta tropical.

---

* *Chinese house*s são um tipo de flor da classe Collinsia heterophylla, encontradas na Califórnia e na Baixa Califórnia, também conhecidas nessa região como Innocence (inocência). (N.R.)

Capítulo 10

Bem-vindo à vizinhança

O Capital Social Humano/Natural

ALGUMAS PESSOAS NÃO ACREDITAVAM NA EXISTÊNCIA DO CERVO BRANCO das Mission Hills até que começaram a vê-lo, em geral ao anoitecer, movendo-se furtivamente pelo chaparral do cânion. Durante uma década, o pequeno animal frequentou regularmente uma velha região urbana de San Diego, e aqueles que o viam passaram a gostar muito dele. Deram-lhe o nome de Lucy. Depois que um funcionário de controle animal, numa tentativa desastrada de protegê-lo, atirou no cervo com uma arma de dardos tranquilizantes e o matou, mais de duzentos homens, mulheres e crianças compareceram ao seu funeral num parque das proximidades. Nestes tempos empedernidos, essa demonstração de sentimentalismo pode parecer estranha; para alguns, até mesmo ridícula. Como logo se tornou de conhecimento geral, o cervo nem mesmo era selvagem, mas tinha escapado de uma das últimas fazendas urbanas. Mesmo quando essa informação veio a público, as pessoas das comunidades vizinhas, inclusive a minha, continuaram a falar sobre o cervo durante anos, quase como se ele ainda estivesse vivo.

Para mim, essa história ilustra o profundo anseio que muitos moradores de centros urbanos têm — um desejo de ser parte de uma comunidade que extrapole o espaço urbano de modo a trazer outras criaturas para o nosso convívio. Se agirmos assim, esse anseio pode melhorar nossa vida de incontáveis maneiras, dando-nos um maior sentido de pertencimento. Em 1995, o sociólogo de Harvard

Robert Putnam descreveu em *Bowling Alone*, seu livro mais importante, o modo como as associações que outrora nos mantinham unidos deixaram de existir em nossos dias. Ele chamava atenção para a queda vertiginosa do número de pessoas inscritas nas Associações de Pais e Mestres, nos grupos de Escoteiros e, por que não dizer, nos torneios de boliche. Ele usou diversos métodos para quantificar o "capital social", uma expressão que define o grau de interesse mutuamente existente entre os membros de uma comunidade.

Desde a publicação de seu livro, as metodologias de Putnam têm sido contestadas. Alguns psicólogos sociais chamam atenção para o surgimento de outras formas de comunidade, como clubes de livros ou redes sociais na Internet. Não obstante, a expressão de Putnam passou a fazer parte da linguagem e tem utilidade como conceito. Agora é o momento de ampliá-la, levando-a para a esfera do capital social humano/natural, em cujos termos nos tornamos mais fortes e mais ricos mediante nossas experiências não apenas como seres humanos, mas também com outros vizinhos — animais e plantas, que melhores serão quanto mais selvagens e nativos forem.

A bondade humana na comunidade natural

Até há pouco tempo, os pesquisadores raramente (ou quase nunca) consideravam a exposição à natureza como um fator capaz de evitar a alienação social ou como um elemento importante para a criação do capital social. Recorrendo a estudos indicativos de que as aventuras na natureza selvagem aumentam a capacidade de os participantes cooperarem com os outros e confiar neles, a publicação de um novo conjunto de pesquisas revela um impacto ainda maior.

Cientistas da Universidade de Sheffield, no Reino Unido, descobriram que quanto maior o número de espécies que vivem num parque, maiores os benefícios psicológicos para os seres humanos. "Nossa pesquisa mostra que a manutenção dos níveis de biodiversidade é importante [...] não apenas para a conservação, mas também para o aumento da qualidade de vida dos habitantes urbanos", afirmou Richard Fuller, do *Department of Animal and Plant Science* de Sheffield. Num trabalho parecido, pesquisadores da Universidade de Rochester, em Nova York, relatam que a exposição ao meio ambiente leva as pessoas a melhorar suas relações com seus semelhantes, a valorizar a comunidade e a serem mais generosas com seu dinheiro. Ao contrário, quanto mais intensamente os participantes do estudo concentravam-se em "elementos artificiais", tanto mais se apegavam à fama e ao dinheiro. Os participantes foram expostos a contextos naturais ou aos que privilegiavam intensamente as relações interpessoais urbanas, olhando para imagens na tela do computador ou trabalhando num laboratório com ou sem plantas. "Estudos anteriores haviam mostrado que os benefícios da natureza sobre a saúde vão desde curas mais rápidas até a redução do estresse, a melhora do desempenho mental e o aumento da vitalidade", observou um dos pesquisadores, Richard M. Ryan. "Agora, descobrimos que a natureza favorece a socialização, proporciona mais valores associados à comunidade e relações pessoais mais estreitas. As pessoas são mais afetivas quando estão rodeadas pela natureza."[1]

Andrew Przybylski, um dos coautores do estudo de Rochester, ofereceu uma explicação: o mundo natural conecta as pessoas a seu verdadeiro eu.[2] Os seres humanos desenvolveram-se em sociedades de caçadores-coletores que dependiam da mutualidade para sua sobrevivência, afirmou Przybylski, de modo que a evolução do nosso "verdadeiro eu" está associada à nossa biofilia. ("Neste instante, sinto que posso ser eu mesmo", disse um dos participantes do estudo quando estava concentrado na natureza.) Os ambientes naturais também podem estimular a introspecção e proporcionar um abrigo psicologicamente seguro diante das pressões da sociedade humana. "Em certos aspectos, a natureza repudia os artifícios sociais que nos alienam uns dos outros", disse Przybylski. Segundo os autores, as descobertas têm implicações para o planejamento urbano e a arquitetura. Netta Weinstein, que liderou os estudos, sugeriu que as pessoas também podem aproveitar os benefícios ocultos da natureza ao se cercarem de plantas de interior, objetos naturais e imagens do mundo natural.[3]

Um maior contato com a natureza no interior das cidades também pode, em certos contextos, diminuir a violência. Uma pesquisa realizada em um projeto habitacional público de Chicago comparou a vida das mulheres que moram em apartamentos sem áreas verdes externas à daquelas que moram em edifícios idênticos — mas que têm árvores e trechos ajardinados em seu entorno imediato. As que moram perto das árvores mostraram uma menor incidência de atos agressivos e violentos contra seus parceiros. Os pesquisadores associaram a violência a baixas pontuações nos testes de concentração, o que pode ser provocado por altos índices de cansaço mental. Esse estudo demonstrou que as mulheres que moram em casas com ausência de vegetação exterior são ao mesmo tempo mais estressadas e mais agressivas.[4] Na Universidade de Illinois, os mesmos pesquisadores também demonstraram que as áreas de lazer de bairros urbanos com mais árvores apresentam menos incidência de violência, possivelmente porque as árvores atraem uma maior proporção de adultos responsáveis.[5]

O capital social humano/natural é estimulado pelas plantas, mas os animais, como no caso do cervo das Mission Hills, também têm um papel a desempenhar.

Lucy Hollembeak já havia passado dos 70 anos quando a conheci. Eu tinha 18 anos na ocasião e trabalhava no jornal de uma cidade pequena. No fim da tarde, às vezes, eu caminhava até sua pequena casa na cidade de Arkansas (Estado de Kansas) e ficávamos conversando até altas horas. Lucy era uma mulher das pradarias que tinha vivido seu quinhão de tragédias; depois da morte do marido, viveu sozinha por três décadas por opção própria. Quando a vi pela última vez, já havia chegado aos 90 anos.

Perto do fim da vida, ela se encantava e se emocionava com as coisas mais ínfimas. "Meus filhos dizem que posso extrair mais beleza da observação de uma borboleta do que qualquer outro de seus conhecidos", disse-me ela. Enquanto ela conseguisse exercitar sua afinidade com outras espécies, não se sentiria só.

"O simples fato de reunir pessoas de diferentes gerações ao ar livre, para cuidar da natureza com afeto e atenção, pode ser mais importante quanto às propriedades curativas da natureza", sugere Rick Kool, professor da Faculdade de Meio Ambiente e Sustentabilidade da Universidade Royal Roads de Victoria, na Colúmbia Britânica. "É possível que, ao tentarmos 'curar o mundo' por meio da recuperação do meio ambiente, acabemos por nos curar a nós mesmos."

De fato, os indícios conhecidos sugerem que o capital social aumenta quando as pessoas se juntam para beneficiar ou proteger o meio ambiente em suas comunidades. Segundo um estudo abrangente da literatura científica realizado em 2008 por pesquisadores da Universidade Australiana de Deakin, quando as famílias jovens se engajavam nessas atividades, "verificou-se que importantes benefícios sociais resultavam desse envolvimento, inclusive a ampliação de suas redes sociais". Voluntários que trabalham em grupos para cuidar da terra "descobriam por experiência própria níveis mais altos de capital social e ajudavam a aumentá-

-los", além de se conscientizarem da "relação simbiótica existente entre o capital social e o capital natural".[6]

A definição ocidental de civilização é simplesmente estreita demais. No centro de uma antiga concepção chinesa da civilização encontra-se a noção de *wen*, que em sua raiz significa "desenho" ou "marca", como os desenhos formados por um emaranhado de galhos de árvore, pelas rachaduras nas cascas dos troncos ou pelas penas das aves. (*Wen* também significa "valores culturais ou literários" e foi um termo muito discutido e de particular importância para o governo chinês de 960 a aproximadamente 1279, durante a dinastia Song.) A natureza explica-se a si própria por meio desses desenhos. Eis alguns derivados de *wen*:

wen-ren — pessoa civilizada e culta

wen-xue — literatura

wen-ya — refinamento

wen-hua — cultura

wen-ming — civilização

Nossa concepção comum de civilização, palavra derivada de *cidadão* e *cidade*, está ligada a um meio ambiente transformado pelo homem; na tradição chinesa, porém, sua origem está associada à natureza. (A existência dessa doutrina filosófica cuja origem se perde no tempo não implica que as modernas cidades chinesas sejam mais protetoras da natureza do que as cidades de quaisquer outras partes do mundo. Ali, a exemplo do que acontece em outras culturas modernas, o trabalho de civilizar nossa vida urbana por meio da natureza está apenas recomeçando.) Como veremos, a construção do capital social humano/natural oferece um grande e variado número de benefícios, dentre os quais podemos citar: o trabalho produtivo para pessoas de todas as idades; novas ou mais profundas relações com vizinhos ou redes de pessoas que compartilham o mesmo interesse pela fauna urbana e pela agricultura urbana; relações sociais com outras espécies que venham enriquecer nosso cotidiano. Com a recuperação de outras espécies além da nossa virá a recuperação da nossa comunidade — e das nossas famílias. Uma advertência: por si só, a natureza não irá nos civilizar. A introdução de mais natureza em nossa vida só contribuirá para o aprimoramento da nossa civilização no contexto de justiça pessoal, social e econômica.

Não estamos sós

Uma das vantagens de viver na maioria de nossas cidades é a diversidade cultural humana; ao aplicarmos o Princípio da Natureza, nossos lares, nossas comunidades e bairros e nossas cidades podem adquirir o mais alto nível de biodiversidade, tornando-se lugares mais interessantes para viver. A diversidade das espécies, como a diversidade cultural, enriquece nossa vida e nos enche de esperança.

A construção do capital social humano/natural em nossas cidades pode tornar mais otimistas até mesmo os conservacionistas mais desestimulados. Suzanna Kruger, professora de ciências naturais na sétima série do ensino fundamental numa pequena escola de Seaside, cidadezinha costeira no norte do Oregon, conta-nos que, no verão de 2002, a conexão com outra espécie tornou-a esperançosa. Na época, ela estava fazendo pós-graduação na Universidade do Estado de Portland e trabalhava como assistente de campo em um estudo sobre a biodiversidade e a abundância de pequenos mamíferos nos espaços verdes que ainda restavam nos Limites de Crescimento Urbano (Urban Growth Boundaries, UGBs) na área metropolitana de Portland. Duas vezes por dia, ela e sua colega verificavam 156 armadilhas de captura de animais vivos, marcavam as orelhas de qualquer animal nelas encontrado e libertavam os animais em seguida. O mais comum era que apanhassem ratos-cervos e, às vezes, ratos-do-mato e musaranhos.

"Houve um dia em que estávamos tendo uma conversa muito deprimente sobre a destruição do meio ambiente de nosso planeta — uma daquelas conversas que os biólogos e os estudantes de biologia tanto adoram", lembra-se ela. A conversa tinha atravessado quase um dia inteiro. Estavam trabalhando no parque Marshall, a sudoeste de Portland. Quando quase metade da coleta já estava concluída, ela pegou uma armadilha e sentiu que havia um animal dentro dela. Por seus movimentos, ela percebeu que não era um rato. Abriu a tampa e uma cabecinha semelhante à de uma cobra apareceu e ficou olhando para ela, que rapidamente fechou a tampa. Era uma fuinha. "Nossa conversa sobre destruição e ruína parou imediatamente e nos pusemos a comemorar o fato de ter encontrado um predador tão minúsculo a menos de três quilômetros do centro de Portland.

Mais tarde, naquele verão, pegamos esquilos-voadores do Norte. Muita gente parece achar que estou mentindo quando lhes pergunto: 'Ei, você sabia que está convivendo com esquilos-voadores e fuinhas no seu quintal?'." Ninguém tinha o menor conhecimento disso. As pessoas sabem que por ali há coiotes, cervos e guaxinins, mas não essas pequenas criaturas noturnas que ficam ou nos beirais dos telhados ou por baixo de montes de feno ou palha.

"Passei a questionar a ideia de que para ter uma 'experiência na natureza selvagem' tenhamos de viver totalmente isolados de nossos semelhantes em algum ambiente ainda não atingido pelo impacto da presença humana", acrescentou Suzanna. Embora tenha trabalhado como guia em muitas viagens a regiões naturais, e goste de poder "deixar a cidade para trás e subir por aqueles caminhos íngremes, tão altos que formam uma linha imaginária acima da qual não crescem árvores", ela tem o mesmo apreço por seus verões como assistente de campo na área metropolitana de Portland.

Mike Houck, diretor executivo do Urban Greenspaces Institute, em Portland, ajudou a recuperar ou a criar espaços verdes nessa cidade e publicou várias edições de seu livro *Wild in the City*, que trata da fauna silvestre existente nos limites urbanos de Portland. "Quando comecei a trabalhar como naturalista urbano na Audubon Society de Portland, fui informado pelos planejadores locais e regionais que não havia espaço para a natureza na cidade, que a natureza estava 'lá fora'", diz ele. O instituto Parks and Recreation de Portland estava se preparando para destruir algo que mais tarde se transformaria num motivo de orgulho para a região, o Oaks Bottom Wildlife Refuge, "uma região pantanosa de quase 650 quilômetros quadrados no coração da cidade, onde cheguei a ver mais de cem espécies de pássaros ao longo do ano e onde, no ano passado, vi cinco filhotes de águia-calva em uma árvore". Em 1980, grupos conservacionistas ridicularizaram Houck por ele desperdiçar tempo e dinheiro com algo que, na opinião deles, não passava de um meio ambiente cuja deterioração já era "inexorável". Houck acredita que as antigas teorias conservacionistas se pautavam por um apego exagerado ao aforismo de Henry David Thoreau segundo o qual "a preservação do mundo depende da preservação da natureza selvagem". Os ecologistas concentravam-se quase exclusivamente nas regiões selvagens, nas terras agrícolas, nas florestas ancestrais e no ambiente marinho.

Hoje, considera-se que Houck representa uma mudança drástica no modo de pensar. Ele recomenda uma complementação já inerente ao século XXI, visando à proteção das regiões selvagens. "É de cidades habitáveis que depende a preservação da natureza", diz ele. O estímulo ao capital social humano/natural está no cerne de seu trabalho — e poderia ser aplicado a regiões urbanas de todo o mundo, revitalizando as cidades ao introduzir mais vida nelas.

Como extensão à defesa de sua causa, Houck atua como guia de excursões para os habitantes de Portland que querem conhecer os animais e certos tipos de vegetação que ainda existem ali. Quando falei com ele, acabava de chegar de uma excursão desse tipo em que acompanhara vinte pessoas a uma reserva natural da cidade. "Todas estavam entusiasmadas com a experiência pela qual haviam acabado de passar", disse ele. "Eles observaram um jovem gavião-de-cooper ajeitar as penas com o bico por quinze minutos. Ficaram deslumbrados com criaturas que, sem que eles jamais tivessem imaginado, viviam no coração da cidade." Desde a década de 1970, os membros da Audubon Society de Portland aumentaram, passando de cerca de mil a mais de 11 mil, "sobretudo devido ao fato de termos começado a fazer nosso trabalho de conservação nos bairros da cidade".

Houck testemunhou em primeira mão o impacto da vida dos animais e das plantas silvestres urbanos sobre o tecido social da cidade. "As pessoas sentem que fazem parte de uma nova família. Alguns membros dessa família são seres humanos, outros são pequenos animais. As pessoas criam caminhos às vezes labirínticos para percorrer a cidade e passam a relacionar-se com os animais que veem. Acabam conhecendo o martim-pescador que veem todas as manhãs." Houck então acrescentou: "Esta manhã, tive uma sensação maravilhosa enquanto caminhava. Vi o beija-flor-de-anna* que andei encontrando quase todos os dias nos últimos três anos. Vi-o assim que desci do carro. Se alguém tivesse me fotografado naquele momento, veria meu rosto iluminado por um grande sorriso — *ali estava meu companheiro*".

Não era nenhum desses companheiros com que tomamos uma cerveja, como Houck poderia dizer, nem um companheiro no sentido humano, mas um vizi-

---

* Beija-flor que recebeu esse nome no século XIX, em homenagem a Anna Massera, duquesa de Rivoli (Itália), e pesa menos de cinco gramas. (N.T.)

nho ao mesmo tempo conhecido e desconhecido, familar, ainda que misterioso. "Com sua vida paralela, os animais oferecem ao homem uma companhia diferente da oferecida pelas relações humanas", descreveu o crítico [de arte] e escritor inglês John Berger. "Diferente porque é uma companhia oferecida à solidão do homem como espécie."[7]

Ama a terra em que te foi dado nascer

Os pesquisadores ainda não determinaram com que profundidade a natureza de um lugar (aí incluídos os animais e as plantas) pode adentrar a consciência de alguém — se é capaz de criar raízes tão profundas na alma, e fazê-lo com a mesma profundidade da primeira paisagem vista. Não há dúvida de que podemos formar laços mais sólidos com um lugar e com as formas de vida que nele vivem se assim decidirmos fazer. Há uma antiga canção cuja letra poderíamos aqui parafrasear e dizer: "Se não podes estar na terra que amas, ama a terra em que te foi dado nascer".

La Jolla, na Califórnia, perdeu uma árvore certo dia, mas talvez só Elaine Brooks tenha se dado conta disso. Ela tinha mudado de Michigan para o oeste em 1962, mas nunca se adaptara à Califórnia. Ainda assim, no tempo livre de que dispunha, Brooks, bióloga marinha e professora universitária, estudou e cuidou do último espaço natural nessa cidade da costa californiana. O trecho de cânion, campos e matas, esquecido no tempo, alimentou-a mesmo depois que começaram a construir casas multimilionárias, comprimidas no trecho de aproximadamente 10 mil metros quadrados ao longo da avenida West Muirlands, "comendo" uma parte do trecho. Em três dias, uma só máquina de terraplenagem "removeu quase tudo que demorara cinquenta anos ou mais para crescer ali", como Brooks me contou naquela semana. Por algum motivo, uma canforeira sobreviveu, como esses estranhos pontos de luz — uma escola, uma chaminé intacta — que permanecem depois que um tornado devasta uma planície.

Nos três anos seguintes, Brooks caminhava para além da pequena canforeira mirrada, parando para fotografá-la e às transformações que vinham ocorrendo a seu redor. Certo domingo, porém, durante seu trajeto da avenida Muirlands até a mercearia, ela percebeu que alguma coisa havia mudado. "A árvore já não estava ali, embora estivesse — formava um amontoado de lascas de madeira misturadas com pedra e terra, além de blocos de concreto empilhados à sua volta."

Um cínico poderia dizer que uma canforeira é algo relativamente insignificante; não contribui para a economia do país ou para o futuro de alta tecnologia e, como qualquer um de nós, é perfeitamente substituível.

As pessoas podem desenvolver uma forte ligação com as árvores, inclusive com aquelas que, como a canforeira de Brooks, não são nem nativas nem particularmente especiais. E algumas árvores *são* magníficas: pensemos, por exemplo, na gigantesca figueira de Spring Valley, ao sul de San Diego, que foi objeto de uma campanha comunitária visando a protegê-la do machado; ou, ao norte, do eucalipto-azul-da-tasmânia de Escondido, mais alto que um edifício de dez andares, objeto de outra campanha comunitária que visa a protegê-lo já há quinze anos — campanha que sobreviveu até mesmo à morte de um sem-teto que caiu de um de seus galhos mais altos certa manhã de dezembro; ou, ao leste, a fileira de eucaliptos-de-resina-vermelha da região de Ramona, plantados pelos filhos dos colonizadores em 1910 e que, como soldados numa batalha em câmera lenta, vêm sucumbindo a um inseto invasor que pertence à família dos psilídeos. A cidade pretende replantar uma fileira com árvores jovens e fortes, mas o pleno desenvolvimento delas aponta para um futuro distante.

Brooks acreditava que a vegetação que nos cerca "por qualquer período de tempo completa uma espécie de enxerto emocional inter-reinos".* Esse enxerto é facilmente rompido. "Eu costumava levar comigo um homem com uma pá e um machado ou um serrote grande e alguns cavalos para derrubar uma árvore de tamanho considerável e, como isso demorava muito, também havia tempo para refletir sobre a conveniência ou não de fazer aquilo", dizia Brooks. Mesmo assim, de pé sobre o que havia restado da canforeira de La Jolla, Brooks me disse que se sentia comovida. "O que mais me admirava era o modo como ela impregnava o ar com seu perfume de cânfora, uma fragrância intensa e imemorial que pairava sobre as raízes expostas e as folhas murchas e que emanava de todo aquele tecido vegetal destruído pelas máquinas de terraplenagem. Embora a carcaça já tivesse sido levada havia alguns dias, ainda dava para sentir um leve perfume quando passávamos pelo local." Pouco antes da remoção da canforeira, ela pegou alguns galhos arrancados e os levou para casa.

---

* Neste caso, entre os reinos animal e vegetal. (N.T.)

Capítulo 11

O sentido de cada lugar

*Não saberemos quem somos
enquanto não soubermos onde estamos.*

— Wendell Berry

HOUVE UM TEMPO EM QUE CRIAR UMA LIGAÇÃO ESPIRITUAL, psicológica e física com um lugar era algo que vinha naturalmente; hoje, a consciência do ambiente que nos cerca e de nosso papel nesse contexto mais amplo de vida deve ser criada intencionalmente, não apenas por cada um de nós, mas também pelos governos e pelas empresas.

Certo dia, eu estava a caminho de Las Vegas e levava comigo uma guarda-florestal dos parques estaduais de Nevada. Atravessamos o bairro dos cassinos e as ruas comerciais e entramos na parte da cidade em que predomina uma entediante paisagem de casas de estuque e *shopping centers*, uns praticamente iguais aos outros — a mesma paisagem urbana que domina nossas regiões citadinas e, cada vez mais, nosso estado de espírito em tantas partes dos Estados Unidos. Olhei para cima e vi o anel branco, azul e dourado que envolve a cidade. Na direção noroeste eleva-se o pico Charleston, que os habitantes do lugar chamam de monte Charleston (nas raríssimas vezes em que se lembram dele). Cheia de iúcas em sua base e pinheiros-de-cones-escamosos em sua parte mais alta, a montanha tem mais de 3.500 metros de altura. Depois vêm as montanhas Spring e todas as cordilheiras e os picos que circundam a cidade e, para além dela, o vale do Fogo, uma bela e muito ampla região com formações de arenito vermelho que parecem baleias encalhadas ou mãos humanas.

Eu estivera ali algumas semanas antes, excursionando a pé com meus amigos fotógrafos Howard Rosen e Alberto Lau. Ficamos abismados ao nos deparar com uma paisagem que quase ninguém conhecia, e que ficava a cerca de uma hora e meia de Las Vegas. Subimos em uma rocha para fotografar os petróglifos. O pôr do sol fazia com que nossas sombras se projetassem sobre a parede de rocha vermelha. Instintivamente, erguemos os braços. Nossas silhuetas, nossos braços e pernas ampliados pareciam dançar sobre as suaves superfícies curvas e as ondulações dessa parede, assemelhando-se às pinturas de seres humanos sobre ela, com torsos, braços e pernas alongados. Talvez os povos primitivos do vale do Fogo tenham estado ali, examinando as sombras para reproduzir suas figuras na pedra.

"Toda essa beleza, e tão perto da rua principal de Las Vegas! Será que a cidade reconhece e promove aquele lugar como parte do que define Las Vegas?", perguntei à guarda-florestal, já dentro do carro.

"Um pouco. Não muito." Ela deu de ombros e concluiu: "Não o suficiente".

"Isso não seria vantajoso para a região?"

Ela olhou para mim como se não soubesse direito o que dizer. "Imagino que sim, não é?"

O fato é que, sem sabê-lo, eu havia tocado numa questão delicada. Ela explicou: os grandes cassinos definem a realidade de Las Vegas, e a última coisa que os proprietários desses cassinos querem é que os turistas não parem na cidade. Querem ver todos jogando. "Os cassinos menores, mais distantes do centro, talvez estivessem de acordo, mas os maiores jamais concordariam." Tive impressão que, num período de baixa atividade econômica como o que hoje atravessamos, e levando em conta o fato de que os cassinos indígenas de todo o país acabam ficando com parte do dinheiro que provém dessa atividade, a diversificação dos incentivos turísticos poderia ser algo interessante.

Olhei novamente para o anel branco, azul e dourado que envolve a cidade e disse: "Você poderia chamar isso de 'Anel de Ouro'". Quando perguntei à guarda-florestal se Las Vegas fazia propaganda daquele anel, eu não queria dizer apenas como atração turística (ainda que diversificar a economia daquela região não fizesse mal a ninguém); pensava mais em algo como uma maior riqueza de identidade, de sentido.

À medida que nossa vida vai se tornando mais tecnológica, abstrata e dominada pelos meios de comunicação, nossa ânsia por encontrar um sentido de identidade pessoal e comunitário mais autêntico também irá se tornar cada vez maior. À medida que a configuração de nossa existência moderna se torna cada vez mais intercambiável, há duas consequências possíveis. O valor que atribuímos à autenticidade desaparecerá aos poucos, ou nosso anseio por ela irá se tornar tão forte e doloroso que seremos irremediavelmente atraídos por tudo que permaneça autêntico e real. No segundo caso, o mundo natural será tão valorizado que se tornará objeto de uma busca cada vez maior de nossos olhos e sentidos. Passaremos a considerar a história natural tão importante para nossa identidade pessoal e regional quanto a história humana, em particular naqueles lugares em que esta última foi interrompida ou esquecida.

Assim como as pessoas podem desenvolver um sentido natural de lugar tendo em vista seu próprio bem-estar, as autoridades de uma região — de uma cidade, um vilarejo ou uma biorregião que extrapola as fronteiras criadas pelo homem — também podem *empenhar-se* mais em identificar as características naturais exclusivas de sua biorregião.

De acordo com a Planet Drum Foundation, uma biorregião é "um lugar propício à vida [...], uma área específica, habitada por comunidades vegetais e animais e sistemas naturais" e quase sempre com uma bacia hidrográfica. Raymond Dasmann, professor emérito de ecologia na Universidade da Califórnia — em Santa Cruz —, além de fundador do movimento ambientalista internacional, e Peter Berg, ativista e um dos fundadores da Planet Drum, são citados por terem introduzido o conceito de biorregião nos debates públicos da década de 1970. (Uma década antes, os escritos do poeta Gary Snyder também exploravam esse tema.) A Planet Drum financia publicações, conferências e seminários para ajudar a criar novos grupos biorregionais, e também estimula as organizações locais e as pessoas a encontrar maneiras de viver dentro dos limites naturais das biorregiões. Dasmann e Berg chamam sua abordagem de "reabitação"— ou "viver no lugar... Em poucas palavras, consiste em levar uma vida plena em e com um lugar".[1] Levar uma vida plena. Para mim, essa é a melhor frase. Segundo Dasmann e

Berg, podemos reabitar nossas biorregiões explorando, mapeando, nomeando e promovendo suas características naturais para depois incorporá-las a uma identidade biorregional, criando uma nova história para a região. Ou uma velha história apreendida uma vez mais.[2]

Já temos exemplos das fases iniciais de tais comunidades. Chamado de "ecotopia" por Ernest Callenbach, o noroeste norte-americano é conhecido por seu compromisso (nem sempre consistente) com os valores do meio ambiente. Em termos históricos, por exemplo, o salmão configurou a cultura cotidiana de Seattle e sua onipresente iconografia. Em fins da década de 1990, assisti a uma conferência sobre um conflito entre o Canadá, os Estados Unidos e várias tribos indígenas — ou Primeiras Nações, como os canadenses as chamam — sobre os direitos de pesca do salmão e a ameaça de extinção do salmão-do-pacífico. "Logo estaremos discutindo sobre o último peixe!", disse Billy Frank, o homem que obrigou os Estados Unidos a honrar seus tratados de pesca com as tribos do noroeste. Para Frank e outros, o debate não dizia respeito apenas à questão dos recursos econômicos, mas também à identidade pessoal, tribal e regional. Elizabeth Furse, que na época representava o condado de Washington, no Oregon, estava de acordo. Ela falou sobre os salmões como um ícone da saúde e da identidade. "Sua presença é o que nos diz se somos ou não saudáveis. Na esfera pessoal, o motivo pelo qual os salmões significam tanto para mim é o fato de eles terem um sentido de lugar tão aguçado. O salmão sabe como voltar para casa. Ele sabe de onde veio."

O parque [nacional de] Adirondack, no norte do Estado de Nova York, é um exemplo de um "lugar com sentido" que foi ao mesmo tempo reabitado e recuperado de modo a voltar a seu estado natural mediante a reintrodução de sua fauna e flora originais que já haviam sido eliminadas ou destruídas há um século. Nenhum modelo de planejamento territorial é perfeito quando ainda está em execução, e nenhum deles é aplicável em todo lugar. Contudo o parque Adirondack sugere uma abordagem para a recuperação de biorregiões degradadas, semeando-as junto com as pessoas.

Howard Fish, diretor de comunicação do recém-inaugurado Wild Center no lago Tupper, um museu de história natural dedicado à região, explicou por que esse modelo poderia ser aplicado em outras regiões do mundo.

"Fora do Estado, e mesmo em muitos lugares do Estado, as pessoas realmente não sabem como este parque é extraordinário", disse ele enquanto me dava uma carona para o norte, a caminho do Wild Center. Aqui, a palavra *parque* tem um significado especial. Ao contrário da maioria das cordilheiras que se dirigem para o norte, abrindo caminhos de migração, essa gigantesca cúpula de rocha e floresta — visível do espaço — era uma barreira fria para o transporte humano, tanto para os nativos norte-americanos como para os primeiros colonizadores europeus. Isto é, até que chegaram os lenhadores. "Pinheiros-brancos centenários vieram abaixo por conta de sua madeira; outras árvores, destinadas ao fabrico de pasta de papel e às fornalhas da indústria, abarrotavam os rios das montanhas Adirondack", como Fish me contou. As fotos tiradas na região um século atrás mostram imensos trechos de paisagens devastadas, em grande parte pelos lenhadores, um *habitat* ideal para lama e esqueletos de galhadas. Por incrível que pareça, a região é hoje mais selvagem do que foi em fins do século XIX. "Talvez não haja em nosso planeta uma região tão imensa sobre a qual se possa dizer o mesmo", disse Fish. "As montanhas estão novamente cobertas por florestas. Por aqui, o bramido dos alces; por ali, castores batem suas caudas, e é possível que de repente se possa ouvir o rugido de um puma."

Ao longo dessa região, vemos lagos que parecem não ter fim, pequenos rios, pântanos e montanhas, florestas férteis onde vivem ursos e pessoas. Como foi que isso aconteceu?

Primeiro, em 1894, um grupo de cientistas, cidadãos comuns, esportistas e conservacionistas convenceram os eleitores nova-iorquinos a conseguir que uma emenda à Constituição designasse cerca de duzentos mil hectares para permanecer "selvagem para sempre". Com o tempo, mediante comunidades fundiárias para conservação e preservação de terras e outras iniciativas, os duzentos mil hectares aumentaram algo em torno de um milhão e duzentos mil hectares. É a maior área protegida dos Estados Unidos, atualmente maior que Yellowstone, Great Smoky Mountains, Yosemite, Glacier e Gran Canyon juntos.

A segunda característica é que a região destinava-se a pessoas, com a ideia implícita de conseguir restabelecer, ao mesmo tempo, a vida selvagem e a humana, um retorno da vida selvagem e dos *habitats* humanos. A superfície total do parque ocupa pouco menos de dois milhões e meio de hectares, quase tudo em mãos da propriedade privada. Desde o começo, essa reserva parecia mais uma série de ilhas do que um parque protegido. Essas reservas existem dentro dos limites de um parque que é também uma espécie de laço que geralmente arrebanha partes aleatórias que formam uma só entidade. Dentro dessa "laçada" há reservas florestais e propriedades privadas que incluem cidades e pequenos povoados, alguns não mais que um armazém à beira da estrada, ao lado de fazendas, terras florestais, empresas comerciais, campings e residências. A agência do parque Adirondack define os limites dos povoados, "bem longe das regiões habitadas", para permitir sua expansão. A Agência para a Conservação da Natureza está no momento engajada em grandes transações que, quando concluídas, acrescentarão cerca de quarenta mil e quinhentos hectares à área protegida de Adirondack. "As terras que estão tentando proteger inclui a lagoa de Follensby, onde Emerson e outros se reuniram em 1858 para refletir sobre o valor da natureza selvagem para o espírito humano", disse Fish. "Este é um lugar dos Estados Unidos onde uma população humana e a vida selvagem vivem juntas em relativa harmonia. Se 20% do Estado de Nova York pode permanecer em estado selvagem, então podemos ter reservas como a de Adirondack — para humanos e outros animais — em todas as partes do mundo", ainda que de menores dimensões.

À medida que eu e Fish percorríamos aquele território selvagem e um ou outro povoado, fiquei imaginando se alguma vez fora feito um mapa dos Estados Unidos que identificasse as regiões do país em que tal modelo pudesse ser aplicado: regiões ecologicamente degradadas que pudessem ser recuperadas de uma nova maneira, essencialmente como reservas humanas e naturais. "Não", disse ele, "mas um mapa assim deveria existir, e não apenas para os Estados Unidos. O que aconteceu aqui é que a paisagem natural de uma região das dimensões de Vermont foi revitalizada. As *pessoas* fizeram com que essa revitalização se tornasse possível." E, nesse processo, as pessoas também ganharam nova vida. E quando forem embora, como acontece com o salmão do noroeste, quase sempre voltarão para casa.[3]

Um relatório sobre a humanidade e a natureza

A criação de um lugar com sentido em grande escala precisa de uma sofisticada caixa de ferramentas que inclui o empenho individual ou programas que estimu-

144

lem as pessoas a encontrar seu sentido de lugar; planejamento regional; renaturalização; um método para avaliar o valor econômico total da história natural de uma região; e novos meios de comunicação e estrategistas políticos que valorizem com total seriedade uma biorregião não só por seus recursos naturais ou seu valor como espaço de lazer, mas também por algo mais profundo.

Examinemos uma dessas ferramentas, a necessidade de definir o valor econômico *total* de uma biorregião mediante a avaliação de uma série de indicadores, dentre os quais o impacto da natureza sobre a saúde humana. Traduzir o mundo natural em termos de valor econômico; muitas pessoas resistem a reduzir a natureza a dólares e centavos. Fazer isso, dizem elas, dá um caráter de coisa material e concreta e desvaloriza a vida espiritual enriquecida pela vivência junto ao mundo, bem como o valor intrínseco e incomensurável da natureza. De fato, se nos apegarmos às avaliações econômicas sem um argumento moral que lhes sirva de equilíbrio, estaremos nos arriscando a aplicar o mesmo reducionismo que orientou a reforma educacional da última década: *só conta o que se pode contar*. (Por esse motivo, na sala de Einstein em Princeton havia uma placa onde se lia "*Nem tudo* que conta se pode contar, e *nem tudo* que se pode contar conta".)

Ainda assim, se uma comunidade não consegue apresentar uma argumentação econômica em favor do valor de uma biorregião, tendo por base os valores que levem em consideração a saúde dos seres humanos e de outras criaturas que nela vivem, essa comunidade estará estendendo um tapete vermelho para a chegada de corporações e governos que pretendem despojar a natureza daquilo que *eles* definem como seu valor econômico. Esses interesses sabem exatamente como definir sua concepção de valor; por meio da economia da extração e, em última análise, da destruição. Nós, os que atribuímos mais importância ao valor intrínseco da natureza e a seu impacto sobre a saúde e o bem-estar humanos, precisamos de um conjunto mais convincente de medidas e normas. O ideal seria que cada região urbana em cada biorregião determinasse a importância econômica das experiências junto à natureza para crianças e adultos. Hoje, muitas cidades e diversos Estados produzem relatórios sobre as condições de vida das crianças com o passar dos anos. Da mesma maneira, cidades, condados, Estados e agências de desenvolvimento econômico poderiam produzir relatórios sobre a saúde econômica — de novo, com o objetivo de comparar seus progressos ou seu declínio no decorrer dos anos. Os estrategistas políticos tendem fortemente a fundamentar suas decisões nesses relatórios.

Um relatório que avaliasse as relações entre humanidade e natureza incluiria medidas tradicionais de lucros e receitas provenientes das atividades recreativas ao ar livre (pesca, canoagem, excursões etc.), ou suas preocupações com os resultados negativos das toxinas ambientais, mas não ficaria restrito a isso: levaria em conta o impacto econômico positivo sobre a saúde pública, tanto física como mental, a educação e os níveis de emprego. As avaliações da influência do mundo natural sobre a obesidade e a depressão de crianças e adultos, por exemplo, poderiam traduzir-se em forma de custos diretos e indiretos para o sistema de saúde e a perda de produtividade. O impacto positivo dos parques, dos espaços abertos e da proximidade com a natureza sobre os valores imobiliários também poderia ser anualmente avaliado, indo além dos estudos circunscritos que já mostram um alto índice de revenda das casas mais próximas dos espaços naturais. Os benefícios econômicos das salas de aula ao ar livre e da educação centrada no meio em que se vive também poderiam ser levados em consideração.

Um estudo regional abrangente que apresentasse tais características — ligando a saúde humana e o bem-estar econômico à saúde da biorregião — ajudaria os estrategistas políticos que se preocupam com o meio ambiente a oferecer argumentos convincentes em favor de sua proteção.

Em 2009, a New Economics Foundation anunciou seu primeiro Índice de Felicidade Planetária [Happy Planet Index, HPI]. Caerphilly, município de um condado no sul do País de Gales, que teve boa pontuação, persegue o objetivo de adquirir vitalidade regional. Em 2008, esse município "tornou-se a primeira jurisdição do Reino Unido a introduzir, de fato, o conceito de bem-estar em seu modo de entender o significado de 'desenvolvimento sustentável'", segundo o HPI. "Viver melhor gastando menos" é o lema desse município. Caerphilly já era um dos lugares do Reino Unido onde havia o mais baixo índice de preocupações ecológicas, mas percebeu que havia espaço para melhorar. "Um objetivo-chave da nova estratégia consiste em facilitar que [os membros das] comunidades municipais tenham uma vida mais longa, saudável e aprazível, e que isso ocorra de uma maneira sustentável, que rompa os vínculos entre riqueza e consumo de recursos, e entre consumo de recursos e vidas vividas em sua plenitude", segundo o relatório do HPI. Caerphilly adotou o ideário do HPI como um elemento-chave para explicar sua definição de sustentabilidade, com o objetivo de alcançar as três principais metas da estratégia. Sua data-limite é 2030, quando se espera que a população mundial chegue a 8 bilhões de habitantes. Entre outras ações, Caerphilly começou a trabalhar na criação de jardins comunitários "que atrai pessoas para a prática de exercícios moderados, onde conhecem outras pessoas da comunidade, comem saudavelmente e diminuem sua dependência de alimentos importados".

O HPI oferece uma fórmula muito interessante para chegar à sua interpretação de desenvolvimento sustentável; vai além das definições tradicionais de sustentabilidade e saúde humana e econômica — combinando-as em uma só medida.[4]

Outro país a ser considerado é a Costa Rica, que em 2009 estava no topo de uma lista de 143 países avaliados pelo Índice de Felicidade Planetária 2.0.[5] Além disso, a Base de Dados de Felicidade Mundial deu à Costa Rica 8,5 em 10; a Dinamarca, vice-campeã, ficou com 8,3 pontos.[6] O fato de a Costa Rica não ter um exército nacional há décadas foi importante para sua pontuação; esse dinheiro se destina aos serviços sociais, à educação e à proteção de suas áreas naturais. O governo também obtém receitas provenientes de um imposto sobre o carbono, introduzido em 1977 e, no Índice de Desempenho Ambiental de 2010, publicado pelas Universidades de Yale e Colúmbia, obteve o terceiro lugar entre os países do mundo, atrás apenas da Islândia e da Suíça. (Os Estados Unidos ocupavam o 61º lugar, logo atrás do Paraguai.)[7] Em um artigo de 2007 intitulado "The Happiest People", o colunista do *New York Times* Nicholas Kristof escreveu: "A Costa Rica fez um trabalho extraordinário de conservação da natureza". Isso não significa que esse país tenha resolvido totalmente o resto dos problemas do mundo; por exemplo, problemas com drogas e a criminalidade a elas associada continuam a existir ali. ("Sem dúvida, é mais fácil ser feliz aquecendo-se ao sol e à abundância de vegetação do que viver tremendo de frio no norte e sofrendo do transtorno de déficit de natureza", acrescentou Kristof.)

A busca de felicidade pessoal é um estímulo para a aceitação de uma filosofia de vida associada ao lugar onde se vive. Outra motivação semelhante é a necessidade cada vez maior de eficiência enérgetica, o que inclui a produção e distribuição local de alimentos, a criação de fontes de eletricidade localizadas, por meio de geradores solares e eólicos, turbinas movidas pela energia de marés e ondas e outros métodos. O arquiteto Sergio Palleroni, professor adjunto do Center for Sustainable Practices and Processes da Universidade do Estado de Portland, no Oregon, faz a seguinte previsão: "A moradia se tornará mais regionalizada. Grande parte das casas é construída segundo protótipos que supostamente podem ser aplicados em escala nacional. Dia após dia, a sustentabilidade está nos levando a entender os problemas locais, mas também as oportunidades que eles nos oferecem no que diz respeito à construção dos edifícios e às exigências de uma economia em permanente estado de transformação".[8] Em outras palavras, pense globalmente, construa e plante regionalmente.

Isso nos leva ao movimento Cidades em Transição (*Transition Town*). No momento em que escrevo, há 266 comunidades (povoados, cidades, regiões), sobretudo no Reino Unido (algumas existem nos Estados Unidos, na Austrália e na Nova Zelândia), que identificaram a si próprias como povoados, cidades ou regiões em transição. Por *transição* os proponentes desse movimento querem dizer uma mudança para a era pós-petróleo. Rob Hopkins, professor e permaculturalista inglês, lançou essa ideia em 2006. A permacultura é a prática de projetar comunidades urbanas e sistemas alimentares que imitam as ecologias sustentáveis. Em essência, a permacultura é a agricultura permanente. A filosofia da transição sustenta que, na era do auge do petróleo, não podemos esperar que nossos governos façam as mudanças necessárias, e que as pessoas não podem criar uma nova sociedade por si mesmas. Contudo as comunidades podem mudar com relativa rapidez, planejando uma transição que ocorra entre quinze e vinte anos, introduzindo o cultivo local de alimentos, um transporte saudável (mais caminhadas, ciclovias e veículos com combustíveis alternativos), o uso de materiais de construção locais e outras coisas do gênero.

As comunidades que pretendem se tornar cidades em transição são chamadas de "meditadoras", uma vez que meditam antes de tomar uma decisão final. Uma das mais avançadas cidades em transição é Totnes, no extremo sudoeste da Inglaterra. Quando visitei Totnes e a região campestre que a circundava, fiquei impressionado com a estrutura que já havia ali: um padrão medieval de pequenas cidades e vilarejos, cercados por terras que vinham sendo usadas para agricultura ou reflorestamento há séculos. Um bom lugar para começar.

Hopkins estava determinado a conquistar as pessoas para suas ideias otimistas. Longe de conformar-se com pouco, os criadores das cidades em transição acreditam ser parte de um renascimento do século XXI. "Trata-se de dar condições plenas à concretização desse potencial", diz Hopkins, "e não se faz isso colocando obstáculos à ação dessas pessoas. O importante é sentir-se parte de alguma coisa histórica, promissora... Sempre comparo nosso momento atual com o ano de 1939. É como se estivesse ocorrendo uma mobilização em tempo de guerra. Precisamos dar uma resposta à altura para a superação desse processo."

Em 1939, porém, quem liderou a mobilização foi o governo. Portanto o governo também deverá participar com o intuito de dar plena concretização ao que Hopkins considera necessário. Ainda assim, podemos pensar numa união de movimentos de base local: Cidades em Transição centradas na questão da energia e dos alimentos, exploradores do Sentido de Lugar, educadores experientes, Cidadãos Naturalistas (que descreverei mais adiante) e muitas campanhas centradas na natureza. Uma característica comum aos líderes dessas campanhas é o fato de não precisarem esperar que as autoridades de sempre façam alguma coisa. Eles seguem o conselho de Buckminster Fuller: "Você nunca muda nada quando luta contra a realidade existente. Para mudar algo, construa um novo modelo que torne obsoleto o modelo já existente".

Viver no lugar

Hoje não tenho mais a mesma reação que tinha quando as pessoas me perguntavam de onde sou. Antes, talvez eu dissesse "de Kansas ou do Missouri". Hoje, porém, e cada vez mais, quando me perguntam sobre minhas origens, posso mencionar Kansas, mas logo em seguida deixo claro que meu lugar é a Califórnia. Se houver oportunidade, também começo a falar sobre a riqueza da minha região, como ela me parece única, e que essa singularidade e beleza provêm de sua biodiversidade. E descreverei o sentido da finalidade da minha região, ainda embrionário, que vem de seu empenho em criar corredores naturais para a migração de animais, proteger espécies ameaçadas de extinção, produzir mais alimentos locais e, no mínimo, começar a pensar em criar comunidades centradas na natureza e encher de jardins e pomares aquelas que já existem.

Há não muito tempo, Mike Hager, presidente e CEO do Museu de História Natural de San Diego, pediu-me para fazer com ele um debate que lhe pudesse trazer novas ideias e sugestões sobre o futuro do museu. Eu estava ansioso para encontrar-me com ele e compartilhar algumas de minhas ideias.

E se o museu — em atuação conjunta com o zoológico, as universidades, os meios de comunicação, as empresas e outras instituições — resolvesse repensar o modo como descrevemos nossa região e a difundimos por todo o país? E se a gente tivesse profundo orgulho de nossa biorregião, tão diversificada e fascinante?

Sem esse orgulho e sem um sentido de identidade regional, não haverá como proteger esse milagre. No momento em que eu conversava com Hager, uma coalizão de grupos ocupava-se em planejar aquilo que se chama de "visão conservacionista" para uma área de mais de um milhão e dez hectares que vai do sul da Califórnia ao norte da Baixa Califórnia. Um dos objetivos dessa iniciativa é criar um enorme sistema binacional de parques que conecte as regiões selvagens, as florestas e os parques. Há vários anos, uma equipe para a recuperação do condor na Califórnia, liderada por um experiente pesquisador do zoológico de San Diego, libertou três condores na isolada serra de San Pedro Martir. Os pesquisadores esperavam que algum dia os condores voassem para Ventura, ao norte, para a reserva de pássaros de Sespe, ou para as vastidões selvagens próximas a Big Sur, para se juntar a seus parentes norte-americanos. Antes disso, o último condor na serra de San Pedro Martir fora visto na década de 1930 — por um jovem agricultor chamado Andy Meling, que Jason e eu conhecemos muitas décadas depois. Posso imaginá-lo na época, com o chapéu para trás, de olhos semicerrados para tentar ver, na luz difusa do crepúsculo, aquelas criaturas com três metros de envergadura voando em círculos naquele mundo perdido.

Talvez, como sugeri a Hager, pudéssemos dar à nossa região, com suas grandiosas características naturais — que incluem mar, montanhas e microclimas —, um nome romântico e misterioso que a identificasse em todo o mundo, um nome que colocasse a natureza em primeiro lugar. Talvez uma antiga palavra dos índios Kumeyaay. Ou Cuyabaja? Pandora? Fosse qual fosse o nome, aquele seria nosso mundo encontrado, nosso lugar com sentido.

O cidadão naturalista

Em toda biorregião, uma das mais urgentes tarefas consiste em reconstruir a comunidade de naturalistas, tão radicalmente debilitada nos últimos anos devido ao fato de os jovens passarem pouco tempo junto à natureza e à pouca importância atribuída pelo ensino superior a disciplinas como a zoologia.

A palavra *amateur* [amador] enfrenta tempos difíceis, uma vez que só é usada em sentido pejorativo (como em "ela não passa de uma amadora"). Em seu uso original, essa palavra talvez tenha vindo da forma francesa da raiz latina *am*ātor: "amante", "apreciador de", "devoto". Na época de Thomas Jefferson, quando a sociedade era agrária, poucas pessoas ganhavam a vida como cientistas; em sua maioria, eram *amateurs*, como o próprio Jefferson. Ele era um naturalista amador que foi professor particular de Meriwether Lewis na Casa Branca, antes de enviá-lo para estudar a flora e a fauna do Oeste. Hoje, o momento é propício para a volta do *amateur*, numa versão do século XXI — o cidadão naturalista. (Uma forma já existente desse conceito é "cidadão cientista", mas prefiro a palavra naturalista, pois é mais específica à natureza e, bem, soa de maneira bem mais divertida.) Ser um cidadão naturalista é agir de modo pessoal tanto para proteger a natureza como para fazer parte dela.

Os cidadãos naturalistas são especialmente valiosos numa região como San Diego, uma zona quente com grande biodiversidade. Aliás, foi ali que quatrocentos voluntários ajudaram a compilar o fundamental *Atlas Ornitológico do Condado de San Diego* antes que incêndios devastadores destruíssem 20% de sua superfície, e provavelmente devem ter exterminado populações inteiras de aves. Os voluntários aumentaram nosso conhecimento das quase quinhentas espécies de aves que vivem, veraneiam ou param ali por algum tempo, desde papagaios geograficamente confusos até um *bushtit* que faz seu ninho com teias de aranha. Esses voluntários detectaram mudanças na distribuição das aves e descobriram algumas espécies que até então não se sabia que viviam no condado. O principal compilador e autor do atlas, Philip Unitt, diz que esses cidadãos naturalistas são a espinha dorsal do livro, seu arrimo.

Essa abordagem confere a mesma importância às catástrofes e aos sucessos. "Nosso enfoque não incide apenas sobre as espécies ameaçadas de extinção, mas considera todos os outros pássaros que vivem ao nosso rerdor", diz Unitt. Em resumo, ele pretende que os pássaros comuns permaneçam comuns — iridescentes durante o crepúsculo e cheios de vida.

O sucesso de Unitt com os voluntários pode ser visto como um sinal promissor, pois já existe e começa a se expandir um movimento de cidadãos naturalistas. Na minha região, eles são jovens e idosos; são professores, jornalistas, encanadores. Durante semanas, ficam sentados no topo das montanhas do deserto de Anza-Borrego para registrar a presença fugaz do muflão das Montanhas Rochosas e ajudam a seguir a pista dos pumas; percorrem os campos em busca do Adão ou da Eva genéticos da truta-arco-íris, que ainda pode estar viva em algum riacho inacessível. Trabalhando com biólogos marinhos, os estudantes catalogam e rastreiam espécies ameaçadas de tubarão. Ao redor do mundo, na África e na Europa, na Ásia e no Oriente Médio, outros amadores fazem um trabalho semelhante, às vezes perdendo ou salvando suas vidas no prazer dessa busca. São pessoas apaixonadas, dedicadas, os herdeiros espirituais de Jefferson.

Em resposta à preocupação com a escassez de naturalistas e taxonomistas profissionais, a BBC lançou um projeto sem precedentes, chamado Springwatch, convidando seus telespectadores e ouvintes a ajudar a mapear as mudanças climáticas nas Ilhas Britânicas. Concentrando-se em seis sinais-chave de que a primavera chegou, a BBC reúne dados enviados pelo público e os usa para criar um evento televisivo sazonal. Os participantes são estimulados a registrar suas descobertas *on-line*. Enquanto isso, um parceiro da Springwatch, o Woodland Trust, o principal grupo para a defesa da conservação das florestas do Reino Unido, está ampliando sua rede de mais de 11 mil "registradores" da natureza.[9]

Nos Estados Unidos, algumas organizações conservacionistas e educativas vêm tomando uma direção semelhante. Por exemplo, a Academia de Ciências da Califórnia organizou o Estudo sobre Mirmecologia na Área da Baía,* para o qual recrutou cidadãos naturalistas para ajudar a documentar mais de cem tipos diferentes de formigas nos onze condados da Área da Baía.[10] Em maior escala, a Federação Nacional da Vida Selvagem [National Wildlife Federation, NWF], com mais de 4 milhões de membros, vem se empenhando cada vez mais em treinar jovens que possam receber o certificado de cidadãos naturalistas outorgado por essa instituição. E o projeto que na Universidade Cornell faz o acompanhamento

---

* Bay Area Ant Survey (mirmecologia é o ramo da entomologia que estuda as formigas). (N.T.)

dos alimentadores de pássaros* já utiliza há tempos o interesse e a visão apurada de observadores de aves em toda a América do Norte, para ajudar os cientistas a entender os movimentos das populações de migração invernal.[11] Com a ajuda desses amadores, os pesquisadores rastreiam as tendências por números de pássaros e sua distribuição nos Estados Unidos e no Canadá. Os voluntários pagam uma pequena taxa, recebem o equipamento necessário aos participantes e seguem diretrizes muito claras para assegurar a exatidão de seu trabalho. Eles informam suas contagens por espécies à Universidade Cornell, que então as submete à análise de dados. A pesquisa é anual e se estende por 21 semanas, de novembro ao começo de abril. Os resultados são publicados em periódicos científicos e compartilhados *on-line*.

Em algumas comunidades, os cidadãos naturalistas estão se dedicando ao "resgate de plantas". No condado de King, Washington, o Programa de Resgate de Plantas Nativas [Native Plant Salvage Program] arregimenta centenas de voluntários para salvar plantas ameaçadas pelo desenvolvimento predatório. Como escreveu James McCommons na revista *Audubon*, essas operações de resgate "formam grupos de até trezentas pessoas que percorrem as florestas para localizar espécies difíceis de encontrar — trílios, carriços e musgos". As plantas são transferidas para projetos de recuperação ecológica, jardins botânicos e *habitats* para a vida selvagem criados nos quintais das casas. A ambivalência vem com a turfa. Alguns podem ver o resgate de plantas como outra forma de mitigação, mera "lavagem verde" dos *habitats* depredados pelas empreiteiras. Mais exatamente, o que temos é uma resposta criativa ao desenvolvimento urbano e uma maneira de tornar públicas as ameaças ao ambiente natural. Em Tucson, no Arizona, a Sociedade de Cactos e Plantas Suculentas [Tucson Cactus and Succulent Society] convoca voluntários para salvar cactos. "Onde quer que haja empreiteiras em atividade, há oportunidades de salvar plantas", escreveu McCommons. "Até mesmo em lugares pequenos, como um pedaço de terra de uma única família, podemos encontrar uma preciosidade da flora nativa."[12]

Outro papel do cidadão naturalista é o de "trabalhador campista". Durante a Grande Depressão, alguns diretores de parques sentiram a opressão econômica tão intensamente que fecharam os portões, mas outros confiaram em voluntários

---

* Project Feeder Watch. (N.T.)

com seus *trailers*, que mantiveram os caminhos limpos e coletaram o lixo até o momento em que chegaram as verbas para os diretores voltarem a contratar pessoal permanente. "Os trabalhadores campistas se reúnem em determinado lugar e trabalham como guias ou atendem os visitantes nos balcões de informações, trabalhando regularmente de vinte a trinta horas semanais — e logo partem para seus novos compromissos", relatava o *New York Times*.[13]

No Woodland Park Zoo de Seattle, Deborah Jensen, diretora do zoológico, gostaria de poder contar com mais envolvimento da comunidade. Como de praxe, os zoos oferecem programas educativos, mas o Woodland Park, com um enfoque mais regional do que a maioria, está planejando um programa particularmente ambicioso, com grande engajamento dos cidadãos. Em vez de apenas levar os animais às escolas locais, o zoo irá tornar-se o centro de uma rede cada vez maior de programas educativos sobre questões ambientais patrocinados pelo Estado. Jensen contou uma história que ilustra bem o papel potencial que os zoos podem desempenhar. Há alguns anos, um falcão-gerifalte escapou do zoo. "Era uma ave bem grande e havia um transmissor preso a ela, mas, como não conseguimos encontrá-la, pusemos vários anúncios nos meios de comunicação", disse ela. Pessoas de toda a região, jovens e idosas, puseram-se a procurar o falcão, até que alguém o encontrou. "Mais tarde, recebemos uma carta de um garoto que havia participado da busca. A experiência o havia transformado. Ele disse que nunca havia imaginado que tantos pássaros viviam em Seattle, nem sabia que havia tanta natureza nas cercanias de seu bairro."

Portanto, aumentemos o número de cidadãos naturalistas de primeira linha, que contem, mapeiem, convoquem outros participantes, protejam, classifiquem, rastreiem, curem e, em geral, acabem conhecendo um número enorme de espécies de plantas e animais nos desertos selvagens, nos pequenos arvoredos de seus próprios quintais, ou nas matas, ou nos parques nacionais, ou no fim de uma alameda no centro de uma cidade.

Uma árvore cresce no centro-sul

Com o capital social humano/natural em mente, devemos criar ou reconfigurar comunidades inteiras nas quais os seres humanos, os animais selvagens e os animais domésticos, assim como a vegetação nativa, vivam em situação de afinidade.

Isso pode ser feito de modo a reforçar a diversidade dos assentamentos humanos e do planeta. A questão da afinidade entre natureza e humanidade é um dos grandes desafios arquitetônicos, urbanísticos e sociais do século XXI.

Permitam-me apresentar-lhes um herói e amigo meu. Há pouco tempo, estive com ele num simpósio sobre as possíveis conexões entre a próxima geração e a vida junto à natureza.

Como de hábito, Juan Martinez, de 26 anos, estava usando calças largas e boné de beisebol. Juan foi criado no bairro South Central de Los Angeles e cresceu com muita raiva de tudo. "Eu era o mais pobre dentre os pobres. As pessoas zombavam de mim, caçoavam das minhas roupas. Portanto meu mecanismo de defesa era chutar-lhes o traseiro", lembra ele. Na época, ele me parecia o candidato ideal para uma breve e desprezível vida como membro de alguma gangue. Quando fez 15 anos, um professor da escola de segundo grau de Dorsey, no centro-sul da cidade, deu-lhe um ultimato: Juan podia ser reprovado e fazer novamente a mesma série ou participar do Ecoclube da escola. A contragosto, escolheu a segunda opção. "Passei as primeiras semanas sem falar com ninguém. Estava concentrado em cultivar meu pezinho de pimenta-jalapenho", disse ele.

"Por que essa pimenta?", perguntei.

Ele me contou que sua mãe havia feito uma abertura num pedaço de cimento no quintal atrás da casa, deixando a terra exposta para fazer um pequeno jardim e um pomar. Ali, ela cultivava pimentas-jalapenho e plantas medicinais, inclusive o *Aloe vera* para cortes e queimaduras. "Ela usava essas plantas para fazer chás sempre que ficávamos doentes", disse Juan. "Então eu queria mostrar à minha mãe que era capaz de fazer o mesmo, que conseguiria cultivar alguma coisa, que podia dar-lhe algo em troca."

Uma viagem ao Parque Nacional Grand Teton, organizada pelo Ecoclube e pelo Clube de Ciências de Teton, mudou a vida de Juan para sempre — e, de início, não muito para o bem.

"Vi bisões. Vi mais estrelas do que poderia contar. Estava num lugar onde não havia concreto, tiroteios nem helicópteros sobrevoando as pessoas a todo momento", recorda ele. Ao voltar para casa, descobriu que não conseguiria mais viver longe da natureza. "Virou uma espécie de vício." No Sierra Club, juntou-se ao programa Construindo Pontes para a Natureza e participou de todo e qualquer programa que o levasse de volta à natureza selvagem, acabando por tornar-se um líder de atividades ao ar livre. "Toda vez que eu voltava de uma dessas viagens, ficava mais deprimido por viver onde vivia. Ficava trancado no meu quarto. Odiava estar em casa."

Sua crescente aversão pelo que lhe parecia "uma estrada do Centro-Sul que vai dar num beco sem saída" tornou-se cada vez maior e, como ele diz, limitava sua eficácia como líder. Felizmente, seus mentores de trabalhos ao ar livre perceberam sua depressão e de onde ela vinha. "Eles me chamaram para uma reunião e conversaram comigo. Em seguida, levaram-me aos jardins comunitários e aos espaços verdes da região, não muito distantes dali — lugares aos quais eu podia ir e vir de ônibus." E ele continuou a organizar expedições para florestas, montanhas, rios etc.

Durante nossa conversa, ele me contou que havia levado vinte jovens mochileiros de Watts numa viagem para um acampamento na Serra Oriental. Muitos tomavam medicamentos pesados em consequência de problemas comportamentais. "O primeiro dos quatorze dias da viagem foi complicado, com ameaças de violência, gritos e brigas", disse Juan. Porém, perto da metade do caminho, os jovens começaram a entrar num ritmo mais natural. "À noite, ao redor da fogueira, as risadas enchiam os ares. Tudo que eles queriam era ser ouvidos, escutados, aceitos. Falavam sobre o canto de um pássaro diurno que tinham achado incrível, ou discutiam o que levava as pessoas a usar drogas quando voltavam para casa."

Ao redor daquela fogueira, Juan se pôs a pensar na sua própria comunidade, a centenas de quilômetros dali. E então ele encontrou uma resposta para uma pergunta que se fazia há tempos: "Amo a natureza porque amo as pessoas", disse ele. Concluiu que precisava parar de pensar quase exclusivamente no que a natureza fazia por ele. "Na verdade, eu nunca estava em primeiro plano! Era tudo a respeito do amor que sinto por minha família, minha cultura, minha comunidade, os mentores que estiveram do meu lado tanto nos bons como nos maus momentos", afirmou. "Tornei-me uma pessoa melhor quando parei de só me preocupar com meu sorriso, minha sanidade, minha terapia na natureza, e descobri que uma das minhas maiores alegrias vinha da risada de uma garota (cuja mãe a havia espancado com um taco e em seguida a abandonara numa rua escura), do fato de poder ajudá-los a preparar *s'mores** pela primeira vez ou fazer um pedido a uma estrela cadente."

Juan voltou daquela excursão com um objetivo: em vez de abandonar o Centro-Sul, passaria a ter uma atuação ainda mais intensa no local. "Faria tudo que estivesse a meu alcance para compartilhar com minha comunidade a alegria da natureza, inclusive construindo um espaço para a criação de pássaros canoros, compartilhando os frutos de nossa pequena horta caseira e ensinando os outros a fazer suas próprias hortas.

Desde então, o trabalho de Juan assumiu novas dimensões. Ele coordena um grupo do Sierra Club, o Jovem Voluntariado Nacional, e dirige a Rede de Líderes Naturais da Rede de Crianças e Natureza, um grupo formado por várias centenas de jovens, muitos dos quais, como Juan, vêm de cidades do interior. Ele também assessora o secretário de Interior dos Estados Unidos, Ken Salazar, num projeto que esse departamento começa a desenvolver para criar uma brigada juvenil voltada para a proteção do meio ambiente. E Juan já foi convidado duas vezes a ir à Casa Branca.

Mas ele sempre volta para o Centro-Sul, seu verdadeiro e único lar.

Capacidade cultural natural

Enquanto Juan falava sobre os canteiros de jalapenhos e as plantas medicinais de sua mãe, ocorreu-me que é um erro concentrar-se apenas nas barreiras culturais ou geográficas que se interpõem entre a natureza e as pessoas. Precisamos levar em conta as fortes ligações culturais com a natureza que já existem e podem ser aperfeiçoadas. Isso requer que pensemos de forma inovadora não só para além dos estereótipos étnicos e raciais, mas também sobre o que significa diversão e lazer ao ar livre. Por exemplo, os funcionários dos parques nacionais e estaduais descrevem, com respeito e apreço, as várias famílias hispânicas que fazem seus piqueniques e reuniões ao ar livre — atividades sociais que hoje são aparentemente raras entre as pessoas como eu. A isso se dá o nome de capacidade natural.

"Portland foi outrora uma cidade totalmente branca. Com o aumento da imigração hispânica e asiática, estamos mudando rapidamente", diz Mike Houck,

---

* Tradicional guloseima americana e canadense, tipicamente consumida ao redor de uma fogueira de acampamento. (N.T.)

pintor de paisagens campestres dessa cidade. Essa população costuma ser esquecida nas tentativas de proteger ou expandir a fauna e a flora das cidades. Seu empenho em fazer contato com comunidades minoritárias não deu resultado, até que ele se voltou para os moradores de língua espanhola das redondezas. Eles o ajudaram a traduzir um guia da vida selvagem local. Uma rádio local em língua espanhola também foi útil à sua causa. Numa reunião subsequente apareceram 450 moradores hispânicos, e muitos deles se engajaram nos trabalhos de proteção à região pantanosa da bacia hidrográfica de Colúmbia. Além disso, pesquisas de boca de urna mostraram que, nas últimas décadas, a relação afetiva com os parques e espaços abertos da Califórnia partiu quase sempre dos eleitores latinos, em proporções muito superiores às dos brancos não hispânicos. "Tudo depende de sua abordagem", afirma Houck.

Os afro-americanos levam para a natureza sua própria herança imemorial. "Ainda persiste o estereótipo de que os afro-americanos são física e espiritualmente distantes do meio ambiente", escreve Dianne D. Glave em *Rooted in the Earth: Reclaiming the African American Environmental Heritage*. "Essa ideia absurda está tão arraigada em nossa cultura que muitos de nós passamos a acreditar nela."[14] A história é complicada, mas plena de sentido. Florestas e propriedades rurais existiam na época da escravidão. A natureza, portanto, podia ser um lugar perigoso. Apesar disso, segundo Glave, "os afro-americanos sempre procuraram a terra pelas plantas medicinais que tão bem conheciam, por afinidades imemoriais com as matas, em busca de recursos, fuga, refúgio e salvação... Essas forças negativas e positivas transformaram a natureza selvagem em algo intrinsecamente ligado a eles, para o bem ou para o mal". Isso também é capacidade natural.

Nesta época de mudanças climáticas e transtorno de déficit de natureza, essas experiências enfatizam a seguinte verdade: nossa relação com a natureza não diz respeito apenas a preservar a terra e a água, mas também a preservar e aprimorar as ligações que com ela temos.

Capítulo 12

A formação de laços afetivos

*Como o Princípio da Natureza Pode Fortalecer
Nossa Relação com a Família e os Amigos*

O TÉDIO TEM SUAS VANTAGENS. O mesmo se pode dizer da solidão, essa arte que se perdeu nesta época de predomínio avassalador dos meios de comunicação. Ficar sozinho de vez em quando — não solitário, mas apenas sozinho — é uma parte importante para o fortalecimento dos cuidados com os filhos e sua criação, e também com o casamento. Kathy, minha mulher, certa vez alugou um chalé numa praia e ali passou uma semana sem interrupções eletrônicas, sem exigências de tempo e atenção, apenas ouvindo o marulho das ondas e o som das gaivotas. Quando voltou para casa, parecia mais jovem do que nunca.

Anos atrás, numa época em que eu estava sendo pressionado demais para entregar um trabalho o mais rápido possível, peguei meu carro e fui para as montanhas de Cuyamaca. Meus amigos Jim e Anne Hubbell haviam me convidado para cuidar de uma mágica "casinha de *hobbit*" que tinham ali, e planejei passar uma semana inteira totalmente a sós naqueles ermos.

Eu já havia feito isso antes, quando estava às voltas com outro prazo sufocante. Passei uma semana num vagão de trem abandonado nas colinas de Mesa Grande, a oeste de Cuyamacas. Ali, trabalhava durante as horas quentes do dia e, já no fim da tarde, saía a perambular por aquele território de pumas. Sempre me sentia observado, e por isso levava comigo, como "arma", um galho seco de iúca.

Quando caía a noite e as estrelas começavam a surgir, eu parava num pequeno lago e ali me banhava. Por algum tempo, ficava boiando para observar as estrelas e, depois, voltava para o vagão.

Na segunda vez, as acomodações eram melhores: uma casinha muito charmosa, com vitrais nas janelas e eletricidade, além de uma cama muito confortável. No dia em que ali acordei pela primeira vez, ainda ao alvorecer, abri os olhos e vi um coiote do lado de fora, perto de uma janela, e ele me olhava fixamente.

Eu me levantei, fiz café e comecei a trabalhar.

Durante esses dias de solidão, as nuvens que percorriam o céu e o vento incessante começaram a trazer vozes: de um pai e uma mãe, hoje falecidos, e de minha mulher e meus filhos. No quarto dia, Kathy e os meninos, Jason e Matthew, chegaram em pessoa para uma visita. Na solidão, mesmo que por poucos dias, uma pessoa passa por mudanças sutis; de alguma forma, as frases e os comportamentos parecem estranhos. Assim, nossos primeiros momentos juntos foram um pouco constrangedores. Mas é por isso que esse afastamento é uma coisa boa, quer se trate de um marido, mulher ou pai. Os padrões familiares podem nos blindar contra a verdadeira familiaridade.

No final de sua visita, Kathy levou-me para um canto e disse que Jason tinha compromissos em casa, mas que Matthew gostaria de ficar comigo pelos três dias restantes. Ele estava extremamente entediado em casa e precisava ficar um pouco longe do irmão (assim como este também precisava ficar um pouco longe dele). "Claro que sim", respondi, "desde que Matthew entenda que preciso trabalhar e que ele terá de divertir-se por conta própria."

Com 11 anos de idade, Matthew estava em um momento de transição, naquele espaço entre a infância e a adolescência. É uma fase especialmente mágica na vida de um garoto, uma época em que é bom fazer uma pausa na rotina e passar algum tempo em silêncio.

Minha mulher e meu filho mais velho foram-se embora, e Matthew e eu começamos a procurar livros que ele pudesse ler. Não havia TV nem rádio. E nada de jogos eletrônicos. Ele pegou um romance de J.R.R. Tolkien e outro livro sobre um menino que adota um filhote de lobo. Estendeu-se numa velha poltrona atrás de mim e, respeitando minha necessidade de silêncio, começou a ler.

Três horas depois, dei-me conta de que ele não havia dito uma só palavra. Voltei-me para observá-lo. Ele dormia a sono solto, segurando o livro de Tolkien como se fosse um ursinho de pelúcia.

Naquele entardecer, subimos a colina e nadamos juntos numa piscina circular e azulejada sob uma lua em quarto crescente, e mais tarde ficamos ouvindo o vento e apreciando a agitação e a arruaça dos coiotes. Nos três dias seguintes, só conversamos de vez em quando, em geral quando íamos à piscina ou durante o jantar. Era um garoto tagarela, de modo que sua aceitação do silêncio foi uma surpresa para mim.

A falta de aparelhos eletrônicos (com exceção do meu *notebook*) ajudou. E o mesmo se pode dizer das matas e montanhas que nos cercavam. O fato de eu estar ali, porém mais silencioso do que de costume, também contribuiu para esse silêncio geral. Pedi a ele que cuidasse da alimentação dos gatos e do cachorro. Ele deu nomes aos gatos, que o seguiam por toda a propriedade e subiam nos carvalhos para se exibir para ele. Ao anoitecer, nadávamos ou fazíamos caminhadas, e ele levava sua câmera, tentando aproximar-se furtivamente do cervo que sempre perambulava por um pomar nessa hora da noite.

Matthew e eu adotamos um novo ritmo. Passei a conhecê-lo melhor naqueles dias, e talvez ele também tenha chegado a conhecer-me melhor — não porque conversávamos, mas porque nos mantínhamos em silêncio. Como pai, esses momentos são muito difíceis de ocorrer quando vivemos na barulheira infernal das cidades.

Laços afetivos

Assim como a renaturalização da vida cotidiana pode ser um componente importante para fortalecer a boa forma física, psicológica e intelectual, atribuir um sentido de propósito a uma biorregião também pode fortalecer as relações entre pais, filhos e avós; e também entre todos os membros de um grupo ligado por parentesco, casais com filhos e bons amigos.

Quando a vida abre novas portas a Ron Swaisgood, elas geralmente o levam para o ar livre. Swaisgood é diretor de Ecologia Animal Aplicada no Instituto de Pesquisas sobre o Meio Ambiente do zoológico de San Diego. Ele e sua mulher Janice tiveram seu primeiro encontro em Dyar Springs e Juaquapin Loop, uma trilha a leste da cidade que sobe tranquilamente pelas montanhas de Cuyamaca. Pararam num afloramento rochoso e Ron tirou morangos, queijo e um espumante suco de uva de uma sacola. Foi então que, pela primeira vez, Janice se deu conta de que aquilo era um começo de namoro. "Foi ali que eu devia tê-la beijado se não estivesse tão nervoso", diz Ron. "Passamos o dia juntos e chegamos a nos conhecer bem, muito mais do que teria sido possível num encontro mais tradicional."

Um mês depois, Janice e Ron fizeram sua primeira viagem juntos. Foram a Michoacán, no México, para assistir nas montanhas ao espetáculo do nascimento das borboletas-monarca, que passam o inverno em estado larvar e emergem na primavera. Milhões de monarcas se reúnem a cada ano nos pinheiros, formando tamanho adensamento que mal dá para ver suas folhas verdes. O solo estava coberto por um "triste tapete de monarcas mortas", recorda Ron. "E o ar estava tão cheio de borboletas que, se parássemos ainda que por um segundo, elas começariam a pousar em nós. Minha nova namorada, de olhos fixos em mim, estava coberta de mariposas — eis uma imagem da qual nunca me esquecerei!" Um ano e meio depois, Ron levou Janice de volta ao afloramento rochoso de Cuyamaca, onde não tinha tido coragem de beijá-la. "Reuni toda coragem possível e pretendia pedi-la em casamento ao chegarmos ao afloramento, mas era verão e o calor estava insuportável, para não mencionar as nuvens de insetos infernais que nos picavam por toda parte. Voltamos antes de chegar às rochas, cheios de picadas, acalorados e suando em bicas. Eu não queria que a resposta à minha proposta fosse uma bofetada — ainda que só para matar um pernilongo." O casal nunca deixou de amar aquele lugar. Anos depois, deram a seu primeiro filho o nome da trilha: Owen Dyar Swaisgood.

Desde então, diz Ron, ele descobriu todo um mundo novo. "Depois que me tornei pai, os últimos seis anos me proporcionaram mais experiências intensas e significativas do que meus primeiros quarenta anos sem filhos", diz ele. "Meus filhos reconectaram-me com a natureza num nível mais profundo do que nunca antes. Eles abriram meus olhos — os olhos de um ecologista treinado a lidar com animais! — para a natureza como eu nunca a vira antes, a não ser, talvez, na infância, mas disso não tenho lembrança."

Vinda de um homem com uma das melhores linhagens no universo da natureza, essa afirmação pode parecer surpreendente. Falando pouco e baixinho, de fácil convivência e entusiasmado, ele descreve algumas de suas aventuras passadas: como, na África, ele "quase se tornou parte da cadeia alimentar pela primeira vez" quando um rinoceronte avançou para ele e parou a alguns metros de distância, e quando um búfalo o perseguiu por entre as árvores; como, numa floresta tropical peruana, sentou-se fascinado enquanto animais passavam por ele "como ondas animadas", inclusive porcos selvagens de focinho branco "que resfolegam, revolvem a terra e batem as presas", e macacos-prego, "saltando de uma palmeira para outra". Hoje, porém, diz ele, "passo muito mais tempo observando diversos tipos de animais rastejantes. Meus movimentos tornaram-se mais lentos na natureza, o que me faz passar ainda mais tempo junto a ela".

A natureza acalma e abre os canais de comunicação, explica ele. "A natureza pode ser coexperimentada por pais e filhos de um jeito que não tem como acontecer na Chuck E. Cheese."*

Pessoas e lugares especiais: Teoria dos laços afetivos e da natureza

As famílias podem ser unidas, ao longo de gerações, por paixões compartilhadas pelo beisebol, por algum negócio familiar ou por outros interesses comuns — mas a natureza tem seu próprio poder. Que melhor maneira de fugir ao barulho constante e insuportável da vida moderna e ter a oportunidade de passar momentos agradáveis com outra pessoa do que um passeio pelas matas?

"As pesquisas não se voltaram especificamente para uma ligação entre a experiência ao ar livre e a qualidade das ligações afetivas entre pais e filhos, e sem dúvida os pais podem ser sensíveis e receptivos a seus bebês e filhos pequenos tanto dentro como fora de casa, mas, em muitos sentidos, o mundo natural parece estimular e facilitar a conexão e as interações sensíveis entre pais e filhos", segundo Martha Farrell Erickson, profissional da área de psicologia do desenvolvimento, diretora e membro-fundadora da Sociedade de Crianças, Jovens e Famílias da Universidade de Minnesota, além de especialista em teoria das ligações afetivas na psicologia infantil. Num artigo de 2009 para a Rede de Crianças e Natureza,

---

* Nome de uma cadeia de centros de entretenimento familiar. (N.T.)

ela escreveu: "Desenvolvendo-se gradual e lentamente no primeiro ano da vida de uma criança, a ligação afetiva entre pais e filhos é a primeira relação íntima da criança e, em grande parte, um modelo para todas as relações que virão a seguir".[1]

Os estudos sobre a importância da qualidade da ligação entre uma criança e seu primeiro cuidador, e o modo como isso diz respeito ao desenvolvimento posterior da pessoa, vêm se acumulando desde a década de 1960. Embora os cuidadores e outros adultos possam dar à criança um sentimento de segurança, a maior parte da responsabilidade por criar tal ligação recai sobre o primeiro cuidador — os pais, os avós ou as babás. Cerca de 70% dos bebês norte-americanos desenvolvem ligações afetivas "seguras", mas, para outros 30%, essas ligações são "inseguras" ou "ansiosas".[2] Nos termos da psicologia do desenvolvimento, a ligação positiva precoce depende de as crianças (e as mesmas crianças mais tarde, já adultas) perceberem o mundo como um lugar seguro, aprenderem a confiar e a gostar das pessoas que as cercam, terem capacidade de pedir aquilo de que necessitam e sentirem-se confiantes e entusiasmadas.

Desconectar-se de toda a parafernália eletrônica e levar o bebê "para o quintal, um parque ou uma trilha na natureza", escreve Erickson, pode eliminar a dispersão "e criar uma oportunidade para o que se costuma chamar de 'compartilhamento afetivo' — muitas exclamações de alegria e admiração diante dos raios de sol que as folhas de uma grande árvore deixam entrever, tocar a aspereza de sua casca e a maciez do musgo que reveste seu tronco, ouvir o som dos pássaros ou dos esquilos, sentir na pele uma garoa primaveril ou os primeiros flocos de neve em seu rosto".

O tempo passado na natureza ajuda tanto a criança como os pais a formar suas ligações afetivas, uma vez que reduz o estresse. "Ao seguirem juntas uma 'receita' de mais convívio com a natureza, as famílias descobrirão uma situação em que todos saem ganhando, com crianças e adultos beneficiando-se individualmente e estreitando os laços familiares que são tão importantes para as crianças (e para os adultos também)", diz ela. "Como a maioria dos adultos ainda tem muito a aprender sobre a natureza, essas experiências ao ar livre podem ser ocasiões para aprender com os filhos e *sobre os* filhos. A reciprocidade e o respeito mútuo que tais interações produzem são elementos importantes para o estreitamento das relações entre pais e filhos à medida que as crianças vão se aproximando da vida adulta." Quando as crianças crescem, "as possibilidades de compartilhar tanto aventuras como momentos de quietude ao ar livre multiplicam-se rapidamente".

No mínimo, essas ocasiões oferecem aos membros da família o grande presente das lembranças comuns. Michael Eaton, que é pai de família em Springfield, Missouri, lembra-se de um desses momentos: "Certa vez, depois de uma ceia natalina no campo, na fazenda de meus sogros, começou a nevar, mas mesmo assim eu e meu filho saímos para passear". Na floresta, deitaram-se de costas, "ouvindo o cair da neve, e pegamos no sono provavelmente por uns cinco minutos". Sete anos depois, ele ainda se lembra daquele dia. "Os melhores cinco minutos que passei com ele."

Para os pais, principalmente aqueles inúmeros adultos que se privaram dessas experiências na natureza quando ainda jovens, dar o primeiro passo para sair em direção a uma floresta pode parecer estranho. Por sorte, há uma grande variedade de lugares para procurar ajuda ou conselhos, inclusive manuais, sites na Internet e organizações voltadas para esse tipo de atividade. Sua família pode sair a passeio nas noites de lua cheia, contar histórias sobre aventuras passadas ao ar livre, observar pássaros ou outros animais ou vocês podem aprender juntos a encontrá-los. Vocês também podem fazer longas caminhadas no campo ou excursões para fotografar. Podem transformar em uma tradição familiar a Hora Verde (uma recomendação da National Wildlife Federation para ficar uma hora por dia ao ar livre).

Trabalhar em grupo na natureza é algo que também funciona. As famílias que cuidam juntas de uma horta enriquecem a própria alimentação e podem compartilhar parte de sua produção com os vizinhos ou fazer doações a um banco de alimentos. Nos espaços urbanos, elas podem fazer hortas em trechos de terra nos quintais, em terraços ou telhados com pouca inclinação. As famílias também podem colher frutos e bagas silvestres em sítios ou hortas e pomares abertos ao público. (Embora as famílias do meio rural tenham quase desaparecido nas últimas décadas, a agricultura orgânica e o movimento Slow Food* mantém a esperança de um eventual ressurgimento da agricultura familiar sustentável. Ligado a esse movimento, há outra maneira de aprofundar o convívio com a natureza.)

---

* Movimento que defende a conexão entre o prazer culinário e a sustentabilidade. (N.T.)

Louise Chawla, uma das maiores especialistas no impacto da natureza sobre o desenvolvimento humano, e a quem já fomos apresentados neste livro, descreve a necessidade "tanto de lugares especiais como de pessoas especiais", referindo-se às sugestões de Rachel Carson para ajudar os jovens a desenvolver uma relação positiva com a natureza. Os avós podem ser extremamente úteis. Eles quase sempre dispõem de mais tempo livre do que os pais, ou pelo menos têm horários mais flexíveis. A maioria dos avós guarda a lembrança de quando brincar ao ar livre era considerado normal, além de ser o que se esperava que os filhos fizessem. Eles vão querer transmitir essa tradição — e também sairão enriquecidos no processo. Martha Erickson concorda, a partir de uma perspectiva profissional e pessoal. "Ao longo dos anos, constatei que até mesmo pausas mais breves na natureza permitem que eu me acalme e me concentre quando estou tendo um dia particularmente difícil", escreve ela. "Sempre levo comigo um par de cadeiras de lona dobráveis no bagageiro do meu carro, o que me dá a possibilidade, nos dias mais difíceis, de sentar-me em minha cadeira durante alguns minutos, respirar profundamente e ficar mais tranquila em meio à natureza que me cerca. O motivo de eu levar 'um par' dessas cadeiras é que meu neto mais velho também adotou a ideia dessas 'pausas na natureza' e gosta de me acompanhar quando saio por aí sem destino certo."

Wileta Burch, que mora no norte da Califórnia e participa ativamente de um grupo chamado "Apaixonados pela Natureza", criou um ritual mais complexo para colocar seus netos em contato com os espaços naturais. Por cinco anos, ela e o marido passaram uma semana por ano com seus filhos e netos num chalé alugado em Bear Valley, na Califórnia. Seus três netos passavam muito tempo brincando no lago perto do chalé; o pai levava os filhos para escalar rochas, caçar lagartos, fazer excursões e pescar. Todo ano, quando chegava o momento de voltar para casa, Wileta levava os três netos para a mata, "para visitar as sequoias que eu havia descoberto; uma era o 'avô', a outra, a 'avó'. Sentávamos debaixo dessas magníficas árvores numa cerimônia de ação de graças pelos belos momentos que ali havíamos desfrutado juntos", recorda ela. "As crianças levavam pedras, folhas ou qualquer coisa que fosse especial para elas. Participavam da cerimônia com grande seriedade. Sei que os momentos que passamos nesse lugar de beleza natural e nossa expressão reverencial de gratidão deixaram uma impressão permanente nas crianças."

Burch acrescenta uma nota pessoal que confere uma dimensão extra à ideia de formar laços familiares por meio da natureza. Certa vez, sentada tranquilamente em seu jardim, ela teve "um sentimento muito claro de estar em família" — as árvores frutíferas, as flores, os arbustos e a relva eram parte de uma família completa "cujas energias estavam disponíveis se eu me tornasse receptiva à sua reconfortante presença". Fazia pouco tempo que seu marido havia sido diagnosticado com doença de Parkinson. "Ele costuma sentar ao ar livre para receber os raios do sol e as emanações curativas daquela 'família' vegetal. Não espera que vá se curar da dença de Parkinson, mas aceita calmamente que essa é mais uma etapa de sua jornada terrena."

Clubes familiares naturais

As famílias também podem formar laços afetivos com a natureza se procurarem se unir a outras famílias. Em 2008, recebi um e-mail de Chip Donahue, pai de três filhos e professor do ensino fundamental em Roanoke, Virgínia. Depois de ler *Last Child in the Woods*, Chip e sua mulher, Ashley, entraram em contato comigo e me disseram que haviam começado a passar a maioria dos fins de semana fazendo excursões em família e outras aventuras ao ar livre. Certo dia, seu filho de 5 anos perguntou: "Por que somos a única família que se diverte tanto assim?"

Nos dias de recesso escolar de Natal, os Donahue se sentaram e planejaram um período de aventura mensal para o ano seguinte, e decidiram convidar seus vizinhos para juntar-se a eles na primeira aventura. Para sua surpresa, cinco famílias que eles praticamente desconheciam apareceram para combinar o primeiro passeio. Estava tão frio naquele dia que os pais decidiram fazer trabalhos manuais em casa e ler histórias sobre a natureza para as crianças. Uma vez mais, uma garotinha de 4 anos teve uma ideia melhor. Ela se aproximou de Chip e disse: "Ei, senhor, quando vamos sair ao ar livre?". As famílias se agasalharam e saíram para um passeio. Hoje, saem sempre, faça chuva ou faça sol. "Depois de a notícia correr de boca em boca e de dois artigos em jornais locais, o número de membros do nosso clube aumentou para mais de seiscentas famílias", afirma Donahue.

As famílias inscritas se comunicam por e-mail, sites da web ou telefone para marcar as datas em que farão atividades ao ar livre. Algumas aventuras se resumem a pequenos passeios pelos arredores, outras arrebanham voluntários para trabalhar em projetos de recuperação do meio ambiente. Chip e Ashley oficializaram seu clube, batizando-o como "Jovens no Vale: Aventuras! [Kids in the Valley, Adventuring! (KIVA)]". "Todo mês enviamos um boletim informativo pela Internet, com uma lista de sugestões para as famílias saírem para se divertir, além de recomendarmos livros sobre o assunto", diz ele. As saídas para passear e os boletins são gratuitos. Tendo em vista a segurança e as ligações afetivas, ele enfatiza uma exigência absoluta: os pais ou os guardiões nunca devem deixar as crianças sozinhas. "Dizemos 'Fiquem juntos e criem lembranças comuns com seus filhos'." Há muitas outras razões — que funcionam tanto para os adultos como para as crianças — para participar de um clube da família na natureza:

- Ser membro do clube pode derrubar grandes barreiras, como o medo, pois a presença de muitas pessoas transmite uma sensação de segurança.
- Os clubes podem ser criados em qualquer bairro, seja no centro da cidade, nos subúrbios ou na região rural; eles criam um sentido de comunidade e de lugar.
- Qualquer família pode juntar-se a um clube ou criar o seu próprio.
- Uma grande motivação — é muito mais provável que você e sua família apareçam num parque numa manhã de sábado se vocês souberem que há outra família esperando por vocês.
- Conhecimentos compartilhados: muitos pais querem que seus filhos se apaixonem pela natureza, mas acham que não sabem muito sobre ela.
- E, mais importante que tudo, não é preciso esperar por financiamento. As famílias podem fazer tudo isso sozinhas, e fazê-lo aqui e agora.

A iniciativa Roanoke, que recebeu atenção nacional do *The Today Show*, da NBC, não é a única. Hoje, nos Estados Unidos, existe quase uma centena desses clubes. Um deles, em Rhode Island, criou um aplicativo para *smartphone* para facilitar os contatos entre as famílias. Um grupo de pais voluntários da Audubon Society do condado de Orange, Nova York, preocupados com o fato de que as trilhas locais vinham sendo paulatinamente esvaziadas, fundaram um clube gratuito chamado "Caminhantes da Natureza". Lorin Keel, um dos membros desse grupo, descreve uma experiência que pode ser contagiante: "Quando mostro a meus filhos algumas pegadas na neve e lhes pergunto de que animais são, estou ajudando-os a ser conscientes... Atravessar córregos exige coragem e bom planejamento. Oferecer sementes aos pássaros quando tudo está coberto de gelo é um ato de generosidade. A observação de como uma vespa enche as células subterrâneas com alimento para seus filhotes equivale a um exemplo de devoção. Cavar um buraco bem profundo requer estratégia e força... Saber como acender uma fogueira sem fósforos oferece segurança, assim como identificar com segurança o que é comestível ou não quando se está no campo ou na floresta".

Michele Whitaker, que há tempos era membro de um clube natural para pais e filhos, o Active Kids Club de Toronto, no Canadá, já fora uma pessoa cética quanto aos benefícios das temporadas junto à natureza. "Quando ouvi falar pela primeira vez sobre a importância de passar horas ou dias ao ar livre de vez em quando, achei que o que estava ouvindo era uma grande tolice. Se nada disso aparecia nos livros sobre 'paternidade responsável' que eu conhecia, era impossível que tivesse alguma importância." Ela se associou ao Active Kids Club com sua filha, que havia se tornado amiga do fundador do clube, e pretendia estimular esse relacionamento. "Aí começamos a sair ao ar livre. Não nos faria mal algum, então por que não experimentar? Saíamos uma vez por semana, pouco importando como estava o tempo. E naqueles dias percebi que minha filha dormia melhor e tinha mais apetite. Notei que eu também dormia melhor e que meu humor havia melhorado muito." Sobretudo nos meses de inverno, as coisas estressantes pareciam menos importantes, tanto para Whitaker como para sua filha, depois de terem estado em contato direto com a natureza. "Hoje, sair ao ar livre é uma prioridade para nós. Minha filha adquiriu confiança em si mesma e lida perfeitamente bem com suas aptidões. Só lamento não termos começado antes."

A maioria dos organizadores dos clubes familiares naturais enfatiza que o enfoque principal deve ser a brincadeira independente — o que importa é a experiência, não a informação. Contudo, será que o conceito mesmo de um "clube" não entra em contradição com a brincadeira independente? Chip e Ashley Donahue não pensam assim. Quando eles começaram a levar seus filhos para aventuras na natureza — antes da criação do clube —, as crianças reclamavam muito e ficavam coladas a eles. Porém, quando outras famílias começaram a juntar-se a eles, as crianças se separaram dos adultos, deixaram de reclamar e começaram a se divertir muito por conta própria.

Bethe Almeras, outra mãe que tem conseguido equilibrar a necessidade de proteção com a necessidade de seus filhos brincarem independentemente, vê a si própria como uma "mãe beija-flor", e não como uma "mãe helicóptero". "Tendo a ficar fisicamente distante, para deixá-los explorar e resolver seus problemas, mas nunca estou longe quando a segurança está em jogo (o que quase nunca acontece)."

Em San Diego, Janice e Ron Swaisgood, inspirados pela tendência dos clubes familiares naturais, criaram seu próprio clube: Aventuras Familiares na Natureza [Family Adventures in Nature, FAN]. Desde então, esse clube gerou novos clubes por toda a cidade. Ron descreve uma cena em que várias famílias se encontraram pela primeira vez num cânion cheio de eucaliptos perto de suas casas na cidade. Mal desceram dos carros, as famílias saíram das trilhas. "Seguíamos o curso do regato, observando o caos criado por uma tempestade recente — árvores caídas, raízes para cima (criando maravilhosas pequenas cavernas sob elas) e pilhas de escombros deixados para trás pelas águas enfurecidas", lembra-se Ron. O filho mais velho dos Swaisgood "olhou-se de cima a baixo para ver se não havia manchas de barro em suas roupas". As crianças construíram represas e usaram pedaços de pau para escavar a terra. "O que mais me surpreendeu foi o sentido de comunidade, comunicação e objetivos comuns que surgiram rapidamente. Os pais intercediam para ajudar as crianças ou vivenciar a natureza com elas, sem nenhum interesse em saber se compartilhavam ou não o mesmo DNA delas."

Uma das características mais atraentes da natureza, diz ele, "é a 'pegada' social que propicia" — o modo como une os adultos com uma intensidade que nem sempre existe em outros tipos de reunião.

Durante as saídas com o clube da família na natureza, Ron fica impressionado com a qualidade das conversas dos adultos. Em outros contextos, quando as famílias se reúnem socialmente, "ou os pais só dizem coisas de adulto o tempo todo e praticamente ignoram as crianças, ou se concentram nelas e não entabulam nenhuma boa conversa adulta". Os adultos conversam de modo diferente durante as saídas com o clube da família na natureza. "O que mais me surpreende é o modo como, debaixo dos eucaliptos, as conversas passam facilmente de um assunto a outro, ora tratando da alegria das crianças por estarem ali, ora versando sobre temas adultos 'inteligentes'. Já perdi a conta do número de vezes em que percebi que conheço muito melhor as pessoas numa floresta do que em reuniões sociais."

O guia do excursionista para a vida e o romance

As crianças não são um requisito básico para vivenciar a capacidade que a natureza tem de estreitar vínculos afetivos entre as pessoas. Como aconteceu com os Swaisgood, Jonathan Stahl e Amanda Tyson, que estreitaram suas relações entre si, com os amigos e com sua comunidade — uma coisa por vez.

Antes de conhecer Amanda, Jonathan já estava familiarizado com as propriedades aproximadoras da natureza. "Eu, um ansioso aluno de primeiro ano em Nova Jersey, que nunca havia pegado uma mochila para excursionar, dei meus primeiros passos com um grupo de estranhos que tinham muita coisa em comum", conta Stahl. "Acima de tudo, todos nós queríamos fazer novos amigos antes de ir para a faculdade e, em geral, gostávamos muito de estar ao ar livre. Na época, não me dei conta do impacto profundo e duradouro que o programa de atividades ao ar livre da Universidade de Vermont exerceria sobre mim, para não mencionar sua influência sobre minha trajetória profissional."

Os programas pré-universitários que orientam os jovens a conviver com a natureza têm o objetivo de facilitar a transição do ensino médio para a faculdade, explica Stahl. "Mais ou menos dez de nós, incluindo os dois estudantes líderes, excursionamos, acampamos e trabalhamos em equipe durante cinco dias, ao mesmo tempo que explorávamos a parte mais setentrional da maior trilha para caminhadas de Vermont, a Long Trail." Mais tarde, na Universidade Massachusetts-Amherst, ele coordenou um programa de orientação na natureza, o SUMMIT, que organizava aventuras ao ar livre para ajudar os estudantes a adquirir "as habilidades de que precisariam para saber agir quando estivessem na natureza selvagem *e* também numa grande universidade pública".

No caminho, conheceu Amanda, com quem se casaria. Como "nossa aventura de noivado, ou 'orientação natural para o casamento'", como diz Jonathan, ele e Amanda resolveram excursionar pela Grande Trilha do Espinhaço.* Durante essa viagem, tiveram tempo para refletir sobre o que haviam aprendido — em particular sobre seu relacionamento — e foram postando suas ideias em seu blog de viagem. Entre outras coisas, aprenderam que os planos meticulosamente traçados acabam sendo modificados pelo acaso. Aprenderam a "viver em harmonia com seus corpos e saber quando era hora de beber, descansar, comer etc.". Aprenderam a compartilhar... tudo! Aprenderam que "muitos alimentos que supostamente devem ser comidos quentes na verdade ficam muito bons comidos frios, com exceção, segundo Amanda, dos ovos liofilizados". Amanda aprendeu a ter seus pertences sempre à vista e a não "perdê-los à luz da lua". E noite após noite, quando procuravam um novo lugar para estender sua ecomanta,** eles aprenderam que, estivessem onde estivessem, "enquanto estivermos juntos, nos sentiremos em casa".

Excursionar a pé por cerca de 3 mil quilômetros não é uma grande ideia para qualquer casal. O serviço de quarto também tem seu encanto romântico. Porém os benefícios provenientes daquela longa jornada e a força que deu a seu casamento recente compensaram muito a falta de conforto. Tenham ou não filhos algum dia, eles aguardam com ansiedade o caminho que terão pela frente, como diz Jonathan, e querem aprender mais "sobre nossa relação conjunta, sobre cada um de nós individualmente e sobre a Terra".

---

* Pacific Crest Tail. Percurso que se estende da fronteira dos Estados Unidos com o México até sua fronteira com o Canadá. (N.T.)

** O antigo termo "lona plástica" foi substituído por "ecomanta". Entre suas inúmeras aplicações, serve como forração e cobertura para acampamentos. (N.T.)

QUARTA PARTE

A Criação de um Éden Cotidiano

Alta Tecnologia e Natureza Exuberante
Planejam o Lugar em que Vivemos, Trabalhamos e nos Divertimos

Uma morada maravilhosamente concebida,
para que a vida a ocupe em amor e repouso;
Tudo que vemos — é cúpula ou abóbada, ou ninho
ou fortaleza, erguidos pela sábia ordem da Natureza.
— William Wordsworth

Capítulo 13

O Princípio da Natureza em Casa

Muito Além do Feng Shui

A natureza não é um lugar para se visitar — é nossa morada.
— Gary Snyder

O JARDIM DA CASA DE KAREN HARWELL só tem cerca de 180 metros quadrados, mas ali há patos, uma colmeia, dezoito arvorezinhas frutíferas, uma horta de legumes orgânicos, lugares tranquilos para sentar, ler e pensar, e muitos adolescentes na vizinhança. Eles vão visitar Summer, o cachorro, sentam-se diante da jaula dos coelhos, pegam-nos pelo rabo e praticam essa forma ancestral de comunicação: a conversa.

"Acordo de manhã, ponho uma camisa sobre o pijama e saio com Summer pela porta da frente para caminhar pelo jardim *observando* coisas. É um jeito maravilhoso de começar o dia", me disse Harwell enquanto eu andava com ela por sua pequena "chácara". De alguma maneira, ela ordenou tudo de modo a parecer que aquilo ali é um grande espaço aberto.

Harwell, que já fez 60 anos, é muito famosa na Área da Baía de São Francisco por ser líder de uma organização internacionalmente conhecida, a Exploring a Sense of Place [Explorar o Sentido dos Lugares], que leva grupos de pessoas a excursionar e conhecer profundamente seu ecossistema local, o que contribui para enriquecer suas vidas. Ela me lembra, porém, que também é possível explorar a natureza em casa. "Venha cá e vou apresentá-lo aos patos", disse-me ela. Ela chamou sua mistura de jardim e horta de Dana Meadows Organic Children's Garden [Horta Orgânica Infantil Dana Meadows], em homenagem a uma de suas heroínas, a falecida Donella (Dana) Meadows, que escreveu o livro *Limits to Growth*, fundou o Instituto de Sustentabilidade e ajudou a construir uma ecovila* e uma chácara em Vermont.

Três patos passaram gingando por nós. Originalmente, Harwell pretendia comprar galinhas, mas os patos também botam ovos — e ela acha que eles têm mais personalidade. Ao entardecer, como se fosse o flautista de Hamelin, ela os leva para o outro lado da casa, onde passam a noite numa espécie de galinheiro que os mantém a salvo das investidas dos guaxinins. Durante essa breve caminhada, andei pisando em excremento amarelo dos patos. "Nós os chamamos de 'fertilizantes de ouro'. Por que você acha que temos árvores frutíferas tão viçosas?" Na base de uma das árvores, vi um cesto cheio de tamancos de plástico colorido. "Esses tamancos estão aí por causa dos patos. As crianças os usam quando estão por aqui. Não queremos que entrem em casa e andem pelos tapetes com os pés cheios de caca."

A riqueza da vegetação e a variedade de alimentos produzidos numa propriedade tão pequena é impressionante: peras, figos, nectarinas, três tipos de milho, pepinos, berinjelas, feijão-de-lima, melões, abóboras, rabanetes, cenouras, girassóis, framboesas, mirtilos, laranjas, abacates, ervas, alface, espinafre, batatas, brócolis, couves-flores, repolhos e morangos. No que ela chama de seu "jardim florestal" há plantas nativas como a trepadeira-elefante, a papoula-da-califórnia e a ameixeira-brava. A única colmeia produziu este ano a impressionante quantidade de aproximadamente 220 quilos de mel. Ela tira quase todo o seu sustento do jardim; o que falta vem de um mercado numa das propriedades vizinhas. "Minha alimentação consiste basicamente em produtos da estação", disse ela.

Harwell acredita que deve cultivar o máximo possível do que come, poupar energia em casa e usar material reciclado. "Todos os bancos e o pátio são feitos de madeira recuperada de Wholehouse Lumber."

Estávamos sentados ao sol da Califórnia num banco de madeira de sequoia reciclada. Um telhado de ripas e dois painéis solares fornecem eletricidade e es-

---

* Modelo de assentamento humano sustentável. (N.T.)

quentam a água. "Não fosse a bomba para encher o tanque, eu não teria nenhum gasto com eletricidade, o que significa que minha conta mensal é irrisória: cerca de nove dólares."

O comedimento no uso de energia faz parte daquilo que constitui uma casa capaz de suster-se por si própria, mas há algo de que Harwell realmente se sente orgulhosa: o impacto sobre a vizinhança, em particular sobre as crianças. Começando com Margot, que hoje tem 14 anos. "Ela e seu irmão Bowen foram as primeiras crianças que começaram a vir aqui. Os dois ensinaram os patos a nadar. Quando construí o tanque, eu colocava os patos na água, mas eles sempre pulavam fora, como se dissessem 'Socorro! Socorro! O que é que você pensa que somos? Patos?'. Então Bowen pegou o pequeno macho Webber e, segurando-o delicadamente, colocou os pés dele na água para que ele a sentisse, até que ele começou a nadar. Os outros patos ficavam olhando ali por perto, como se estivessem pensando: 'Parece que Webber está gostando disso'."

Quando as mudas de plantas estão prontas para a semeadura, Harwell explica às crianças da vizinhança: "As sementes são como bebês, é preciso tomar conta delas". De manhã, tira uma carriola com mudas da garagem, leva-as para um espaço ensolarado e deixa alguns regadores por ali. A caminho da escola e na volta para casa, as crianças param e regam as pequenas mudas.

As crianças da vizinhança sabem que a Horta Orgânica Infantil Dana Meadows é a horta delas. Quando Harwell as chama para ajudar a colher espinafres, elas vêm e às vezes trazem os pais. "Se quiser me seguir por aqui", disse-me Harwell, "vou lhe mostrar o que meus vizinhos estão fazendo. Está vendo aquela aleia? Ali há limoeiros. Mais adiante, plantaram tomates." A filosofia de Harwell está se espalhando por toda a comunidade, exatamente como os talos de trepadeiras — como a mandioca de sua horta nem tão secreta assim. Como pode ver quem quer que por ali passe, uma casa revitalizadora não é apenas um belo edifício. Ali, o verdadeiro dom é o capital social humanidade/natureza.

Harwell também leva o exterior para dentro de casa. Ali, está sempre cercada por coisas que nos remetem à biofilia, ao seu amor à vida: uma coleção de patos empalhados, pôsteres de pássaros, vasos de plantas. Os praticantes das atividades biofílicas ou autossustentáveis nos sugerem que esses detalhes, por menores que sejam, realmente criam uma sensação de conforto psicológico.

Casas e hortas autossustentáveis

Ela poderia ter feito coisa melhor. Em Connecticut, um *designer* de interiores decorou a sala com pé-direito duplo de sua casa em estilo rústico com oito troncos de abeto.[1] Tom Mansell, editor e produtor de vídeos de Ann Arbor, Michigan, enche sua casa de sons da natureza que ele mesmo gravou.

O interesse atual por casas renaturalizadas pode estar ligado, em parte, à popularização do *feng shui*, uma antiga disciplina chinesa com raízes no taoismo à qual alguns *designers* recorrem quando refazem algum espaço para pessoas vivas ou mortas, tendo em vista a criação de um bom *qi*, a energia vital circulante que, segundo a filosofia chinesa, está presente em todas as coisas. Um "lugar perfeito" é uma localização e um eixo no tempo em que a orientação de uma estrutura e seu interior maximizam a boa energia que emana do ambiente circundante, inclusive a inclinação do terreno, a vegetação, a qualidade do solo e o microclima.

Hoje assistimos ao ressurgimento de uma antiga disciplina muito parecida, uma filosofia indiana chamada Vastu Shastra, ou simplesmente Vastu, palavra do sânscrito que se traduz aproximadamente por "energia", com suas próprias normas de organização. (Não coloque seu quarto no extremo sudoeste da casa; é ali que residem os elementos perturbadores do fogo. Você terá problemas para dormir.)

Como tantas outras pessoas, sou cético quanto a qualquer proposição que pareça exigir um anel sagrado para sua decodificação. Mas não é preciso ter nenhuma devoção a Vastu para ter uma casa revitalizadora. Tampouco é preciso comprar painéis de alta definição visual para decorar as paredes com montanhas tibetanas.

O mercado de recuperação natural da moradia está crescendo. As vendas de artigos de decoração "natural" ecossensíveis estão florescendo. Uma empresa de vendas por catálogo chamada Viva Terra, por exemplo, oferece móveis feitos com galhos não tratados, um "toucador de época" de madeira de abeto reciclada, cestos de roupas sustentáveis de bambu entrelaçado, tamboretes rústicos individualmente talhados em madeira de abeto chinês. Uma das técnicas mais intrigantes e cada vez mais populares para a renovação das casas é o jardim vertical interno ou externo, com sistemas de irrigação por gotejamento e grades e painéis para o plantio. Uma empresa canadense chamada Nedlaw Living Walls fabrica "paredes vivas" para interiores, de fícus, hibiscos, orquídeas e outras plantas. O método, inicialmente desenvolvido para preservar a vida humana e melhorar a qualidade do ar durante longas missões espaciais, mostrou-se capaz de remover até 80% de formaldeído, além de outras substâncias tóxicas, do ar em espaços fechados. De início, a empresa se especializou em criar paredes vivas para edifícios comerciais, mas hoje o mercado residencial está a todo vapor. Um dos motivos pode ser a maior consciência do público acerca da má qualidade do ar que circula dentro de suas casas. As paredes vivas têm seus problemas, inclusive os insetos, que precisam ser controlados por meios orgânicos, assim como a maior umidade, que provoca o aparecimento de mofo. Nem todos os cientistas especializados na qualidade do ar acreditam que as plantas internas sejam filtros de ar eficazes. Ainda assim, muitas pessoas dizem que o impacto positivo sobre o humor e a sensação de bem-estar supera os aspectos negativos, que podem ser controlados.

Para os usuários individuais e algumas empreiteiras, a filosofia incipiente do projeto de moradias que combinam alta tecnologia com "alta natureza" inclui a economia energética, o uso de materiais inofensivos ao meio ambiente e a aplicação de princípios biofílicos que promovem a saúde e a energia humana, além da beleza do ambiente.

Uma casa híbrida pode ter cisternas coletoras de água da chuva, um teto verde superisolado que pode durar oito anos, talvez paredes de fardos de palha que durem um século. Acrescente-se a essa lista de possibilidades vigas recicladas, alvenaria de madeira (madeira unida com argamassa de barro), cimento misturado com pasta de papel reciclado e betão celular. Essas casas são tão eficientes do ponto de vista energético que geralmente não precisam de ar-condicionado. Ao mesmo tempo, as características de alta tecnologia de uma casa híbrida podem incluir um sistema de aquecimento geotérmico que aproveita a constância da temperatura do solo, painéis solares que produzem eletricidade para a iluminação e os computadores, luzes fluorescentes que se autorregulam por meio de sensores nas janelas, mecanismos instalados nos vidros de janelas e portas para impedir a entrada de pássaros, interruptores de luz sensíveis ao movimento, torneiras e distribuidores de sabão líquido regulados por sensores, mictórios sem água nos banheiros e caixas de descarga que economizam água, e painéis solares incorporados a claraboias ou montados sobre espelhos d'água, talvez um sistema natural de tratamento das águas residuais que inclua um jardim aquático. A empresa Total Habitat, de Bonner Springs, Kansas, é uma das muitas que atualmente fabricam "tanques naturais" que não precisam de cloro, como os europeus começaram a chamá-los há duas décadas. Esses tanques, que podem ser revestidos de borracha ou polietileno, são limpos por mecanismos de regeneração: plantas aquáticas, rochas, cascalho solto e bactérias inofensivas que agem como filtros d'água. Os tanques naturais podem ter aspecto moderno ou rústico, mas, quando há seixos e plantas nativas ao seu redor, além da ausência de cloro na água, temos um benefício adicional para a saúde e o bem-estar humano.

Vastu virtual

Em algumas cidades, as leis de zoneamento proíbem claraboias com mais de um metro quadrado, de modo que a Sky Factory, uma empresa de Fairfield, Iowa, vende painéis de teto que reproduzem todo o espectro da luz natural; programas de computadores mudam a luminosidade, criando a ilusão de que o céu vai passando do alvorecer ao crepúsculo. A empresa oferece uma linha de panoramas virtuais destinada a promover a saúde e o bem-estar em casas, hospitais e cassinos — e o que mais você imaginar. A Sky Factory descreve sua marca registrada Sky Ceiling como "ilusões autênticas de um céu real", incluindo demonstrações de mudanças de nuvens e estações, a luz e a cor da alvorada e do entardecer, e até mesmo uma revoada de pássaros sobre nossa cabeça. Um Vastu virtual levanta algumas questões.

O pesquisador Peter Kahn e seus colegas da Universidade de Washington compararam o modo como as pessoas reagem quando trabalham em três salas distintas: uma delas com uma janela verdadeira que oferece uma visão real da natureza; outra com uma tela de alta definição que mostra uma cena natural "ao vivo"; e outra com paredes totalmente vazias. As pessoas que puderam observar a paisagem natural apresentaram os mais altos índices de recuperação fisiológica, mas também se observou que a sala com a tela de alta definição é mais revitalizadora do que aquela que nada tinha nas paredes. No livro *Technological Nature*, de Kahn, um participante faz um comentário sobre a experiência "natural" com a tela de alta definição: "Essa janela me leva para qualquer parte do mundo, mas não consigo sentir os cheiros e os perfumes de nada... Portanto, as imagens são apenas imagens. Não é como se a gente estivesse lá, mas também não fica muito longe disso".[2] Outro participante lamentou a retirada da "janela" da tela de alta definição. "Sinto falta de poder relaxar um pouco olhando para o que se passa lá fora... Simplesmente olhar para o mundo exterior e poder ficar pensando em coisas diferentes por algum tempo. Para mim, esse talvez tenha sido o maior prazer."

Contudo a janela de alta definição em tempo real de Kahn não "resolveu o problema da paralaxe,* isto é, as imagens não se alteravam quando a pessoa se movia ao redor da tela". Talvez ainda precisemos de décadas para resolver o problema da paralaxe. Porém, mesmo sem esse salto tecnológico, essas janelas poderiam tornar-se algo de uso corrente em casas e escritórios do futuro. Criar essas "janelas" para a natureza não é exatamente algo eficiente ou prático — ainda. Alguns países europeus têm leis que proíbem os escritórios sem janelas. As janelas virtuais poderiam resolver o problema. E, à medida que a oferta de natureza *real* tornar-se menor (pensando em termos comerciais), aumentará a procura por janelas tecnológicas. Não muito depois da publicação de *Last Child in the Woods*, uma empresa começou a vender o que chamava de "cura do transtorno de déficit de natureza" — protetores de tela com imagens da natureza. Se os humanos continuarem a destruir a natureza, os *designers* irão "eliminar cada vez mais o que resta da natureza em nossas cidades", segundo Kahn, e as vantagens da natureza real "ficarão mais distantes de nós com o passar do tempo. Não podemos permitir que isso aconteça".

O objetivo principal deveria ser a eliminação da barreira entre o interior e o exterior. A psicóloga ambiental Judith Heerwagen adverte: "Em sua maioria, as paisagens se destinam a ser bonitas quando vistas de fora, mas é preciso cuidar para que elas criem belos panoramas quando vistas a partir do interior".[3] A paisagem pode ser uma floresta ou outro espaço natural: um regato, um lago, um rio. Os criadores de jardins chineses e japoneses já dominam esse tipo de traçado paisagístico há muito tempo. Para os que moram em cidades e dispõem de espaços pequenos, os bonsais ou variedades de árvores anãs podem transformar pequenas sacadas e peitoris de janelas. Nesses casos, jardins nas lajes de cobertura

---

* Deslocamento aparente de um objeto quando se muda o ponto de observação. (N.R.)

das casas ou um telhado verde* podem criar uma zona vital que ligue o interior com o exterior.

Quando a famosa arquiteta de orientação biofílica Gail Lindsey e seu marido projetaram e construíram sua própria casa, estavam preocupados com a eficiência energética, mas seu objetivo principal era criar um lugar que lhes trouxesse paz de espírito e proporcionasse saúde, felicidade e beleza. Perguntei a Lindsey que conselho ela daria às pessoas que constroem uma casa nova ou reformam a antiga, e ela me disse o seguinte: situar a casa em sincronia com os movimentos do sol, de maneira que a hora de dormir e de acordar estejam de acordo com a luz disponível; usar materiais locais sempre que possível, para levar para o interior da casa a natureza da região; colocar janelas grandes na parede que dá para o sul para aproveitar o calor do sol, mas também para ter acesso contínuo à paisagem ao redor; usar ventilação natural, com janelas devidamente instaladas e ventiladores no teto. "Em nossa casa, as janelas geralmente permanecem abertas; meu marido pode desfrutar da massa sonora que vem do coaxar dos sapos e do canto dos insetos do regato", disse ela. "Quando a primavera se aproxima, ao anoitecer, ele vai para o terraço para ouvi-los. Quando chega o verão, nossas plantas de dentro de casa procuram o sol e se esparramam pelos terraços, que nos servem de 'dependências' externas, compartilhadas com pássaros e outros vizinhos silvestres."

Uma revolução no jardim dos fundos

Por mais que eu admirasse o quintal de Karen Harwell, parecia-me faltar-lhe algo de mais agreste. O que podemos fazer para que os jardins suburbanos ou urbanos possam conter (paradoxalmente) mais natureza vicejante e selvagem?

O Centro Natural Morrison-Knudsen, localizado numa comunidade urbana de Boise, Idaho, sugere algumas possibilidades bastante criativas. Boise é uma dessas cidades em que a natureza é extraordinariamente acessível. Há grandes rios com trutas e manadas de alces a menos de vinte minutos de carro do centro.

---

* "Jardim nas lajes de cobertura" (roof garden) também pode ser traduzido como "terraço-jardim", "jardim suspenso" ou "ecojardim". Esse terraço pode, de fato, conter um jardim na cobertura do edifício que será usado como espaço de convivência e lazer. No caso do "telhado verde" (green roof), que muitas vezes se traduz como "telhado ecológico", a técnica consiste na aplicação e no uso de um substrato muito leve e durável que, por reproduzir a espessura de metros de terra, permite a plantação de arbustos, árvores e hortas. (N.T.)

O centro natural foi construído numa área de pouco menos de dois hectares ao longo do cinturão verde do rio Boise, perto do centro, que inclui um passeio pelos regatos e um miniparque perto do rio. O centro de informações tem um salão com uma parede de vidro através da qual os turistas podem apreciar uma parte da natureza de Idaho.

Certo dia em que eu estava ali, senti-me transportado para outro mundo. Observei as trutas nativas através de uma janela para visão subaquática. Acima e abaixo havia ratos almiscarados e pássaros locais, e disseram-me que às vezes por ali passavam cervos e alces. Uma ideia e uma pergunta não me saíam da cabeça: primeiro, aquela sala com suas cenas ao vivo é muito superior à TV; segundo, seria possível estruturar um bairro ao redor de uma área natural recuperada? As empreiteiras que constroem os bairros de classe média deveriam dispor as casas de maneira agradável e sensível, perto de corredores naturais, com o panorama da natureza visível desde as janelas, paredes de vidro e varandas. Eu pensava com meus botões: haveria um jeito de fazer isso em bairros novos ou já desenvolvidos sem prejudicar as plantas e a fauna silvestre?

Em Seattle, meus amigos Karen Landen e Dean Stahl desfrutam de uma versão em miniatura disso. Karen passou a se interessar de fato pelos pássaros na década de 1970, quando foi visitar seus avós em Florida Keys, onde pelicanos--alcatrazes nadavam no canal bem atrás da casa, e uma garça vinha até a porta para implorar que lhe dessem peixe. Numa visita aos Everglades, ao fotografar uma grande garça-real, sua transformação tornou-se completa. "Tive uma sensação que só sei definir como a de quem se apaixona, o que fez de mim uma amante de todas as aves. Anos depois, passeando uma noite por nosso jardim em Seattle, cercada por uma densa neblina, subitamente senti uma presença. E então percebi o que era. Eram pássaros que dormiam nas sebes e nas árvores, impossíveis de ver. Ocorreu-me então que eles vivem ao redor de nós, mas não exatamente conosco — quase num universo paralelo —, a menos que você procure vê-los. Os pássaros têm uma constituição física tão maravilhosa, são tão misteriosos e cheios de vida que não consigo deixar de contemplá-los."

O quintal dos fundos dessa família é igual a tantos outros quintais urbanos, a não ser pelo fato de Dean ter plantado árvores que atraem pássaros, e essas árvores e arbustos nunca são podados e crescem como cresceriam no mato.

Durante décadas, esse bairro com terrenos ainda desocupados e cheios de amoras-pretas serviu de moradia para umas vinte codornas de uma única ninhada. Elas andavam por ali, reproduziam-se, criavam seus filhotes e às vezes se tornavam presas de gatos e falcões, mas seu número permanecia estável. Então, certo mês de março, a ninhada se reduziu a duas pequenas fêmeas. "Uma delas passou dois meses cantando nos telhados em busca de um companheiro e então desapareceu", disse Karen. "Em maio, quando já havíamos desistido de encontrá-la, eis que chega do norte uma fêmea com um macho e uma ninhada. O macho morreu logo depois. A fêmea criou os filhotes sozinha. Como muitos de nós sabíamos que aquela era a última oportunidade de termos codornas por ali, tentamos descobrir o que seria possível fazer." Karen e uma amiga escreveram uma carta a 144 vizinhos que começava assim: "Para muitos de nós, a codorna é o símbolo deste bairro". A campanha gerou um movimento de "vigilância de codornas" que ajudou a proteger os filhotes daquela ninhada por mais dois anos. Hoje, as aves já se foram, mas sua presença deu a muitos vizinhos um motivo para aprender mais sobre a vida selvagem que há ali, do outro lado da janela, e a acolher cordialmente sua companhia.

Haverá quem rejeite essas ideias considerando-as compaixão equivocada ou romantização da natureza. Mas é preciso ter sempre em mente que compartilhamos nosso pedaço de terra com vizinhos não humanos. Em seu livro *About Looking*, o crítico de arte John Berger escreveu: "Os animais entraram em nossa imaginação primeiro como mensageiros e promessas". Até o século XIX, "o antropomorfismo era fundamental na relação entre o homem e os animais, além de ser uma expressão de sua proximidade". Hoje, o fato de termos nos separado tão profundamente dos outros animais esvazia-os, aos nossos olhos, de "experiências e segredos".[4] E esvazia a nós também.

Doug Tallamy jamais poderia ser acusado de engajamento com o antropomorfismo, mas ainda assim antevê mensagens de um meio ambiente em perigo. A fragmentação e a degradação dos *habitats* estão perturbando as rotas migratórias de pássaros e borboletas e diminuindo a biodiversidade, mas Tallamy acredita que podemos fazer alguma coisa para reverter essa tendência, e fazê-lo a partir dos nossos quintais. Tallamy, professor e chefe do Departamento de Entomologia e Ecologia da Vida Selvagem na Universidade de Delaware, é um homem discreto que propõe uma ideia radical: a promessa do renascimento da biodiversidade norte-americana em nossos jardins e hortas. "Minha mensagem essencial é que, a menos que recuperemos as plantas nativas de nossos ecossistemas suburbanos, o futuro da biodiversidade nos Estados Unidos pode estar com os dias contados." Ele ameniza essa sombria predição com duas afirmações otimistas: "Em primeiro lugar, ainda não é tarde demais para salvar a maioria das plantas e dos animais que mantêm os ecossistemas dos quais nós próprios dependemos. Em segundo lugar, recuperar as plantas nativas na maioria das paisagens dominadas pelos seres humanos é algo relativamente fácil de fazer". Pela primeira vez na história, diz ele, "a jardinagem assumiu um papel que transcende a necessidade do jardineiro. Goste-se ou não, os jardineiros se tornaram indispensáveis para a manutenção da fauna e da flora do nosso país. Agora, está nas mãos dos jardineiros particulares a concretização de um sonho: 'fazer a diferença'. Nesse caso, a 'diferença' seria a influência exercida sobre o futuro da biodiversidade, das plantas e dos animais nativos da América do Norte e dos ecossistemas que os mantêm vivos".

O empenho de Tallamy traz-me à lembrança o trabalho de Michael L. Rosenzweig, um ecologista que fundou e desenvolveu o Departamento de Ecologia e Biologia Evolutiva na Universidade do Arizona, Tucson. Em seu livro *Win-Win Ecology*, ele popularizou o termo ecologia de reconciliação, que ele define como "a ciência de conceber, criar e manter novos *habitats* para preservar a diversidade de espécies nos lugares onde as pessoas moram, trabalham ou passam suas horas de lazer". Depois de analisar dados de todo o mundo, Rosenzweig descobriu a existência de uma relação direta entre o desaparecimento de espécies e a perda de *habitats* nativos.[5]

Em geral, quando os paisagistas recomendam o uso de espécies de plantas nativas, o objetivo pode ser conservar água, salvar plantas nativas ou substituir as comuns por outras novas. Tallamy sugere mais uma motivação: salvar insetos, o que também significa salvar a flora e a fauna que dependem deles como fonte de alimento. Sua insistência nesse procedimento provém da história de uma descoberta que ele mesmo fez.

No ano 2000, Tallamy e sua mulher mudaram-se da cidade para um sítio de pouco mais de 40 quilômetros quadrados no sudeste da Pensilvânia, uma área que fora cultivada durante séculos antes de ser subdividida. "Conseguimos nosso espaço rural, mais ou menos, mas não tinha nada a ver com o pedaço de natureza que estávamos procurando", lembra ele. "Como muitos 'espaços abertos' neste país, pelo menos 35% da vegetação de nossa propriedade (sim, fiz esse cálculo) consistia em espécies de plantas agressivas de outro continente, que estavam substituindo rapidamente as nossas próprias." Ele e sua família tomaram para si o objetivo de retirar as plantas forasteiras e substituí-las por espécies florestais que perdem as folhas na estação seca ou no inverno, aquelas que haviam se desenvolvido ali durante milhões de anos. Quando começaram a remover as oliveiras de outono, as madressilvas japonesas e plantas provenientes de outras partes do mundo, que são extremamente agressivas e se espalham com espantosa rapidez, ele notou algo estranho. Nenhuma das plantas havia sido danificada por insetos, enquanto a flora nativa — áceres-vermelhos, carvalhos-dos-pântanos, cerejeiras--pretas e outras — tinham obviamente servido de alimento para muitos insetos.

Alguns poderiam pensar que isso significa uma desvantagem para as plantas nativas. Tallamy, porém, intuiu algo diferente. "Era alarmante porque sugeria uma consequência da invasão de espécies não originárias do país em toda a América do Norte, e que nem eu nem ninguém, como descobri depois de pesquisar periódicos científicos, havíamos levado em consideração. Se nossos insetos nativos não podem (nem poderão no futuro) usar plantas forasteiras como alimento, então as populações de insetos nas áreas com muitas plantas não nativas serão menores do que as populações em áreas onde predominam as espécies nativas." Como tantos animais dependem da proteína de insetos, "uma terra sem insetos será uma terra sem a maioria das formas de vida superior". Em outras palavras, um horizonte de eventual esterilidade. Tallamy enfatiza que "os ecossistemas terrestres dos quais nós os humanos dependemos para a continuidade de nossa existência deixariam de funcionar sem nossos amigos de seis patas".

E. O. Wilson chama os insetos de "as coisinhas que põem o mundo para funcionar".

A menos que mudemos os lugares onde moramos, trabalhamos e nos divertimos "para atender não apenas às nossas necessidades, mas também às de outras espécies", afirma Tallamy, "quase toda a fauna e a flora nativas dos Estados Unidos desaparecerão para sempre". Ele insiste em dizer que isso não é mera especulação, mas uma previsão baseada em décadas de pesquisas ecológicas sobre a necessidade da biodiversidade. Contudo, o que as previsões não levam em conta é a possibilidade de aumentar o número de espécies que coabitam conosco. Incontáveis espécies, diz ele, "poderiam viver conosco de maneira sustentável, bastando apenas que, para isso, redesenhássemos os espaços onde vivemos". Tallamy e seus colegas iniciaram os projetos de grandes pesquisas controladas que são necessárias para determinar com êxito a causa dele, e já existe um acúmulo inicial de dados preliminares. "Até o momento, os resultados dão grande apoio aos jardineiros que já passaram a cultivar plantas nativas ou que estão entusiasmados com a ideia."

Se a hipótese de Tallamy se mostrar certa, diz ele, "esses jardineiros podem mudar e 'mudarão o mundo' ao mudarem a alimentação da vida selvagem local". Seu trabalho enfatiza um dos pontos fundamentais do Princípio da Natureza: conservar a natureza selvagem não é suficiente; precisamos conservar e *criar* natureza, na forma de *habitat* nativo, sempre que possível, nos telhados e nos jardins de nossas cidades e subúrbios. Esse é o caminho que leva às comunidades naturais. O livro *Bringing Nature Home: How Native Plants Sustain Wildlife in Our Gardens*, de Tallamy, é uma das melhores fontes sobre esse tema, além de uma leitura proveitosa para os que querem naturalizar sua propriedade.[6] Quando lhe pedi algumas sugestões específicas, ele me apresentou as seguintes:[7]

- *Recuperar as redes alimentares locais.* Nada vive isoladamente. Todas as espécies existem dentro de complexos de espécies interagentes que os ecologistas chamam de "redes alimentares". Para que uma espécie sobreviva, devemos fornecer as partes fundamentais de sua rede alimentar.
- *Tudo começa com as plantas.* As redes alimentares começam com as plantas, pois elas são os únicos organismos (com exceção de algumas bactérias) que conseguem captar a energia solar, que alimenta a vida em nosso planeta. Todos os animais obtêm a energia de que necessitam comendo plantas diretamente ou comendo outros animais que comem plantas. A quantidade de vegetação em nosso quintal irá determinar a quantidade de natureza que haverá nele.
- *Nem todas as plantas são iguais.* Infelizmente, nem todas as plantas têm a mesma capacidade de sustentar as redes alimentares. Essas redes se desenvolvem regionalmente ao longo de milhares de gerações, e cada membro

da rede se adapta às características específicas dos outros membros da rede. Uma planta que evoluiu fora de determinada rede alimentar geralmente é incapaz de transmitir sua energia aos animais inerentes a essa rede, porque esses alimentos lhes serão desagradáveis ao paladar.

- *As espécies nativas têm mais qualidade alimentar.* Em geral, quando procedemos à urbanização de uma região, as máquinas de terraplenagem destroem todas as comunidades de plantas nativas, e em seguida ali fazemos nosso paisagismo particular com plantas ornamentais. Provavelmente uma planta ornamental da Ásia ou da Europa não se adaptará à nossa cadeia alimentar local, e o resultado será que seu valor enquanto alimento será pouco ou nenhum para as criaturas cujo desenvolvimento tentamos estimular. Devemos escolher plantas nativas para nossa região, pois são as que dão melhor sustentação à natureza do nosso jardim.

- *Os insetos são fundamentais.* Quase todos nós aprendemos, desde a infância, que inseto bom é inseto morto. Para alegria de muitos, criamos paisagens estéreis, sem vida, mas é exatamente por isso que nossos filhos não mais dispõem de elementos naturais em nossos jardins. Para a maioria dos animais e os insetos, as plantas constituem a principal fonte de obtenção de energia. Os pássaros são um excelente exemplo. Noventa e seis por cento das aves terrestres dos Estados Unidos criam seus filhotes com insetos. Moral da história: se quisermos que em nossos jardins haja pássaros, rãs, salamandras ou inúmeras outras espécies, é preciso cultivar plantas que lhes ofereçam meios de subsistência.

- *Diminuamos os gramados do quintal.* Os gramados são hoje a parte mais irrigada dos quintais norte-americanos, que ocupam quase dezoito milhões e meio de hectares (inclusive as zonas residenciais e comerciais, assim como os campos de golfe), ou 23% da terra urbanizada, e esse número está aumentando. No que diz respeito à manutenção das redes alimentares, os gramados são quase tão nocivos quanto a pavimentação. Tenhamos em conta a opção de substituir parte dos gramados que não são normalmente usados para passear por jardins exuberantes onde predominem as plantas nativas. A vida nesses jardins fará com que seus filhos não vivam trancados em casa.

- *Plantemos um jardim de borboletas*. As borboletas precisam de dois tipos de planta: (1) as que produzem néctar para as borboletas adultas, e (2) as que servem de alimento para o desenvolvimento das larvas. Evite cultivar plantas do gênero Buddleia* porque, apesar de terem um bom néctar, não servem de alimento para o desenvolvimento larvar de absolutamente nenhuma espécie de borboleta nos Estados Unidos e já fazem parte da longa lista de plantas ornamentais invasivas que vêm destruindo nossas áreas naturais.
- *As plantas lenhosas são melhores para a vida animal*. Árvores e arbustos hospedam mais espécies de borboletas do que as plantas herbáceas e, dessa forma, oferecem mais tipos de alimento para os pássaros e outros insetívoros. Alimentar os pássaros com as lagartas de que eles necessitam quando ainda filhotes no ninho trará tantos deles para o seu quintal na primavera e no verão quanto um comedouro para pássaros no inverno.

Se esses jardins crescerem por toda parte, não seremos logo invadidos por uma profusão de insetos indesejáveis? Tallamy diz que um jardim ecologicamente equilibrado pode ser um pouco mais prejudicado por insetos, mas que isso é decorrência de seu bioma, do mesmo modo como um jardim atrai uma grande variedade de predadores naturais, como, por exemplo, joaninhas, pirilampos, louva-a-deus e milhares de vespas parasitas pequenas demais para serem notadas, juntamente com uma rica variedade de pássaros, sapos e salamandras. Todos terão controle sobre os insetos.

Uma busca na Internet por "viveiros de plantas nativas" por região pode ser um bom começo. Além de substituir as plantas dos jardins e quintais por espécies nativas, também é possível plantar arbustos e árvores nativos ao redor do terreno, ou introduzi-los no paisagismo já existente se pretendermos produzir biodiversidade. A recompensa: uma paisagem mais interessante e potencialmente bela, pelo menos para os bons observadores, e também benefícios psíquicos. Além de promover a biodiversidade, uma paisagem com plantas e animais nativos oferece vantagens físicas (nada de pesticidas) e pode muito bem melhorar a saúde do jardineiro e de sua família.

---

* Nativas de regiões de clima quente ou temperado, em particular do Leste da Ásia. (N.T.)

Certa vez, o museu de história natural da minha cidade cogitou (mas não concretizou) de desenvolver um projeto de distribuição de sementes entre os estudantes, para que eles pudessem plantar seus próprios jardins com espécies que ajudassem a recuperar as rotas migratórias de aves e borboletas. A ideia continua sendo muito atraente. É uma maneira de participar intimamente das correntes vitais do mundo por meio de um simples jardim nas zonas distantes do centro da cidade ou de uma janela cheia de plantas dependuradas.

Vivemos em uma matriz de correntes eletrônicas e em meio à estridência de milhões de celulares. Que tal se nos tornássemos igualmente conscientes das correntes migratórias de — digamos — borboletas-monarca, cuja progênie percorre todos os anos uma rota de milhares de quilômetros para passar o inverno numa pequena região do México? Ou dos pássaros neotropicais — tordos norte-americanos, toutinegras-azuis, os tangarás-escarlates, índigo buntings e papa-figos de Baltimore, que voam do Kentucky até os Andes? Ou das aves que cruzam mares e cordilheiras para migrar da Europa para a África? Que tal se tomássemos parte dessas migrações, cultivando as plantas que lhes servem de alimento? Nossos quintais estariam então conectados a um tipo muito diferente de rede — uma rede imensa, misteriosa e magnífica.

Basta querer fazer

A esta altura, você talvez esteja se perguntando: quem tem tempo para fazer tudo isso? Minha mulher e eu não nos consideramos grandes jardineiros nem grandes *designers* de interiores biofílicos. Aliás, não nos vemos como *designers* de coisa nenhuma. Na década de 1990, compramos uma casa de estuque numa zona urbana devastada. A sala de estar, lembro-me bem, tinha um papel de parede salpicado de dourado que mais parecia uma coisa meio psicodélica. Ficamos perplexos e abismados com aquela decoração. Na tentativa de decidir o que fazer com aquilo, tivemos uma das nossas poucas brigas pra valer. A solução foi juntar a duras penas um dinheiro que não tínhamos e contratar uma profissional para nos ajudar. Ela substituiu os barrados psicodélicos por um estilo vitoriano que dava vertigens. Desde então, quando recebíamos alguma visita pela primeira vez, eu apontava para o quintal e dizia: "Está vendo aquele monte de coisas? Tem um decorador de interiores enterrado ali". Então, substituímos o papel de parede e fizemos algumas melhorias internas, principalmente introduzindo tantos materiais naturais e tantas imagens e também ícones da natureza quanto possível. Renaturalizamos parcialmente o jardim (o que não deu muito trabalho, tendo em vista nossa pouca vontade de fazer serviços de jardinagem). Passamos a regar um pouco menos as plantas, tentamos, sem muito sucesso, fazer uma horta, penduramos dois comedouros para pássaros e nos tornamos mais conscientes de quem vive em nosso quintal ou passa por ele. Doninhas-fedorentas, guaxinins, coiotes, gambás e coelhos. Sem contar aquele lagarto que volta e meia aparece em nossa sala.

Perguntei a Karen Harwell o que ela diria a pessoas como nós.

"O modo como fazemos tudo nos Estados Unidos é sempre o seguinte: 'Preciso aprofundar meus conhecimentos sobre esse assunto, e só depois começarei a fazer algo'. E quase sempre protelamos o que pretendemos fazer porque achamos que é preciso aprender mais, frequentar novos cursos e seminários." Falou sobre Alan Chadwick, um grande jardineiro inglês que se tornou famoso no desenvolvimento da agricultura orgânica. "Ele veio para os Estados Unidos e criou os jardins na Universidade da Califórnia em Santa Cruz", disse ela. "Há uma frase dele entalhada em madeira no centro desse jardim: 'O jardim cria o jardineiro'". Chadwick costumava perguntar às pessoas: "O que você gosta de comer? Então plante!". Ele dizia: "Se você semear no lugar errado, as plantas lhe dirão imediatamente que alguma coisa está errada. Trate de aprender durante o processo, mas comece já".

Harwell sorriu. "Quando ouvi isso pela primeira vez, cada célula do meu corpo relaxou." Em outras palavras, não se preocupe, seja feliz ao plantar e não se incomode com coisas insignificantes. Aconselhou-me que o objetivo era criar um lar com alguma ajuda da natureza, "que simplesmente *o faça se sentir bem*".

Para minha família, a casa e o jardim revitalizadores continuam sendo uma atividade em andamento. Mas estamos na direção certa.

Capítulo 14

Pare, observe e escute

Combater o Estridor Global e a Impossibilidade de Ver o Céu

O otimismo de Karen Harwell é contagiante, e ela mostrou que um jardim pode semear outro. Contudo, se quisermos criar *habitats* verdadeiramente revitalizadores para a humanidade e a natureza, teremos de enfrentar inimigos terríveis.

Aquecimento global? Bem-vindo ao estridor* global.

Gina Pera, uma escritora do norte da Califórnia e ex-editora de uma revista, descreve sua luta para lidar com o ruído urbano. "Neste momento, estou sentada no meu escritório. Tenho uma vista magnífica do leste da Baía e do monte Diablo", escreveu-me em um e-mail. "No meu jardim, começam a abrir-se os jacintos e as florescências dos pêssegos. Em vez de estar lá fora, apreciando toda essa beleza, estou ouvindo Puccini no máximo volume das caixas de som do meu computador. Por quê? Porque é a única maneira de abafar a cacofonia onipresente de motosserras, estilhaçadores de madeira, turbocompressores e outros implementos termonucleares para jardinagem que enchem os ares de ruídos ensurdecedores." Ela disse que parou de caminhar por seu belo bairro porque está "traumatizada com o ruído das explosões".

---

* Estridor é um barulho incômodo, desagradável; um ruído intermitente; um zunido. (N.R.)

O barulho, como o medo da criminalidade, mantém as pessoas trancadas em suas casas com iPods plugados nas orelhas. Uma amiga de Seattle que ama a natureza está tão perturbada com o barulho dos alarmes de carros que usa fones de ouvido que abafam os ruídos enquanto ela trabalha em seu jardim.

A palavra inglesa *noise* ("ruído") deriva do latim *nausea*, que significa "enjoo causado pelo balanço do mar". O barulho intenso nas Unidades de Terapia Intensiva neonatais pode comprometer o crescimento e o desenvolvimento de bebês prematuros, segundo a Academia Americana de Pediatria. O ruído também está ligado à hipertensão, ao infarto do miocárdio, à insônia e a alterações na química do cérebro. A Organização Mundial da Saúde adverte que esses problemas causados pelo barulho "podem provocar dificuldades de socialização, diminuir a produtividade, prejudicar o processo de aprendizagem, desencadear o absenteísmo no local de trabalho e na escola, levar ao uso de drogas e causar acidentes".

O barulho excessivo também pode afetar a fisiologia e o comportamento dos animais, inclusive o sistema reprodutivo e a sobrevivência de longo prazo das espécies marinhas que utilizam os sons como meio de comunicação. Está até mesmo modificando os sons da natureza. Bernie Krause, especialista em bioacústica e autor do livro *Wild Soundscapes*, vendeu mais de um milhão e meio de CDs e vídeos que reproduzem os sons da natureza. Ele afirma que os lugares onde pode gravar esses sons sem ser interrompido por ruídos humanos vêm se tornando cada vez mais escassos. Essa atividade ficou ainda mais difícil no Polo Norte, na Antártida e na Bacia Amazônica.

Onde quer que ele vá, é perturbado pelo ruído de aviões, motosserras e outras intrusões auditivas. Na década de 1970, Krause precisou de aproximadamente vinte horas de gravação para registrar quinze minutos de sons naturais utilizáveis. Como músico que já tocou o sintetizador Moog com os Rolling Stones, ele é particularmente sensível ao coro musical dos animais selvagens. Ele dá a isso o nome de biofonia. "As aves canoras que hoje vivem ao nosso redor precisam adaptar seus cantos a seus novos vizinhos — nós. Até certo ponto, alguns pássaros, como, por exemplo, os tordos norte-americanos, os pardais e as cambaxirras, conseguem modificar seu canto para serem ouvidos inclusive quando o meio ambiente é extremamente ruidoso... Quase com certeza, seu canto seria diferente se estivessem numa floresta."

No passado, o ruído era como as condições atmosféricas. Todos reclamavam delas, mas ninguém fazia muita coisa a respeito. Isso está mudando. Grupos antirruído estão atualmente exigindo a aplicação de novos regulamentos e novas tecnologias. Algumas cidades baniram o soprador de folhas, com permissões basicamente restritas a bairros residenciais e, mesmo assim, quando funcionam com motores a gás. A aplicação dessas normas, porém, é bastante irregular. Uma abordagem adicional, e provavelmente mais eficaz, é pensar em termos numéricos. O típico soprador de folhas a gás dura cerca de sete anos. Em um projeto pouco consistente no sul da Califórnia, o Distrito para o Controle da Qualidade do Ar da Costa Sul lançou o primeiro programa de incentivo público estadual para substituir os sopradores de folhas barulhentos e malcheirosos por outros, mais silenciosos e limpos. Os antigos foram mandados para um centro de reciclagem. Outro programa oferecia aos moradores uma boa mudança: trocar seus velhos cortadores de grama a gasolina por novos cortadores elétricos.

"Para os próximos anos, há uma oportunidade imensa de mudar drasticamente a paisagem acústica de nossos bairros mediante a reformulação do mercado de ferramentas para gramados e jardins", afirma uma organização sem fins lucrativos intitulada Centro de Informações sobre Poluição Sonora. Em breve estará no mercado, a preços acessíveis, um novo modelo de cortador de grama com motor híbrido, movido a gasolina e eletricidade. "Se todos os moradores da vizinhança cortassem sua grama ao mesmo tempo com um cortador elétrico silencioso, provavelmente haveria mais silêncio do que se uma única pessoa estivesse usando um típico cortador de grama a gasolina", afirma a organização acima mencionada.

Do mesmo modo, o ruído do tráfego poderia ser reduzido com o uso de carros com motor híbrido, o que representaria a primeira diminuição significativa do ruído dos carros em décadas. Os aviões a jato já estão mais silenciosos, pelo menos as grandes aeronaves para voos comerciais. Atualmente, pesquisadores da Universidade do Estado de Ohio criaram uma tecnologia ainda mais sofisticada para reduzir ruídos, usando arcos elétricos para controlar a turbulência provocada pela circulação do ar no motor. Os *designers* urbanos estão cada vez mais atentos às paisagens acústicas, chegando mesmo a plantar áreas verdes ao redor dos edifícios; as plantas absorvem os sons.

A mudança, portanto, é perfeitamente possível. O problema é que os cérebros terão mais dificuldade para se reorganizar; os avanços tecnológicos raramente estão no mesmo patamar da ação política. Só veremos mais demandas por tecnologias mais silenciosas e paisagens acústicas habitáveis quando um número suficientemente grande de pessoas quiser passar mais tempo fora de casa.

Tendo em vista a gravidade dos riscos para a saúde, o ruído não deveria ser algo irrelevante, e os programas de troca de materiais obsoletos por novos não deveriam ser uma novidade. Tampouco as campanhas antirruído deveriam ficar restritas aos limites das cidades. Na verdade, elas deveriam demarcar como seus objetivos os lugares em que as cidades ou seu entorno oferecem refúgios naturais, inclusive os lagos. Na verdade, o Centro de Informações sobre Poluição Sonora lançou uma campanha em defesa dos lagos silenciosos enfatizando que os limites de barulho para as diferentes embarcações são menos rigorosos do que os limites federais para caminhões-tratores com semirreboques (80 decibéis).

Já temos reservas naturais. Agora é o momento de criar santuários de silêncio. Um dia, eu conversava com um homem que mora perto do lago Barrett, um lugar distante dos centros urbanos situado a leste de San Diego. É uma das áreas menos povoadas de nossa região. As cordilheiras se perdem no horizonte, e os pumas sentem-se mais em casa ali do que as pessoas. O homem disse que, como iria se aposentar logo, pretendia mudar para algum lugar bem remoto do Arizona. "Aqui faz barulho demais", ele disse.

Barulho? *Aqui*?

"Helicópteros e aviões em excesso. Não quero mais saber deste lugar."

Mais tarde, naquele mesmo dia, meus ouvidos comprovaram o que ele me havia dito. Eu estava na água, que geralmente é protegida pela imensa cúpula de solidão que cobre esse lago especial onde o número de barcos e o tamanho dos motores são rigorosamente limitados. Falcões faziam círculos no céu. Eu conseguia ouvir o encontro de suas asas com o vento. E então um helicóptero negro surgiu de uma montanha e desceu em direção à água. O ruído de seu motor reverberava nas paredes rochosas.

A impossibilidade de ver o céu

Além do barulho, há outras barreiras à habitação dos seres humanos na natureza. Uma delas, sem dúvida, é a competição eletrônica. A mediocridade dos projetos urbanos. As pressões do mundo do trabalho. E o medo de estranhos e da própria natureza (cujas causas básicas são procedentes, apesar de extremamente exageradas pela frequente atenção dos meios de comunicação).

E há também a incapacidade de ver o céu. Na vida cotidiana (incluindo as noites), olhar para o alto faz parte da cura do transtorno de déficit de natureza. Contudo, se olharmos para o céu noturno na maioria das cidades, veremos apenas uma cúpula de luz artificial. Jack Troeger dá a isso o nome de "roubo da luz das estrelas". Troeger, que mora em Ames, Iowa, parou de ensinar astronomia e ciências da Terra em 1999, quando a Via Láctea deixou de ser visível em sua cidade. Mas ele não deixou de preocupar-se. Criou um movimento chamado Iniciativa Céu Noturno [Dark Sky Initiative], argumentando que o uso excessivo de luz artificial desperdiça energia, altera os padrões de sono ou migração dos animais e contribui para a mudança climática. "As estrelas que vemos à noite são as mesmas que nossos ancestrais viam há milhares de anos", escreveu Troeger. "A observação dos corpos celestes [...] nos conecta, vincula e liga com todas as pessoas que já viveram neste planeta... Somos feitos de matéria estelar. Os átomos que dão forma ao nosso corpo foram outrora a poeira e o gás de antigas estrelas."[1] A preocupação aqui não diz respeito apenas a ver estrelas, mas também à oportunidade de que nós, humanos, possamos vivenciar a ausência da luz artificial. A escuridão natural tem um valor intrínseco; por alguma razão, nosso relógio biológico depende dela.[2]

Os que já passaram longos períodos trabalhando à noite sabem que esse tipo de atividade danifica o ritmo circadiano, mas há riscos ainda maiores do que a interrupção do sono. Para citar um exemplo, pesquisadores de Israel verificaram a iluminação noturna de 147 comunidades, usando imagens enviadas por satélites, e compararam os dados obtidos com os índices de câncer de mama. Conclusão: "A análise mostrou a incidência desse tipo de câncer nas cidades mais intensamente iluminadas em comparação com as outras comunidades, cuja iluminação não era tão forte".[3] Em outros estudos, investigaram a relação entre os níveis de melatonina (a melatonina é normalmente produzida à noite) e diferentes formas de câncer. Em fins de 2007, a Agência Internacional de Pesquisas sobre o Câncer, uma divisão da Organização Mundial da Saúde, colocou o trabalho noturno numa lista de possíveis agentes cancerígenos. Algumas estimativas mostram que 15% da população norte-americana trabalha à noite.

Os principais fatores que prejudicam ou impossibilitam a visão do céu noturno são a poluição do ar e a luz artificial nas cidades e no campo. O poeta, jornalista e romancista Jack Greer descreve uma lâmpada de segurança ligada durante um ano inteiro, 24 horas por dia, na parte de fora de uma cabana à margem de um lago — bucólico, em todos os outros aspectos — como algo comparável a "um carro cuja buzina disparou e não para mais". A palavra dos índios nativos americanos *Shenandoah*, escreveu ele, "significa 'filha das estrelas', e hoje devemos nos perguntar se o mais correto não seria traduzi-la como 'filha das lâmpadas de segurança'".[4]

Numa área remota de meu condado, um grupo de índios Kumeyaay administra o Golden Acorn Casino. Construído no ponto mais alto de um grande e deserto planalto, o cassino ostenta um enorme anúncio luminoso de alta voltagem — um sol da meia-noite visível a cerca de trinta quilômetros de distância nas noites claras. (Esse é um exemplo do que chamo de "Efeito Cavalo de Troia": a influência de um equipamento relativamente pequeno cujo ruído, luz ou visibilidade extrapola muitíssimo seu tamanho. Porque da próxima vez que alguém se opuser a algum projeto dessa natureza, no campo, que seja ainda mais ostensivamente iluminado, a resposta lógica será um dar de ombros: "Mas já não basta toda luminosidade que existe aqui?".)

O pesquisador Terry Daniel, da Universidade do Arizona, em Tucson, propõe uma teoria diferente sobre a impossibilidade de ver o céu. Ele sugere que o olho humano é menos sensível aos estímulos provenientes da região superior do campo visual e diretamente mais sensível aos que provêm da frente do olho e da parte inferior do campo visual. Por quê? Porque erguemo-nos ao longo da evolução com os olhos necessariamente na parte dianteira de nossa cabeça — onde é mais provável que se encontrem os alimentos e os inimigos. "Para ver claramente o céu, o ser humano precisa inclinar a cabeça para trás e olhar para cima — ou deitar-se de costas para situar o céu na parte mais sensível do campo visual", segundo Daniel.[5] Se ele estiver certo, os que gostam de olhar para o céu estão desafiando não apenas as barreiras urbanas que nos impedem de ver o que está acima de nós, mas também a evolução. Ainda assim, é difícil acreditar que os seres humanos tenham sido "programados" para não ver o céu, sobretudo se considerarmos os milênios de navegação humana orientada pelas estrelas.

Se Daniel estiver certo, então a consciência do céu é uma vantagem que nos foi concedida, uma expansão de nossa consciência. Durante um jantar não muito tempo atrás, eu comentei que, como ex-habitante do Meio-Oeste, eu continuava fascinado pelos tornados e tinha grande admiração, para não dizer inveja, pelos caçadores de tempestades que cruzam as pradarias em busca de tornados e ciclones. Um professor presente ao jantar, um desses que passam o dia trancados no laboratório, não conseguia entender meu fascínio. *Por quê?* — perguntava ele. *Não é nada mais que vento!* A melhor explicação que pude dar foi que aquelas pessoas não perseguem o vento; perseguem dragões, cada qual com uma personalidade distinta. Ainda mais do que os ursos-pardos do Alasca, essas tempestades de grande violência provocam uma sensação de temor reverencial. O cientista balançou a cabeça e deu de ombros. Nem todos nós vemos o mesmo céu.

Nos últimos anos, por insistência dos astrônomos cujo trabalho vinha sendo comprometido por essas cúpulas de luzes artificiais, algumas cidades dos Estados Unidos começaram a exigir lâmpadas de sódio de baixa pressão e outros tipos de controle da poluição luminosa. Além da regulamentação mais rigorosa, podemos levar as pessoas a admirar mais os presentes do céu. Isso pode ser feito mediante a criação de grupos de observadores de corpos celestes, meteorologistas amadores e outros cidadãos naturalistas. Mapas estelares — alguns dos quais podem ser apontados para o céu noturno em busca de constelações — são atualmente disponíveis para *smartphones* e *tablets*. Portanto é possível argumentar que a tecnologia pode aumentar as possibilidades de vermos detalhes e sutilezas do céu. Os fabricantes de telescópios certamente estariam de acordo. Temos pescoços que se curvam para trás, e o céu sobre nossas cabeças nunca deixou de ser um imenso teatro, um museu de arte e uma sala de concertos. E temos ingressos para as quatro estações, mesmo que nossa vista se dê simplesmente a partir de uma janela.

Há cerca de dois anos, visitei um amigo e sua família nas cercanias de Washington D.C., em um bairro com grandes jardins, velhas árvores nodosas e retorcidas e casas em estilo colonial. Os dois filhos do casal, uma menina e um menino, eram uma fonte inesgotável de opiniões, inventividade e energia. Amavam a natureza. O menino falava com grande entusiasmo de seu interesse pelas ciências. Mais tarde, seu pai disse que a garotinha passava muito tempo fora de casa, mas que o menino raramente se aventurava para além da porta de entrada. Explicou que ele tinha muitas dificuldades de aprendizagem e um problema que o levava a se sentir indefeso quando saía para o exterior. Assim, passava a maior parte do tempo em seu quarto.

A caminho de casa, na livraria de um aeroporto, folheei um livro intitulado *The Cloudspotter's Guide*, de autoria do inglês Gavin Pretor-Pinney, que estimula as pessoas a olhar para o céu. Ele fundou a Sociedade de Apreciação das Nuvens em 2004, e um de seus conselhos é que construamos uma estação meteorológica em nosso jardim — não precisamos de mais nada além da visão da abóbada celeste. Cirros, cúmulos-nimbos, altos-estratos "estão ali para nos lembrar de que as nuvens são a poesia da natureza, declamada em um sussurro no ar rarefeito entre espinhaços e penhascos". As nuvens também podem ser específicas de um lugar; o céu que se vê sobre Melbourne, Amsterdã, Santa Fé e nossa própria cidade tem variações sutis, quando não extraordinárias. O leitor sabia que as nuvens são usadas como "instrumentos" para prever terremotos? Ou que, na Austrália, os pilotos de planadores aprenderam a surfar uma nuvem como se fosse uma onda? O manifesto da sociedade declara: "Procuramos lembrar às pessoas que as nuvens são expressões do estado de espírito da atmosfera, e podem ser interpretadas como aquele que se vê estampado no semblante de uma pessoa... Na verdade, todos os que observarem as formas das nuvens irão economizar um bom dinheiro com psicanalistas. E é assim que dizemos a todos os que nos queiram ouvir: *Olhem para o céu, maravilhem-se com a beleza efêmera e vivam a vida com a cabeça nas nuvens!*".[6]

Comprei o livro e o enviei para o filho do meu amigo. Talvez ele não tenha conseguido ir além da porta da casa com facilidade, mas estou certo de que pôde exercitar sua curiosidade sobre a natureza — sempre lhe seria possível contemplar o céu da janela de seu quarto. Também comprei um exemplar para mim.

Algumas das barreiras que separam as pessoas do resto da natureza são autoimpostas, outras são criadas pelos meios de comunicação ou pelo universo publicitário. Isso não deixará de existir, mas podemos resistir; podemos reduzir a intensidade dos decibéis, apagar as luzes e apurar nossos sentidos. Quem sabe se alguns homens de negócios virão também unir-se a nós?

Capítulo 15

Os neurônios da natureza vão trabalhar

O Princípio da Natureza nos Negócios

MARK TWAIN NOS DEIXOU MUITAS FRASES FAMOSAS, e uma delas diz que o golfe é um bom passeio que se pôs a perder. Mas talvez os empresários que jogam golfe estejam por dentro de alguma coisa importante há muito tempo. Pensemos na quantidade de negócios que devem ter sido feitos nos campos de golfe.

Políticos e outros mandachuvas são bem conhecidos por suas confabulações sob as árvores e as estrelas, quando trocam ideias e planejam suas campanhas. Um dos lugares que nos vêm à mente é Camp David, o retiro dos presidentes norte-americanos. Os retiros para escritores e artistas lhes dão algum tempo para sair da rotina, respirar e pensar. O mesmo se pode dizer dos retiros para homens de negócios.

Hoje, a empresa Airbus recorre a retiros na natureza para que os participantes possam refletir e praticar treinamento de liderança, enquanto outras empresas patrocinam excursões de fins de semana para lugares montanhosos, determinando horários para a discussão de novas oportunidades comerciais ou para o livre debate de ideias sobre novos produtos. Esses retiros para aguçar a mente com a ajuda da natureza não precisam ocorrer em lugares remotos onde as pessoas possam se voltar para dentro de si mesmas. Uma equipe em processo de desenvolvimento de um novo produto pode fazer passeios por um parque nas imediações de seu lugar de trabalho, e é possível que obtenham o mesmo efeito de diminuição do estresse e estimulação mental.

A arquiteta e ecologista Gail Lindsey, sobre quem já falamos aqui, viu uma oportunidade na confluência entre negócios, desenvolvimento pessoal e atividades ao ar livre. Ela e três colegas criaram o Acampamento de Verão para Adultos como um antídoto contra o transtorno de déficit de natureza. "No começo de setembro, organizamos um encontro semanal nas montanhas de Adirondack", disse-me ela. "De manhã, reunimo-nos para estimular o pensamento criativo e gerar ideias inovadoras, e à tarde desfrutamos da natureza. Descobrimos que a canoagem, os passeios a pé e o simples fato de estarmos no meio da natureza eram atividades mágicas. Novas ideias surgiam a cada manhã, e no fim da semana sabíamos que vários grandes avanços eram um resultado direto da experiência ao ar livre, que havia permitido o ressurgimento de nossa capacidade infantil de nos maravilharmos com o mundo e de nossa receptividade."

Hoje, essa semana passada em Acampamentos de Verão acontece em vários lugares dos Estados Unidos. A ideia de Lindsey não representou apenas uma nova atividade empresarial voltada para a natureza; é um projeto igualmente importante para o mundo dos negócios.

Levar pessoas ligadas ao universo empresarial para atividades ao ar livre pode gerar mais do que novas ideias sobre marketing. Em um relatório para a Universidade Monash de Melbourne, na Austrália, Mark Boulet e Anna Clabburn afirmaram que os retiros na natureza também podem ajudar as empresas a fazer perguntas como a seguinte: "De que maneira é possível incorporar uma preocupação verdadeira com sustentabilidade e social?". Os autores examinaram as experiências ao ar livre dos pintores do período romântico e os retiros naturais dos aborígines australianos e concluíram que "o ato de colocar-se junto à natureza selvagem e harmonizar-se com a textura e o dinamismo complexos do ambiente natural é um passo fundamental para o despertar de um sentido do 'eu' ecológico". O retiro na natureza "talvez seja uma das maneiras mais eficazes de alertar o ser humano sobre sua íntima relação com o resto do mundo orgânico (e a dependência mútua entre ambos)".[1]

Claro está que, se você começar a usar esse tipo de linguagem com a maioria dos homens de negócio, eles logo começarão a olhar para seus relógios. Ainda assim, existe aqui uma oportunidade que pode se concretizar no local de trabalho e em outros lugares. Novos mercados surgirão, e alguns de seus primeiros clientes virão das grandes empresas.

O lugar de trabalho de alto desempenho

Uma das aplicações mais diretas do Princípio da Natureza ao universo empresarial é a criação de um lugar de trabalho de "alto desempenho", como alguns arquitetos e projetistas de interiores se referem aos edifícios comerciais que vão além do projeto ecológico tradicional, incorporando também os benefícios de um ambiente mais natural, o que inclui a possibilidade de ver a natureza.

Hoje, a maioria dos edifícios comerciais ou dos locais de trabalho está longe de ser revitalizadora. Stephen Kellert, professor de ecologia social na Universidade Yale e uma das maiores autoridades em projetos biofílicos e conservação ambiental, atua como assessor de desenvolvimento de projetos como a torre de escritórios do Bank of America no One Bryan Park de Nova York. Como diz Kellert: "Alguns de nossos ambientes de trabalho mais alienantes, no sentido de nos separar da natureza, encontram-se frequentemente nos edifícios comerciais modernos, onde as pessoas trabalham em ambientes insípidos e hostis demais, sem acesso a janelas ou a qualquer experiência do exterior ou da natureza existente nos arredores. Ironicamente, se você tentasse fazer isso com um animal enjaulado num zoológico, estaria violando a lei e seria impedido de fazê-lo... Não nos vemos como um tigre enjaulado, nem nos passa pela cabeça que dependemos tanto dessas ligações experienciais como o tigre".[2]

Muitas pessoas que trabalham em cubículos discordam; são elas que se consideram trancadas em jaulas. A naturalização do local de trabalho pode ser parte da solução. Vivian Loftness, professora da escola superior de arquitetura Carnegie Mellon, menciona os edifícios revitalizadores e chama a atenção para o fato de que eles têm o potencial de diminuir a perda de tempo, o absenteísmo e a rotatividade de pessoal. "É muito importante não fazer trocas constantes de pessoal", diz ela. "Um empregador despende cerca de 25 mil dólares cada vez que um excelente funcionário deixa a empresa."[3]

É evidente que essa quantia depende do cargo ocupado por um empregado desses e das condições do mercado de trabalho, mas a ideia fala por si. Para os milhões de empregados que trabalham em cubículos, sua produtividade, saúde e felicidade poderiam ser enormemente aumentadas pela incorporação de elementos naturais, segundo a psicóloga Judith Heerwagen, cujos clientes incluem o Department of Energy and Boeing dos Estados Unidos. As novas regras do lugar de trabalho revitalizador são semelhantes às regras para as casas revitalizadoras. Os empregados que se sentam perto de janelas são mais produtivos e, consequentemente, apresentam menos sintomas da "síndrome dos edifícios doentios" do que os outros funcionários; em determinada organização, o absenteísmo quadruplicou depois da mudança de um edifício com ventilação natural para outro com vidraças que não se abrem e sistemas centrais de ar-condicionado.[4] Os estudos sobre esses locais de trabalho revitalizadores mostram maior qualidade e inovação dos produtos e uma clientela mais satisfeita. Modelos mais bem-sucedidos têm surgido, como o escritório central de Herman Miller em Zeeland, Michigan, de 90 mil metros quadrados, projetado para ter luz natural abundante, plantas em seu interior e visão do exterior, o que inclui a possibilidade de apreciar um pântano e uma pradaria pertencentes à empresa. Depois da mudança para o novo edifício, 75% dos empregados do turno diurno disseram que o edifício era mais saudável, e outros 38% afirmaram sentir-se bem mais satisfeitos com seu trabalho. Outro exemplo positivo é o Commerzbank Tower de Frankfurt, na Alemanha, com 53 andares e jardins internos a cada treze andares. A conservação de energia e a produção de energia humana podem andar de mãos dadas. Em San Bruno, na Califórnia, o novo escritório da Gap Inc. tem um telhado verde com gramados e flores silvestres que diminui a transmissão sonora em até cinquenta decibéis e cria uma barreira acústica ao tráfego aéreo dos arredores — além de reduzir o estresse associado a esse ruído. A California Academy of Sciences de São Francisco, que passou por reformas recentes, tem um pavilhão de vidro, um telhado ondulante que simula dunas de areia e um telhado verde com quase 2 milhões de plantas nativas e *habitats* para várias espécies ameaçadas de extinção. Na nova Universidade Guelph-Humber, em Toronto, uma "parede viva" de quatro andares de orquídeas, samambaias, hera e hibiscos funciona como um enorme biofiltro que se vale da ação microbiana para eliminar centenas de agentes contaminantes que poluem o ar dos recintos fechados.

Em 2003, o *designer* Mick Pearce ganhou o prêmio internacional Prince Claus pelo projeto de um complexo de escritórios com *shopping centers* no Zimbabwe, com sistemas naturais de ventilação, refrigeração e calefação. Essa abordagem, inspirada nos cupinzeiros (assunto que será retomado mais adiante), não apenas economiza energia como também é mais confortável do que o típico escritório com ar-condicionado e janelas sempre fechadas. Esses escritórios que aproximam a natureza do homem não só tornam os trabalhadores mais produtivos como também oferecem vantagens econômicas mais diretas. No complexo de escritórios e *shopping centers* do Zimbabwe, sabe-se que a ventilação custa um décimo do que custariam os sistemas de ar-condicionado; o complexo usa 35% menos de energia do que a que seria consumida por seis edifícios convencionais juntos, o que levou o proprietário a economizar 3,5 milhões de dólares em custos com energia somente nos cinco primeiros anos.

Em *Natural Capitalism: Creating the Next Industrial Revolution*,* Paul Hawken descreve como um edifício da Lockheed em Sunnyvale, na Califórnia, reduz sua conta de luz em três quartos com o uso da luz natural. Outros resultados foram a redução do absenteísmo e o aumento da produtividade. "Além disso, a redução dos custos indiretos deu à empresa vantagem numa cruenta concorrência por um contrato, e os lucros resultantes desse contrato foram superiores ao que a empresa havia pago pelo edifício inteiro", segundo Hawken. Ele também dá uma interessante explicação de uma variante da abordagem revitalizadora: "O típico engenheiro mecânico ocidental se empenha em *eliminar* a variabilidade da paisagem dos entornos criados pelo homem com termostatos, sensores de umidade e fotossensores... Alguns *designers* japoneses, porém, usam a tecnologia de computador para reproduzir um ambiente mais natural, gerando uma sutil entrada de ar de maneira aparentemente aleatória. Eles podem, inclusive, instilar uma leve aragem com perfume de jasmim ou sândalo no sistema de ventilação, estimulando subliminarmente os sentidos".[5]

Algumas empresas promovem ativamente a criação de hortas nos locais de trabalho para levantar os ânimos, à medida que os benefícios mais tradicionais vão desaparecendo. Kim Severson escreveu no *New York Times* sobre os empregados da sede da PepsiCo em Nova York dizendo que eles cultivam cenouras e abóboras em alguns lugares da empresa e cuidam das plantas no horário de almoço ou

---

* *Capitalismo Natural: Criando a Próxima Revolução Industrial*, publicado pela Editora Cultrix, São Paulo, 2000.

em outras pausas eventuais. Eles não são os únicos a fazê-lo. Também há jardins orgânicos em pedaços de terra ou canteiros em edifícios pertencentes ao Google, ao Yahoo e à revista *Sunset*, espaços que, não fosse essa iniciativa, estariam ocupados por grama e arbustos podados ou se tornariam locais reservados aos fumantes. "Em Aveda, que tem um serviço de massagens e uma lanchonete orgânica em sua sede, perto de Minneapolis, a horta oferece a seus setecentos empregados a oportunidade de uma trégua no trabalho e de levar produtos frescos para casa. Os trabalhadores pagam 10 dólares por colheita, o que lhes dá direito a ficar com uma parte dos produtos. Pegar uma enxada é opcional, mas estimula-se que o façam", escreveu Severson. "Em muitos casos, grupos de funcionários pediram que essas hortas fossem criadas. Em outras ocasiões, os diretores sugeriram que eles ajudassem a suprir um banco de alimentos, atividade que também acabava por fomentar o espírito de equipe. Ao que tudo indica, construir juntos treliças para o cultivo de tomates pode ajudar a atenuar as hierarquias."[6]

O homem que desenvolveu a hipótese da biofilia talvez seja quem melhor tenha captado o espírito de um edifício de escritórios do tipo aqui descrito. Em uma entrevista no programa *Nova*, da PBS, enquanto fazia comentários sobre o transtorno de déficit de natureza, E. O. Wilson disse: "Muitos arquitetos estão dizendo que essa será a nova onda". Em uma de suas reflexões, ele afirmou: é possível que já estejamos saturados de "construir edifícios e monumentos para nós mesmos [...], falos gigantescos, arcos imensos, terraços e passadiços intimidantes [...] edifícios neossoviéticos... Como somos grandes! Mas talvez aquilo de que realmente e profundamente precisamos seja ficar mais próximos do lugar de onde viemos". Naturalizar nossos locais de trabalho não significa dar um passo atrás, rumo à nossa ancestralidade, acrescentou ele; é apenas uma maneira de nos sentirmos melhor. Ele descreveu a visita a um edifício na Carolina do Norte que fora biofilicamente projetado: "[O *designer*] teve de cortar algumas árvores, mas deixou outras numa pequena colina que dava para um regato. Ali nos sentamos, diante de uma parede de vidro com vista para uma paisagem que se perde ao longe, enquanto esquilos de dorso listrado e pequenos pássaros canoros aparecem aqui e ali e o regato segue seu curso. E nos sentimos em paz".[7]

Alguns funcionários pegam a natureza com as próprias mãos, por assim dizer, e levam-na para dentro dos escritórios. É o que fez Nancy Herron. Herron dirige programas educacionais sobre natureza e pesca para o Departamento de Parques e Vida Selvagem do Texas. "Por mais estranho que pareça, nosso escritório é formado por uma série de cubículos, verdadeiros nichos de improdutividade onde cabeças aparecem o tempo todo, olhando para todos os lados para ver o que os outros estão dizendo ou fazendo", diz ela. Herron cercou seu espaço com plantas para atenuar as extremidades e "dar ao meu cérebro um descanso das pessoas que ficam indo e voltando de um lado para o outro". Ela e vários colegas de trabalho chegaram a criar um jardim de plantas nativas na frente do edifício. Agora, é ali que as pessoas se sentam para conversar. Ela leva seus funcionários ao parque estadual adjacente ao edifício. "Lá fora, nossa criatividade começa a manifestar-se a todo vapor. Resolvemos impasses, oferecemo-nos espontaneamente para solucionar problemas pendentes, não estamos mais dentro de uma caixa. Podemos falar de forma aberta e sincera; estamos, literalmente, num ambiente aberto."

O *design* do universo

Enquanto a ética dominante consistia, outrora, em construir edifícios e criar produtos maiores, hoje as regras de *design* dos dispositivos eletrônicos portáteis incluem: fazê-los menores; fazê-los mais dinâmicos; torná-los indispensáveis; torná-los utilizáveis em qualquer parte; torná-los prematuramente obsoletos. Pelo menos no caso dos dois primeiros objetivos, E. F. Schumacher, autor de *Small is Beautiful*, teria assentido com a cabeça.

O Princípio da Natureza sugere seu próprio conjunto de regras de *design*: usar sistemas naturais para melhorar a vida física, psicológica e espiritual do ser humano; preservar a natureza ou plantá-la por toda parte; em vez de planejar tendo em vista a obsolescência, planejar pensando no crescimento orgânico no longo prazo. (Frederick Law Olmsted, o pai da arquitetura paisagística norte-americana, chegou a tirar do sério alguns de seus patrocinadores. Em sua forma inicial, seus parques quase sempre pareciam mirrados e vazios, mas isso acontecia porque ele projetava os parques para atingirem sua beleza madura algumas décadas depois; ele tinha em mente o crescimento.) Hoje, a teoria central da tecnologia é a eficiência, mas a teoria que promove a reunião entre o ser humano e a natureza é o restabelecimento do corpo, da mente e do espírito.

Enquanto a imersão tecnológica resulta em paredes que se tornam telas e máquinas que penetram em nosso corpo, mais natureza em nossa vida nos oferece moradias e locais de trabalho e comunidades naturais que produzem energia humana. Um conceito semelhante é o do *design* universal, que reconhece que as capacidades físicas humanas cobrem um amplo espectro. O *design* universal elimina a ideia de "*design* para os incapacitados" — porque todos nós teremos de um dia enfrentar tais obstáculos e dificuldades — e, em vez disso, cria produtos e ambientes que tornam a vida mais confortável para as pessoas ao longo da vida.

À medida que nossa sociedade envelhece, as deficiências se tornam mais comuns, colocando uma barreira cada vez maior entre os idosos e a natureza. Isso significa que é preciso pavimentar mais trilhas para caminhadas e instalar balaustradas nas pistas de esqui? Essa é uma possibilidade, mas outras soluções são viáveis. Peter Axelson, que ficou paraplégico depois de sofrer um acidente quando escalava uma montanha, criou o "esqui sentado", que hoje permite que muitos deficientes físicos desfrutem do esqui e fez de Peter o campeão mundial de monoesqui. Sua empresa, com sede em Nevada, vem desenvolvendo tecnologias para ajudar as pessoas com necessidades especiais a entrar em contato com a natureza, o que inclui cadeiras de rodas, andadores e motos elétricas resistentes, que se adaptam a todo tipo de solo. A ideia de envelhecimento auxiliado pela natureza, já aqui discutida, também oferece oportunidades para os que projetam asilos, residências para idosos, unidades assistidas, centros de recuperação e casas de repouso, bem como para gerontologistas, fisioterapeutas e outros provedores de cuidados de saúde. Como filosofia, o *design* universal reconhece que, no que tem de melhor, abrange toda a comunidade humana.

Uma filosofia mais abrangente do *design* universal também ampliaria o conceito de comunidade, sugerindo que o *design* de produtos e a criação de ambientes humanos não devem dizer respeito apenas às pessoas consideradas individualmente, mas também ao efeito exercido sobre outras espécies — podendo, inclusive, incorporar coisas que aprendemos a partir da observação de outras espécies. Essa modalidade de *design* leva em consideração todos os componentes, de onde surge o que se poderia chamar de *design do universo*.

O biomimetismo, também chamado de "imitação respeitosa ou referencial", é um campo industrial florescente. Janine Benyus, que escreve sobre ciências e é presidente do Instituto de Biomimética, publicou meia dúzia de livros sobre o assunto. Entre seus prêmios encontra-se o Defensor da Terra, em 2009, na categoria de Ciência e Inovação, a ela outorgado pelo Programa do Meio Ambiente das Nações Unidas.[8] Seu livro *Biomimicry: Innovation Inspired by Nature*,* de 1997, tornou esse tema extremamente conhecido. Benyus afirma que todas as invenções humanas já existiam na natureza, mais eficientes e com menos custos para o meio ambiente: "Nosso radar mais engenhoso tem má audição se comparado à transmissão multifrequencial do morcego: as algas bioluminescentes emitem substâncias químicas entre si para tornarem-se luminosas. Os peixes e as rãs do Ártico congelam-se totalmente e depois voltam à vida, pois protegem seus órgãos dos danos que o gelo poderia lhes causar. [Os ursos-polares] permanecem ativos, com um manto de pelos ocos transparentes que recobre sua pele como o vidro de uma estufa... A concha interior de uma criatura marítima chamada abalone é duas vezes mais dura que a cerâmica de alta tecnologia. A seda das aranhas é cinco vezes mais forte que o aço... O chifre do rinoceronte se recupera por si mesmo, embora não contenha células vivas". Em termos de *design*, a natureza rejeita o que os seres humanos consideram como "limites", diz Benyus.

Embora "a emulação consciente do gênio da vida" possa ser usada como arma e abusada, tornando-se destrutiva para a própria natureza, a ideia básica por trás do biomimetismo deriva de um respeito reverencial pelo mundo natural. A biomimética incorpora a concepção de que a natureza não é um inimigo a ser vencido, mas nosso parceiro no *design*; não é o problema, mas a solução.

Por exemplo, os engenheiros da empresa automobilística Nissan, citando pesquisas sobre o modo como os peixes se movimentam quando estão em cardumes, anunciaram sua intenção de "aprimorar a eficiência de deslocamento de um grupo de veículos e contribuir para a conquista de uma circulação automotiva que respeite o meio ambiente e tenha o mínimo possível de engarrafamentos". O robô experimental da empresa, o Episode Zero Robot (EPORO), usa sensores a *laser* que algum dia poderão ter uma aplicação prática em um "Escudo de Segurança" — um sistema que, instalado nos carros, servirá para evitar acidentes.[9] O trem-bala Shinkansen, da empresa de transporte ferroviário do Japão Ocidental, viaja a mais de trezentos quilômetros por hora; logo de início, porém, as mudanças

---

* *Biomimética: Inovação Inspirada pela Natureza*, publicado pela Editora Cultrix, São Paulo, 2003.

produzidas pela pressão do ar resultavam em estrondos toda vez que o trem saía de um túnel. Eiji Nakatsu, o principal engenheiro-chefe desse trem, que por acaso era também um observador de pássaros, recomendou que se remodelasse a extremidade dianteira do trem, dando-lhe a forma do bico de um martim-pescador, o que resultou não apenas num trem mais silencioso, mas também numa redução de 15% no seu consumo de eletricidade e num aumento de velocidade de 10%.[10]

Como escreveu Michael Silverberg na *New York Times Magazine*, várias engenhocas em forma de árvore vêm sendo projetadas no momento.[11] Uma delas teria como alvo o carbono — "cem mil dessas 'árvores' poderiam absorver metade das emissões de carbono do Reino Unido" — e a outra metade captaria a energia do sol e do vento por meio de "módulos semelhantes a folhas" que poderiam ser colocados nos edifícios. Se o vento movimentasse todas essas "folhas", geradores em miniatura produziriam minúsculas quantidades de eletricidade. (Muito embora florestas *verdadeiras* fizessem esse trabalho muito melhor e com menos gastos.)

Você se lembra do complexo de escritórios e do centro comercial premiados, que foram inspirados nos cupinzeiros? O *designer* reconheceu a genialidade de certas espécies de cupins africanos e australianos, que constroem cupinzeiros mais altos que uma pessoa, com espaços especiais para vegetação e coleta de água e com um misterioso sistema de ar-condicionado. Num texto para a revista *Natural History*, J. Scott Turner, professor de biologia na Faculdade de Ciências Ambientais e Silvicultura da Universidade do Estado de Nova York, descreve o processo: "Ao construir o cupinzeiro elevado, erguendo-o acima do solo para que apanhe a brisa mais forte, os cupins fazem com que o ar circule pelos túneis do cupinzeiro. O fluxo do vento faz o ar penetrar pela terra porosa das paredes a barlavento, permitindo que a atmosfera do cupinzeiro se misture com o ar fresco que vem de fora... O que é admirável é o padrão de ventilação, um movimento de entrada e saída muito semelhante ao modo como o ar entra e sai de nosso pulmão".[12] Para o *designer*, o cupinzeiro coloca a questão de onde termina o "animado" e começa o "inanimado".

Quando as empresas se tornam parceiras da natureza, os benefícios não ficam restritos ao local de trabalho nem aos retiros dos funcionários ou ao *design*, mas chegam diretamente ao mercado, à economia dos serviços e ao setor varejista, que podem, por sua vez, reformular as cidades e áreas comerciais. Kathleen L.

Wolf, diretora de projetos da Faculdade de Meio Ambiente da Universidade de Washington, investiga como os ambientes naturais em contextos urbanos — isto é, árvores e outras plantas — influenciam o comportamento e a percepção de consumidores e outros.[13] Ela releu as pesquisas sobre a função das árvores em várias grandes cidades, inclusive Austin, Seattle e Washington D.C., e descobriu que as plantas atraem consumidores e turistas em bairros comerciais. Em seu relato, intitulado "Árvores Significam Negócios", ela afirma: "Em todos os estudos, fica claro que o índice de consumidores aumentou muito graças à presença de árvores. Os lugares onde elas existem são visualmente muito mais atraentes do que aqueles onde elas inexistem... As imagens de bairros comerciais com calçadas limpas e edifícios de grande beleza arquitetônica, porém sem árvores, tiveram as pontuações mais baixas, enquanto as imagens de bairros com árvores bem tratadas e bonitas passaram folgadamente à frente das outras, sobretudo quando formavam uma espécie de dossel sobre calçadas e ruas". E saibam os varejistas: "Apresentou-se aos entrevistados uma lista de bens e serviços e pediu-se a eles que lhes atribuíssem preços. As respostas variaram um pouco de cidade para cidade, mas os lugares com árvores foram infalivelmente associados aos preços mais altos. Os consumidores se mostraram dispostos a pagar 9% mais nas cidades pequenas e 12% mais nas maiores por bens e serviços em bairros comerciais onde houvesse árvores".[14]

A prova estará nas compras. Se houver muitas árvores nos futuros bairros comerciais, será que as pessoas passarão a evitar os grandes centros de vendas? É provável que não. O preço continua sendo algo fundamental. (Telhados verdes ou "fazendas" de energia solar nesses grandes centros ajudariam.) Se não houver novas opções, porém, quando se der ao público a opção de escolher entre um *shopping center* trivial e periférico e outro que tenha ruas arborizadas, a opção mais provável será esta última.

Tecnonaturalistas

Um dos clichês sobre negócios e natureza é que de tal relação não resulta nenhum lucro. Isso não é verdade. A aplicação do Princípio da Natureza à atividade comercial não é apenas uma questão de local de trabalho ou *design* empresarial, mas também diz respeito a novos produtos. Muitos acreditam que a tecnologia é a antítese da natureza, o que é compreensível. Eis, porém, um ponto de vista alternativo: uma vara de pescar é tecnologia. O mesmo se pode dizer de uma mochila. Ou de uma bússola. Ou de uma barraca para acampar. Quando as pessoas da minha geração corriam pelas matas com armas de brinquedo, estavam usando tecnologia como uma fonte de acesso à natureza. Hoje, a família que usa a tecnologia de localização por satélite (GPS) ou fotografa a vida selvagem com suas câmeras digitais, ou coleciona amostras de água de lagos, está fazendo algo tão legítimo quanto a prática de excursionar com mochilas; essas engenhocas oferecem uma desculpa para sair para o ar livre. A atitude dos jovens naturalistas perante as novas tecnologias tende a ser diferente daquela dos mais velhos — e isso pode ser uma vantagem.

Há não muito tempo, recebi uma nota de Jim Levine, que por acaso é meu agente literário e que também escreveu vários livros sobre paternidade e vida em família. Ele e Joan, sua mulher, estavam na cabana que lhes serve de refúgio em Massachusetts. Meu amigo estava prestes a sair para levar seu neto Elijah, de 4 anos, a uma reserva natural para pegar amostras da água de um lago "e observá-las com um microscópio fabuloso que comprei para ele", escreveu ele. Jim, que é meio fanático pelo seu *smartphone*, estava entusiasmado com o microscópio: "Posso conectá-lo ao computador (tanto ao de mesa quanto ao *notebook*), ver as imagens na tela e gravá-las como fotos ou vídeos. Assim, tenho imagens de nosso último passeio, de meu filho montando o microscópio e de um vídeo do que ele viu (paramécios* e muito mais) nesse incrível instrumento óptico. Agora, ele acaba de explicar para Joan que não é todo dia que alguém encontra um paramécio nas amostras de água. E ele só tem 4 anos!". E Jim e Joan, como avós, também estavam se conectando com a natureza.

Pessoalmente, não tenho muito interesse por esse tipo de engenhoca que parece extrapolar os limites do possível, a ponto de ficarmos mais atentos a ela do que à natureza (por exemplo, excursões por áreas naturais guiadas por iPod). Mas o fato é que os tecnonaturalistas vieram para ficar. Sem dúvida, qualquer um desses aparelhos pode distrair nossa atenção da natureza. As pessoas podem ficar tão deslumbradas pelo que veem na tela da câmera que nem olham para o regato. Da mesma maneira, alguns pescadores ficam tão concentrados em sua

---

* Seres unicelulares do gênero Paramecium. (N.T.)

tralha de pesca, ou no troféu que a competição pode lhes dar, que mal tomam conhecimento do que os cerca, a não ser da vara de pesca, do carretel e da linha de multifilamento. O valor de qualquer aparelho criado para facilitar a vida ao ar livre deveria estar associado ao tempo que as pessoas levam para deixá-lo de lado depois de algum tempo de uso. Esperemos que elas ainda queiram olhar ao redor e usar nada além de seus olhos e os outros sentidos.

"Como criar experiências para que as pessoas, em particular as que moram em cidades, se conscientizem da existência do mundo natural?", pergunta Janis Dickinson, diretora do programa Ciência para Cidadãos, do Laboratório de Ornitologia de Cornell, que patrocina o projeto Enalteça as Aves Urbanas [Celebrate Urban Birds]. "É possível, inclusive provável, que uma nova geração de tecnonaturalistas documente suas experiências ao ar livre não com papel e caneta, mas com dados eletrônicos, imagens digitais e vídeos, criando novas comunidades de ação e significado. O projeto Enalteça as Aves Urbanas está explorando essas ideias, mas não perde contato com o mundo real. Temos certeza de que passar tempo real na natureza real, com seus ritmos, suas paisagens, seus cheiros e sons, pode ser algo facilitado pela tecnologia, mas que jamais virá a substituí-la!"

Vivemos numa sociedade voltada para objetivos, e a maioria das pessoas precisa ter algum objetivo em mente ao entrar no mundo natural, seja para concretizar uma fantasia ou caçar e coletar. Pôr uma arma de brinquedo no ombro aos 10 anos de idade e entrar na mata era uma maneira de entrar na natureza. Tenho um novo "brinquedo" imaginário em mente, e tanto as crianças *quanto* os adultos podem passar bons momentos com ele. Será uma arma de brinquedo? Uma lente com teleobjetiva? A escolha é sua. Visualmente, qualquer um desses mecanismos poderia ser confundido um com o outro. (Quase todos nós que criamos garotos sabemos que é praticamente impossível desestimular as armas de brinquedo, pois eles geralmente transformam pedaços de pau em "arma". Portanto o melhor é oferecer alguma coisa nova que lhes permita dar vazão ao instinto de caçador-coletor.) Meninos, meninas e adultos (pensemos no *paintball*) poderiam levar esse artefato em suas explorações da natureza. Dentro dele haveria uma câmera digital, um microfone e uma conexão de telefone sem fio. Aponte esse dispositivo para um pássaro, clique, e a imagem será imediatamente enviada para a sua própria base de dados na Internet e, em seguida, para um site que mapeia e rastreia rotas migratórias e avistamentos das espécies. Usando um sistema de imagem e reconhecimento de sons, a ave seria identificada e registrada, ajudando, assim, os cientistas e cidadãos naturalistas que tentam entender os padrões migratórios e a distribuição das populações. Na verdade, um serviço semelhante já se encontra à disposição dos usuários de iPhone — e é bem provável que, no momento em que você estiver lendo isto, alguma versão bem mais sofisticada já esteja no mercado. Desse modo, uma brincadeira se transformará em ciência participativa e dotada de sentido. Uma ideia semelhante surgiu em 2010: um telescópio digital de 1.200 dólares que pode ser usado para caçar cervos, mas sem abatê-los. O artefato inclui um cartão de memória que armazena videoclipes de dez segundos que registram os "disparos" com absoluta precisão. A ideia é que esse telescópio seja usado em competições que seriam transmitidas pelo Outdoor Channel.

O entusiasmo por esses produtos é uma questão de gosto pessoal, mas eles realmente levam as pessoas para fora de casa. Quando pedi a alguns de meus colegas e amigos sugestões para outros produtos e serviços, imaginários ou já desenvolvidos, que pudessem conectar pessoas de todas as idades com a natureza, eles fizeram dezenas de sugestões para os empresários, com certa mistura temática entre o sustentável e o revitalizador.

Seguem algumas ideias para novas linhas de produtos, ou para outros que já existem, mas poderiam ser mais amplamente comercializados entre pessoas de diferentes faixas etárias: *kits* para jardinagem com orientações, sementes e plantas para naturalizar o jardim (com etiquetas para os viveiros de espécies locais); turismo na natureza, com acompanhamento de guias (e aplicativos para *smartphones*); câmeras noturnas e vídeos especiais para filmar animais raramente vistos na natureza circundante. (O conservacionista do zoológico de San Diego, Ron Swaisgood, diz que "os preços vêm baixando e a qualidade só faz aumentar. Compre um desses vídeos ou câmeras, instale-o numa árvore em algum barranco perto de casa e veja o que acontece. Baixe o vídeo em sua página no Facebook".)

Entre os serviços: jardineiros para os telhados verdes; aquários para peixes dentro de casa, com filtros e bombas; jardins de infância com pequenos arvoredos, onde as crianças poderiam estudar o dia todo ao ar livre; criação de cogumelos dentro de caixas de papelão nas quais há um pacote contendo uma mistura de materiais orgânicos, podendo-se cultivá-los nessa embalagem (essa ideia começou como um projeto de sala de aula e acabou se transformando num negócio em grande escala); pintores de telhados que os pintariam de branco nos meses de verão, para refletir o calor, e de preto nos meses mais frios, para absorver o calor; mecânicos ambulantes de bicicletas e serviços de táxi com bicicletas. Meu amigo Jon Wurtmann sugere esta ideia inovadora: "Passeadores de pessoas. Já temos passeadores de cães — por que não criar um serviço que leve seus filhos, seus pais idosos e os doentes para fazer caminhadas sem nenhuma pressa, em parques seguros e trilhas locais?".

Uma terceira categoria: criar serviços para melhorar o ambiente de trabalho nas empresas, que patrocinariam competições anuais de observação de aves, caminhadas por trilhas e outras atividades ao ar livre. Nancy Herron, do Departamento de Parques e Vida Selvagem do Texas, afirma: "Temos um concurso anual com equipes patrocinadas pela empresa, e os funcionários competem entre si para ver qual deles avista ou ouve mais espécies diferentes de pássaros em uma semana. O prêmio da equipe vencedora consiste em selecionar um projeto de conservação que terá seus trabalhos financiados".

Uma vez estimulado o espírito empresarial, é fácil começar a pensar em produtos e serviços. Alguns deles talvez não correspondam a nossas sugestões orgânicas — e existe, sim, certa contradição entre preservação da natureza e bens de consumo, mas vamos tentar superar nossas divergências. Será que preferiríamos que o mundo comercial pusesse ênfase em tudo, menos numa conexão com o mundo natural?

Com a natureza como parceira, o mundo empresarial pode tornar-se mais produtivo e rentável; na verdade, uma empresa que não seja alheia ou mesmo hostil à natureza tem certas vantagens naturais sobre as que continuam a destruir a conexão entre o homem e o mundo natural. Essas vantagens só são sustentáveis num contexto moral e social mais amplo, o que sugere a seguinte regra: se uma atividade comercial com ligações com a natureza acrescenta mais ao mundo natural do que dele tira, se reforça os cuidados humanos com a natureza ao mesmo tempo que fomenta a inteligência, a saúde e o bem-estar humanos, essa atividade comercial não é apenas moral, mas verdadeiramente perspicaz do ponto de vista natural.

Capítulo 16

Viver numa cidade revitalizadora

A Renovação Natural da Nossa Vida Urbana

Sempre que viajo, faço caminhadas para me revitalizar. Mesmo nas cidades mais barulhentas e congestionadas, geralmente encontro remanescentes do mundo natural que não se mostram ao olhar desinteressado. Com a câmera do meu celular, tiro fotos da água em movimento, da luz, do céu e de pequenos animais — uma marmota cruzando rapidamente os gramados de um campus universitário no norte do Estado de Nova York, um cardume de trutas num riacho de Connecticut, uma raposa que se esgueira sorrateiramente pelo centro de Little Rock — e é desses lugares que envio as fotos para minha mulher. A câmera funciona também como uma desculpa para eu parar, olhar e ouvir.

Certa tarde de novembro em Fort Wayne, Indiana, saí de um Holiday Inn para almoçar e tomei a direção norte, seguindo por uma rua que fervilhava de pontos comerciais.

Não havia calçadas, então caminhei por um acostamento coberto de grama, atravessando estacionamentos com cobertura de cascalho, até chegar a uma rua mal iluminada e sem faixa para pedestres. Os motoristas estavam alucinados, o trânsito parecia um nó impossível de desatar. Esperei muito tempo sob um semáforo, depois me esgueirei por entre os veículos e atravessei a rua. Passei diante do restaurante Hooters (onde havia uma enorme fila de espera) e do *Dream Girls*, um clube de *striptease* (meio vazio), até chegar à outra intercessão. Atravessei um posto de gasolina, desci por uma ladeira com gramado e finalmente cheguei a um restaurante da rede Applebee's. Almocei enquanto lia as notícias no meu celular, cercado por televisores de tela plana. Os comentaristas esportivos tinham suas vozes engolidas pela gravação de um roqueiro meloso e canastrão. Paguei. Ao sair, percebi uma rua lateral e algo que me pareceu um pequeno bosque, e para lá me dirigi. Ainda ouvia o barulho infernal do tráfego para além das árvores, e de vez em quando passava um carro, mas lentamente fui me deixando atrair e cativar por aquele pedaço de terra.

Olhei para os galhos desfolhados da gavinha cinzenta e observei um falcão--de-cauda-vermelha que voava em círculos e descia rapidamente. Lembrei-me de algo que havia aprendido pouco antes: os cineastas geralmente gravam o persistente grito desse falcão comum sobre a imagem da mais exótica águia-de-cabeça--branca, porque o grito dessa ave de rapina que é o símbolo dos Estados Unidos muitas vezes soa como o latido de um cachorro de brinquedo. Fiquei pensando no que um falcão vê, mas eu já sabia a resposta: qualquer coisa que queira ver. Acima das árvores, acima do falcão, caíam folhas do céu. Talvez essa revoada vespertina se devesse à mesma corrente ascendente que sustinha o falcão, ou talvez tivesse sido apanhada por algum redemoinho semanas antes, e só agora estivesse retornando à terra.

Continuei a caminhar. Cheguei a um lugar cheio de folhas e fechado por correntes. Havia ali uma placa em que se lia: ENTRADA PROIBIDA. Passei por cima da corrente e continuei a andar, adentrando cada vez mais na mata. Minutos depois, cheguei a uma ponte de concreto sobre um regato de águas quase paradas, onde parei e fiquei admirando a água. Folhas eram arrastadas pelo córrego lamacento. Enquanto observava o regato, lembrei-me de ter usado o Google Earth para localizar o riozinho de minha infância e de tê-lo encontrado — ou melhor, de ter visto o que restava dele enquanto o via sob um céu virtual.

Nesse momento, alguma coisa pesada e frenética passou por um emaranhado de arbustos. Consegui entrever um flanco que cruzou feito um raio. Um baque surdo de cascos. Depois, silêncio. Prendi a respiração, tentando localizar o cervo — ele estava ali, mas eu não conseguia vê-lo, como o rato no filme *Goodnight Moon*. Um som como de chuva vinha dos galhos quase secos logo acima, e olhei para ver as folhas ainda presas aos galhos mais altos, ou começando a girar à medida que se desprendiam. O vento ficou mais forte, o estrépito aumentou, o som e o cheiro da água e da terra e do céu e do cervo e de mim mesmo e do mundo inteiro para além do Hooters — todos subimos em espiral para o céu cinza-azulado.

O urbano é o novo rural

As oportunidades de encontrar o mundo natural estão por toda parte ao nosso redor, mesmo nas cidades maiores e mais populosas. Contudo, a menos que não percamos tempo em conservar e recuperar esses lugares e criar outros, a natureza de nossas imediações se transformará em alguma coisa exótica de tempos idos. A alternativa é que a natureza que nos cerca possa tornar-se um princípio ordenador crucial da vida moderna. Já examinamos aqui a importância do papel da biorregião em nossa identidade pessoal e regional, a importância de reabitar os lugares em que vivemos. Também vimos como é possível renaturalizar nossas casas e nossos jardins. O desafio que agora temos pela frente é o ambiente urbano maior, nossos bairros, os subúrbios e o campo. Quer sejamos pessoas comuns, urbanistas, arquitetos, especialistas em vida selvagem ou conservacionistas, todos podemos ajudar a revitalizar esse meio ambiente. E, ao fazê-lo, há entre nós inclusive aqueles que podem ganhar a vida com esse tipo de trabalho.

Há pouco tempo, passei uma tarde agradável com alunos da Universidade Cornell cujos cursos os preparavam para trabalhar em jardins botânicos. Acompanhei vários deles e seus professores num passeio pelas plantações ao redor de Cornell, onde a universidade tem um lugar no qual se cultivam árvores, arbustos e plantas herbáceas para fins científicos, exibição ao público etc. São cerca de dezessete quilômetros quadrados de áreas naturais que incluem pântanos, desfiladeiros, ravinas e bosques. Enquanto almoçávamos sob uma cobertura ao ar livre, discutimos o movimento Cidades-Jardins de primórdios do século XX, cuja ideia principal era que as experiências na natureza estavam ligadas à saúde humana, e também falamos sobre como essa conexão fora praticamente excluída da consciência pública e do planejamento urbano.

A educação desses alunos era voltada para a criação de jardins botânicos para melhorar a vida nas cidades. Perguntei-lhes se já lhes havia ocorrido a ideia de transformar cidades inteiras em paisagens botânicas. A pergunta deixou-os intrigados e a resposta foi que não, que nunca haviam pensado nisso como profissão a seguir — pelo menos até aquele momento.

Atualmente surgiu um movimento de renovação urbana *natural*. Durante meio século, sucessivos governos tentaram revitalizar cidades decadentes do interior, com resultados diversos. O que se chamava outrora de "renovação urbana" frequentemente tornava a vida pior, pois os urbanistas arrasavam os bairros entregues a si próprios e substituíam construções que tinham personalidade por projetos gigantescos que, com seus projetos de má qualidade, destruíam o sentido de comunidade. No século XXI, porém, as cidades mais vibrantes serão aquelas que integrarem sua população em um meio ambiente urbano enriquecido tanto por *habitats* naturais quanto renaturalizados. Mesmo nas cidades devastadas por problemas econômicos, talvez especialmente nelas, estará o potencial de grandeza. Com o mundo natural no centro de uma filosofia urbanística emergente, as cidades poderiam voltar a ser vistas como jardins. Na verdade, poderiam transformar-se em jardins.

Nos bairros urbanos, milhares de *shopping centers* supérfluos poderiam ser substituídos por ecovilas multifuncionais, com maior densidade residencial e mais espaço para a natureza. Uma ideia fantasiosa? Não, desde que as mais avançadas técnicas de projetos arquitetônicos e comunitários se mostrem passíveis de reprodução. Uma política pública inventiva oferecerá incentivos especiais às empreiteiras que construírem ecovilas nos bairros centrais degradados e nos subúrbios carentes de renovação. Sempre que possível, essas vilas urbanas verdes devem ter parques com vegetação nativa e estar ligadas por corredores que permitam a sobrevivência da flora e circulação da fauna, e também das pessoas, que teriam seu acesso facilitado aos outros bairros.

Em seu livro *Green Urbanism: Learning from European Cities*, e em seu filme *The Nature of Cities*, Timothy Beatley chama a atenção para várias ecovilas e diversos projetos urbanísticos que estão transformando partes de antigas áreas urbanas europeias.[1] Por exemplo, em Hammarby Sjöstad, em Estocolmo, na Suécia, uma comunidade com grande adensamento de construções está conectada a um pequeno bosque de velhos carvalhos. Em Amsterdã, um projeto imobiliário com restrição de acesso a veículos foi planejado com espaços para que neles os moradores fizessem jardins na área comum, e outro bairro tem um lugar para uso exclusivo das crianças. Em Malmö, na Suécia, a comunidade Western Harbor tem telhados verdes e um sistema de retenção de água das chuvas em tanques e canais com o objetivo de manter a flora e a fauna num contexto urbano. Com coletores solares, sistemas conversores de energia eólica e outras medidas, a comunidade agora extrai toda a energia necessária de fontes renováveis de produção local.

Nos Estados Unidos, alguns bairros urbanos extremamente populosos foram revitalizados como ecovilas, inclusive a Cleveland EcoVillage, a mais de três quilômetros a oeste do centro de Cleveland, Ohio, que tem 24 casas geminadas, chalés e casas independentes que contam com eficiência energética. A revitalização desse bairro urbano foi feita graças a uma parceria entre organizações sem fins lucrativos, a autoridade de trânsito regional, moradores locais e empreiteiros privados. No jardim orgânico da EcoVillage, onde antes havia trechos de terra desocupados, hoje há canteiros suspensos para hortas que oferecem grande abundância de produtos. E a comunidade também conta com um parque onde antes havia um posto de gasolina, que foi plantado com espécies resistentes à seca.[2] Não muito longe do centro de Cincinnati, Ohio, a Enright Ridge Urban Ecovillage possui uma reserva natural de seis hectares e meio, uma estufa comunitária, jardins residenciais e comunitários e uma trilha de três quilômetros que atravessa um parque chamado Hundred-Acre Wood. Os moradores têm o orgulho de afirmar que moram praticamente na natureza, criam galinhas no quintal, têm vizinhos cordiais e serviços a uma distância que pode ser percorrida a pé.[3]

A incrível cidade comestível

Inevitavelmente, as cidades crescerão verticalmente. Nas regiões urbanas com perspectivas de rápida expansão, não há como evitar que surjam edifícios e que a densidade urbana se torne cada vez maior. O arquiteto Prakash M. Apte, membro do Indian Institute of Architects e do Institute of Town Planners, vê essa modalidade de urbanismo vertical com edifícios altíssimos como um processo de desumanização que dilacera a tessitura cultural. "Em todo o mundo, os estudos de casos vêm documentando os resultados negativos de projetos de revitalização de áreas pobres por meio da construção de arranha-céus", escreve Apte. "As redes sociais e econômicas das quais os pobres dependem para sua subsistência dificilmente conseguem se manter onde predominam edifícios de muitos andares."[4]

Mas e se construíssemos diferentes tipos de arranha-céus: edifícios residenciais e comerciais com espaços dedicados a fazendas verticais? Em 1999, Dickson Despommier, professor de saúde pública na Universidade Columbia, começou a difundir o conceito de altos edifícios destinados ao cultivo de plantas segundo a técnica hidropônica, que extrai energia do sol, do vento e das águas residuais. Ele acredita que uma torre de trinta andares possa alimentar 50 mil pessoas. Em 2007, um projeto não muito elevado de fazenda vertical em Seattle ganhou um concurso para a criação de um edifício verde. Teoricamente, esse edifício supriria cerca de um terço do alimento necessário para quatrocentos de seus moradores.[5]

Projetos mais extravagantes propõem arranha-céus altíssimos, envoltos do primeiro ao último andar por espirais de terraços verdes que recolheriam a água da chuva ou teriam canais para sua captação e reciclagem, processo após o qual a água desceria espiral abaixo para fazer a irrigação das variedades vegetais obtidas mediante tal cultivo. Os funcionários de escritórios ou os moradores veriam o mundo exterior através de fantásticos jardins e hortas, ou poderiam sair de casa para cuidar das plantas ou simplesmente desfrutar de sua beleza. Em Nova York, um projeto de um complexo de 202 apartamentos, chamado Via Verde, incluiu uma torre de dezoito andares, um edifício de altura média com apartamentos duplex e casas geminadas. Sessenta e três unidades seriam apartamentos em sistema de cooperativa, e caros; as demais seriam moradias para alugar a preços mais acessíveis. Essas plantas começariam no nível do solo e subiriam em espiral até uma série de telhados verdes e a cobertura plana do edifício.

Mesmo sem fazendas verticais, a arquitetura urbana está olhando para cima. Todo telhado e toda parede disponível têm condições de oferecer um ambiente natural para os humanos e pequenos animais. Se as cidades astecas tinham telhados luxuriantes, por que não podemos tê-los também? Os telhados verdes não só diminuem os custos de calefação e refrigeração, como têm maior duração do que um telhado normal; eles também podem absorver a água da chuva, oferecer um *habitat* para a flora e a fauna e ajudar a diminuir a temperatura dos centros urbanos. Os telhados verdes e as paredes vivas podem produzir alimentos e ser usados para purificar a água poluída. E, evidentemente, também acrescentam beleza.

Nos próximos anos, grandes setores dos bairros urbanos desenvolvidos terão de passar por uma renovação. Pensemos em Detroit. Nas últimas décadas,

220

essa cidade foi devastada pelo fechamento de fábricas, pelo aumento das áreas suburbanas e pela falta de investimentos. "Cerca de um terço de Detroit, algo em torno de 65 quilômetros quadrados, passou da decrepitude a uma grande redução populacional e à pradaria — um vazio urbano quase do tamanho de São Francisco", afirma Rebecca Solnit na *Harper's Magazine*. Ela relata sua perambulação por um desses bairros, "ou, melhor dizendo, por um ex-bairro", onde "aproximadamente uma casa destroçada e calcinada ainda se mantinha em pé em cada quarteirão". Grande parte dessa área costuma ser representada como terra urbana devastada, mas em Detroit aconteceu algo extraordinário, que vai além dos tradicionais projetos verdes com eficiência energética e é mais profundo do que isso.

Em 1989, uma organização sem fins lucrativos, The Greening of Detroit, foi criada com o objetivo de combater a perda de meio milhão de árvores locais devido à "doença holandesa do olmo".[6] Esse grupo também recupera terrenos vazios cultiváveis como pequenos bosques cujas árvores serão algum dia replantadas na comunidade. Seus projetos atuais incluem a recuperação da vegetação dos bairros, o plantio de árvores em parques e a criação de pequenas hortas. A organização relata em seu site: "Para cada viveiro criado em bairros, limpamos o terreno, depois construímos bermas, espalhamos húmus e plantamos as árvores. Usamos plantas decorativas para maior fruição do espaço, cercamos tudo e colocamos sinalização para melhorar o aspecto do terreno e dotá-lo de uma 'assinatura', o que ajuda a diminuir o vandalismo. De início, plantamos árvores pequenas que irão crescer entre três e cinco anos com os cuidados da comunidade e do Greening's Green Corps". A organização contratou mais de quinhentos jovens de Detroit desde 1998 para que ajudem a manter as plantas e adquiram conhecimentos de ecologia urbana. Esse programa do Green Corps expandiu-se, abrindo suas portas a adultos que queiram adquirir experiência nesse tipo de trabalho em seu lugar natural.

Um exemplo da eficiência desse grupo é o parque Romanowski, um parque urbano de 10.500 hectares que inclui uma fazenda, um parque infantil, um pavilhão para estudos, uma trilha para caminhadas, um arvoredo de bordo-açucareiro e, claro, campos para os garotos jogarem futebol. Na primavera, a organização trabalha em conjunto com as escolas do bairro para ensinar aos estudantes jardinagem e nutricionismo. Porém há mais que isso. "O Greening de Detroit inspirou seus voluntários e parceiros de comunidade a transformar quilômetros de espaços abertos públicos e privados — inclusive alguns dos 60 mil terrenos baldios da cidade — em recursos utilizáveis e produtivos", segundo informes da organização. "Ajudamos nossos companheiros de plantio a criar centenas de jardins e canteiros perenes, além de berçários de árvores em bairros de toda a cidade. Ano após ano, esses espaços verdes produzem centenas de árvores e toneladas de legumes e verduras que são consumidos pelos moradores."

Nada disso jamais compensará a devastação econômica de Detroit. Solnit, porém, sentiu-se feliz por haver explorado o que outrora fora um centro urbano extremamente populoso e encontrar espaços destinados à produção de legumes para venda nos mercados — terrenos que estavam abandonados e que passaram a ser cultivados para levar alimentos às mesas das pessoas. Ela escreve: "O futuro, pelo menos o futuro sustentável, o único em que poderemos sobreviver, não vai ser inventado pelas pessoas que renunciam sem nenhum pesar aos pequenos privilégios de seu meio ambiente. Será criado por aqueles que foram expropriados de tudo isso ou que, na verdade, nunca tiveram coisa nenhuma".[7]

Muitos moradores de áreas centrais ou suburbanas estão transformando por conta própria suas casas e seus bairros, de modo muito semelhante ao que levou Karen Harwell a criar o Dana Meadows Garden. Até os apicultores de Manhattan recentemente saíram da clandestinidade* e hoje podem cuidar de suas colmeias legalmente, graças a uma solução do Departamento de Saúde há muito esperada. Em 2010, a Câmara Municipal de Gresham, no Oregon, revogou uma lei municipal que não permitia a criação de galinhas na cidade. Katy Skinner havia criado galinhas em Portland e desenvolveu o site TheCityChicken.com, antes de voltar para Yacolt, em Washington. "Gosto das galinhas porque, depois dos peixes ornamentais de aquário, elas são o animal doméstico de mais fácil criação; quase não apresentam problemas", diz ela. Algumas famílias estão descobrindo que preferem galinhas a cães ou gatos como animais de estimação, em parte porque elas dão menos trabalho. E (pelo menos até onde se sabe) cães e gatos não botam ovos. Na revista *Backyard Poultry* (sim, há uma revista dedicada às aves domés-

---

* Após onze anos de proibição (a infração era passível de multa de 2 mil dólares), a cidade finalmente autorizou a criação de abelhas. (N.T.)

ticas), Frank Hyman conta que foi bem-sucedido em suas tentativas de mudar a política municipal em relação às galinhas na Câmara Municipal de Durham, na Carolina do Norte: "Em trinta anos de ativismo político, ganhei quatro eleições como diretor de campanha, fui funcionário da Câmara numa gestão municipal, ajudei a criar organizações políticas, fui presidente de uma associação de bairros e defendi questões como a redução do preço das moradias e reciclagem dos dejetos do sistema de produção ou consumo. Porém jamais imaginei que um dia estaria empenhado em mudar as leis de modo a permitir que as pessoas pudessem criar galinhas em seus quintais". A mulher de Hyman, Chris, "pensa nas galinhas como 'animais de estimação com vantagens adicionais'".[8]

O sonho de uma cidade comestível é muito parecido com o movimento alternativo que, décadas atrás, lutava pela criação de hortas comunitárias — enquanto não levarmos em conta a explosão da indústria de alimentos ecológicos. Acrescente-se agora outro ingrediente: o movimento *Slow Food*, criado em 1986 por Carlo Petrini, um italiano que, ao ver que estavam construindo outro McDonald's na Praça de São Pedro de Roma, resolveu que a melhor maneira de lutar contra o *fast-food* implicava usar o bom gosto. Petrini lançou a primeira campanha a favor do *Slow Food* no Norte da Itália com o objetivo de "proteger os prazeres da mesa diante da homogeneização do comer o mais rápido possível devido à correria da vida moderna". Desde então, os *Slow Food conviviums* (da palavra latina *convivium ĭi*, que significa "participação em banquete ou festim") tornaram-se muito comuns.

O potencial de desenvolvimento da agricultura urbana é ainda maior do que poderia parecer. Um relatório da Universidade Rutgers e de membros da North American Initiative on Urban Agriculture, da Community Food Security Coalition, fez um mapeamento da tendência nacional: por todo o país, "quantidades significativas de alimentos" são cultivadas por produtores empresariais, produtores comunitários, produtores de quintal, bancos de alimentos em terrenos baldios, parques, estufas, telhados, sacadas, peitoris de janelas, tanques, rios e estuários. Só nos Estados Unidos, um terço de 2 milhões de sítios e fazendas já está situado em áreas metropolitanas e produz 35% dos legumes, das frutas, do gado, das aves domésticas e dos peixes (o que pouco surpreende, tendo em vista a expansão urbana). "O potencial para expandir a produção urbana é enorme", segundo o relatório. Junte a isso a crescente preocupação com a segurança alimentar: "Tempos de guerras e conflitos dificultam nossa dependência de fontes de alimentos distantes, principalmente depois dos atentados de 11 de setembro". Embora o medo seja motivador, o que está em jogo é o prazer — o prazer de uma comunidade unida.

Depois de uma conferência de arboristas urbanos em Berkeley, fui caminhar por uma rua com Nancy Hughes, uma líder da silvicultura urbana. Ela apontou para uma árvore com o tronco apertado dentro de uma espécie de vaso sem fundo. "Quando começamos a atentar para os desenhos criados pelas sombras, nunca mais somos os mesmos." Hughes acredita que precisamos de políticas municipais incisivas de ajardinamento de terrenos para ajudar a limpar o ar, diminuir o calor da superfície das cidades e beneficiar os nossos sentidos. As árvores absorvem o carbono da atmosfera. As florestas urbanas também retêm e filtram a água. Criar uma verdadeira floresta urbana requer muito mais conhecimentos e investimentos do que poderiam pensar alguns estrategistas políticos.

Eis um exemplo dessa complexidade: quando se plantam árvores para controlar a poluição do ar, nem todas as árvores são apropriadas, pois algumas produzem um pouco de poluição atmosférica. Pensemos no plátano da Califórnia ou no liquidâmbar. Em termos vegetais, elas equivalem ao Chrysler Imperial 1966 que meu tio Horton costumava dirigir. Bem, talvez eu esteja exagerando um pouco, mas o fato é que essas árvores emitem compostos químicos que contribuem para a formação do ozônio troposférico e a produção dos aerossóis, segundo pesquisa realizada no Laboratory for Atmospheric Research da Universidade do Estado de Washington. Por outro lado, o abacate, o pêssego, o freixo, a *zelkova serrata* e a olaia norte-americana emitem quantidades baixas de ozônio. São excelentes para purificar o ar — os bons cidadãos do mundo das árvores.

O empenho regional de Sacramento resultou numa campanha pioneira na Califórnia. A Sacramento Tree Foundation orienta o público sobre os benefícios do plantio de árvores, insinuando um rendimento de 270% decorrente dos investimentos numa floresta urbana. Em 2005, a fundação lançou sua iniciativa regional Greenprint, que esperava duplicar a arborização urbana da região plantando 5 milhões de árvores em 22 cidades e quatro condados até 2025. Alcançar esse objetivo significaria uma bem-vinda queda de três graus na temperatura média de

Sacramento nos meses de verão, e uma estimativa de 7 bilhões de dólares graças à economia em longo prazo nos setores de energia, poluição do ar, limpeza urbana e gerenciamento das águas pluviais. A saúde também será beneficiada. Sacramento tem a segunda maior incidência de câncer de pele da Califórnia. A região perdeu incontáveis carvalhos nativos para a construção de moradias, e os habitantes perderam grande parte da sombra que essas árvores lhes ofereciam.

Toronto também espera duplicar sua arborização urbana, mas as autoridades locais concluíram que alcançar esse objetivo seria impossível sem que houvesse maior participação das pessoas. Andy Kenney, professor de administração florestal urbana na Universidade de Toronto, lançou uma campanha chamada Neighbourwoods, que treina pessoas para identificar, plantar e cuidar das árvores de seus bairros e de suas próprias casas. Por sua vez, algumas cidades estão criando novas maneiras de cuidar de suas áreas verdes, aumentando ou criando redes naturais que liguem os parques a trilhas e bairros. Os exemplos incluem a BeltLine, uma linha de bonde ou trem de bitola estreita que circundará o centro urbano. O parque aproveitará a via férrea já construída para ligar as áreas verdes a quarenta parques já desenvolvidos ou em fase de construção por meio de um caminho para pedestres e de uma ciclovia. Em Scottsdale, Arizona, o Indian Bend Wash é uma série interconectada de parques e trilhas para excursões, coletivamente chamada pelas pessoas de Cinturão Verde. Em Copenhague, onde um terço dos habitantes vai trabalhar de bicicleta, a iniciativa municipal de construir rotas verdes, conectando áreas periféricas com bairros urbanos, oferece cerca de cem quilômetros de caminhos através de parques, e, ao longo dos canais, há pontes sobre estradas com tráfego muito intenso. Essas redes verdes, combinadas com o número cada vez maior de corredores naturais que vêm sendo criados nas cidades, são importantes componentes do padrão ainda incipiente da moderna "pegada verde" urbana.

Sua influência pode passar para os bairros vizinhos. Junto a outros líderes comunitários, Mike Stepner, diretor do Stepner Design Group e professor da NewSchool of Architecture and Design, de San Diego, afirma que os cânions naturais da cidade (em fotos aéreas, o complexo-padrão de cânions assemelha-se aos pulmões e brônquios da região) oferecem uma oportunidade única de usar o *design* revitalizador como princípio organizador central para o futuro da região. Stepner acredita que os cânions devem ser levados para os bairros, em vez de apenas levar os vizinhos para eles. Os planejadores urbanos e os protetores dos cânions poderiam aprimorar seu aspecto, e também sua vivência emocional, acrescentando plantas nativas e outros elementos naturais às comunidades adjacentes, assim como aos bulevares, aos parques, às praças e outros espaços afins. Cada um desses cânions a pouca distância de uma escola pública seria uma aula potencial de vida ao ar livre.

Um parque descentralizado em cada cidade: um pequeno parque em cada bairro

Quando conheci Classie Parker, do Harlem, ela praticamente corria para lá e para cá no jardim comunitário que supervisiona em Nova York. Estendeu-me um punhado de folhas de uma erva em forma de cunha que ela e seus vizinhos cultivavam nesse espaço, de aproximadamente mil metros quadrados, entre casas com fachadas de arenito pardo na Rua West 121st, no Harlem. "Você não se sente feliz neste lugar?" — perguntou radiante. Seus colegas estavam trabalhando na remodelação da pequena horta e do pomar que já cultivam há mais de dez anos, tentando torná-los ainda mais belos e produtivos. Eles cultivam alimentos para mais de quinhentas famílias naquele pequeno pedaço de terra. Ela me disse que não é ambientalista, mas agricultora.

Seu pai, já perto dos 90 anos, senta-se todo dia num banco em meio à vegetação, com as mãos nodosas segurando uma bengala — a imagem consumada de um feliz agricultor urbano.

"Você não tem a impressão de que meu pai é seu pai?", perguntou Classie.

Essa frase ficou comigo para sempre.

Fui apresentado a ela por representantes do Trust for Public Land (TPL), cujo trabalho consiste em proteger espaços urbanos naturais em todo o país. Tempos depois, levaram-me ao quintal de uma escola pública elementar na qual os alunos haviam transformado o que era puro asfalto em sua pequena horta e num jardim escolar. O professor que supervisiona o jardim me disse que seus alunos tinham começado a extrapolar esse espaço para estudar as árvores da rua, comparando-as com as de outros bairros da ilha de Manhattan. Ele também me disse que alguns de seus alunos nunca tinham visto o rio Harlem, que corre um pouco além dos edifícios que estão em seu entorno. Lembro-me de estar naquele extraordinário espaço verde, seduzido pelo sentimento de esperança, cura e pura alegria de viver que Classie Parker me transmitia tão profundamente. Pensei nos cânions ameaçados e fragmentados de minha própria cidade e em como alguns de nós pensamos em protegê-los, dando-lhes uma identidade coletiva e um nome: Regional Urban Canyonlands Park de San Diego. Acabe com um deles e terá acabado com todos.

Em Nova York, há centenas, talvez milhares de espaços verdes, inclusive telhados verdes que poderiam ser politicamente centralizados e protegidos. Que nome se daria a tal rede? Nunca haverá outro Central Park, mas os nova-iorquinos poderiam fazer história urbana se criassem um parque formado por milhares de pequenas áreas de lazer decoradas com plantas nativas, uma galáxia de esmeraldas urbanas no solo e nos telhados. Talvez o nome pudesse ser Parque Descentralizado de Nova York.

Os espaços de lazer — onde adultos e crianças passam algum tempo de sua vida — poderiam certamente ser parte integrante dos parques descentralizados. Mesmo numa cidade já cheia de parques, as crianças nova-iorquinas não têm muitas oportunidades de interagir com a natureza. Para resolver esse problema, alguns planejadores e educadores estão criando áreas de lazer onde crianças e adultos podem rolar por ladeiras gramadas e escalar rochas protegidas por árvores. É surpreendente que as áreas verdes destinadas ao lazer possam ser projetadas de modo a sobreviver a milhares de pisoteios. Nas duas últimas décadas, os projetistas de áreas de lazer naturais tornaram-se hábeis em criar paisagens vivas que usam terra e plantas especializadas, assim como novas tecnologias de irrigação; eles criam ladeiras que resistem à erosão e cobrem paredes com jardins pendentes. Para refletir a luz do sol e dissipar a neblina, colocam espelhos nos edifícios que, por serem muito próximos, impedem que se veja o sol. Algumas dessas técnicas estão agora incorporadas no Teardrop Park, em Battery Park City, e pensa-se em implantá-las ao Bridge Park do Brooklyn, um espaço maior. Um grande número de oportunidades está ao nosso alcance para transformar parques infantis asfaltados e já decadentes em espaços recreativos naturais.

Que cidade melhor que Nova York para ir além do típico terraço-jardim e criar telhados verdes, que são eficientes do ponto de vista energético, proporcionam um *habitat* para diferentes espécies e podem ser adaptados de modo a tornarem-se espaços de convivência e lazer? Como diz Stephen Kellert, da Universidade Yale, "não há razão pela qual os telhados verdes não possam oferecer experiências mais positivas e espaços mais agradáveis do ponto de vista estético, principalmente porque os telhados constituem o maior *habitat* disponível na maioria das áreas metropolitanas, o que permite que as plantas realizem o processo de fotossíntese com a energia fornecida pela luz do sol. A possibilidade de fazer algo com esse *habitat* é estimulante".[9]

Também precisamos ser mais criativos em relação ao espaço apropriado para as experiências com a natureza, em particular porque as pessoas têm concepções muito distintas sobre o uso que deve ser dado aos espaços abertos e aos parques já desenvolvidos. Na Austrália, Peter Ker, repórter que faz a cobertura de questões sobre o meio ambiente para *The Age*, um dos jornais nacionais australianos, descreve como, em Melbourne, "lidar com os parques sempre foi mais fácil de dizer do que de fazer". Os planos de criar um jardim comunitário dentro de um parque enfureceram os moradores das imediações. "Um grupo dessas pessoas queria o espaço para cultivar plantas, enquanto outros viam a iniciativa como uma diminuição do espaço do parque em benefício de poucos." A intolerância despertada pelo debate pegou as autoridades locais de surpresa. Com essa controvérsia em mente, Mardie Townsend, professora adjunta da Universidade Deakin, sugeriu a Ker a "procura, no ambiente urbano, de lugares em que fosse possível criar novos parques e jardins comunitários", o que incluiria "o aproveitamento de vielas, terrenos desocupados e proximidades de rios, que são impróprios para a construção de moradias". Em longo prazo, ela acrescentou, empresas privadas poderiam transformar algumas de suas propriedades em espaços de recreação pública. "Pense num lugar como Chadstone [um *shopping center*], onde há quilômetros de estacionamentos e só dois ou três andares. Por que não transformar o último deles num parque [natural] que manteria uma temperatura agradável nos andares inferiores, além de oferecer um maravilhoso espaço ao ar livre para as pessoas? Elas terão muito mais vontade de ir a Chadstone se ali houver um belo parque em que poderão sentar-se e almoçar antes de irem às compras, transformando a totalidade do espaço num grande atrativo econômico para o comércio local."[10]

Os bairros também podem ser mais criativos. Nos últimos anos, o movimento de aquisição de terras privadas para uso público tem sido extremamente bem-sucedido, sobretudo quando comparado com as grandes organizações ambientalistas nacionais, sempre às voltas com obstáculos para aumentar o número de associados e conseguir mais financiamentos. É inegável, porém, que esse tipo de movimento não pode ser responsável por tudo. E se cada pessoa, agindo por conta própria ou em grupos de vizinhos, desse um passo à frente para proteger os pequenos espaços verdes mais próximos de suas casas e depois se empenhasse em transformar essa iniciativa numa rede verde ainda maior? Você se lembra do lugar especial que você tinha na natureza quando ainda era criança — aquele terreno arborizado no fim de um beco, aquele barranco atrás da sua casa? E se os adultos tivessem cuidado desse lugar especial tão bem quanto você cuidou na sua infância? Eis uma ideia cuja concretização talvez seja viável: a criação de "movimentos de aquisição de terras próximas" nos bairros. Essas organizações poderiam criar e distribuir *kits* de ferramentas e, talvez, oferecer serviços de consultoria para mostrar aos moradores do bairro em questão como eles podem se unir para diminuir ou pôr fim à burocracia e proteger essas pequenas preciosidades da natureza limítrofe — que poderiam unir-se simbolicamente de modo a formar parques descentralizados.

Em Denver, quando a Organização em Favor da Preservação de Terras Públicas [Trust for Public Land, TPL], em trabalho conjunto com a Colorado Health Foundation, uniu os grupos preocupados com a desconexão entre o ser humano e a natureza, eu e os líderes da TPL quebramos a cabeça na tentativa de imaginar qual seria o futuro desse tipo de movimento em tempos de crise econômica. Um dos líderes desse grupo sugeriu que os líderes dos bairros vizinhos também poderiam procurar casas abandonadas, comprá-las, demoli-las e transformar os terrenos em parques renaturalizados ou hortas ou jardins comunitários. "Na realidade, é imprescindível que pensemos em criar natureza, não apenas em conservá-la", disse ele.

Eis um exemplo desse modo de pensar. Em Charlotte, na Carolina do Norte, a Catawba Lands Conservancy, uma *land trust*,* protege trezentos hectares de terreno. A Catawba também é o principal órgão, que tem a Carolina Thread Trail, uma rede de trilhas planejada para estender-se por uma imensa área da Carolina do Norte e da Carolina do Sul, atravessando quinze condados e servindo a mais de 2 milhões de pessoas. Em seu site, a organização Catawba descreve a Thread

---

* Organização regional, sem fins lucrativos, que atua em favor da conservação da terra. (N.T.)

Trail da seguinte maneira: "Em poucas palavras, a rede ligará pessoas e lugares. Ligará cidades grandes e pequenas, e lugares que atraem turistas. Mais que uma trilha para caminhadas a pé, mais que uma ciclovia, a Carolina Thread Trail preservará nossas áreas naturais e será um lugar para explorar a natureza, a cultura, a ciência e a história, para aventuras em família e para a celebração de amizades".[11] Se esse conceito sobreviver intacto aos entraves legais e políticos, inevitáveis sempre que as pessoas lutam por um objetivo desse porte, a Thread Trail será um exemplo de como as regiões podem concretizar um anseio cada vez maior pela saúde e pelo bem-estar que a natureza oferece aos seres humanos. Na verdade, a disponibilidade de ambientes naturais nas cercanias é — ou deveria ser — vista como parte integrante de nosso futuro sistema de saúde, por razões que dizem respeito tanto à saúde física quanto à mental.

O princípio organizador central das instituições (*trusts*) voltadas para a aquisição e conservação de terras próximas seria *faça você mesmo, e faça agora*, com alguma ajuda e informações de amigos que conheçam a figura jurídica da *land trust*.

Como poderíamos chamar esses pequenos pedaços de terra? Eis minha sugestão: *parques-botões*. *Parque de bolso* é o termo criado por governos e empreiteiras para designar os pequenos parques; parques-botões passa a impressão de que as próprias pessoas podem "costurá-los". O termo faz muito sentido no caso da Trilha do Fio de Linha [Carolina Thread Trail] da Carolina do Norte e do Sul. O nome dessa trilha não diz respeito apenas à imagem que evoca, mas também remete ao fato de esses dois Estados dependerem há muito tempo das indústrias têxteis. Nas últimas décadas, o trabalho de costurar camisas cedeu espaço às indústrias de alta tecnologia, mas o sentido regional dessa história não deixou de existir. Em uma visita que fiz a meus bons amigos Catawba,* ocorreu-me que a Thread Trail iria se fortalecer com o tempo, política e socialmente, se as pessoas que moram nas imediações da trilha se envolvessem mais diretamente não apenas com o uso da trilha, mas também se abraçassem a causa dos parques-botões. Esses espaços não precisariam estar fisicamente conectados à trilha, mas serviriam como pequenas extensões dela por toda a região.

---

* Subgrupo extinto do grupo Sioux, essa tribo nativa norte-americana vivia nos estados da Carolina do Norte e do Sul. É provável que o autor se refira a remanescentes desse subgrupo. (N.T.)

Não há dúvida de que haveria objeções, algumas baseadas no medo das responsabilidades decorrentes e na possível perda de privacidade. Contudo há precedentes no país. Em Fort Wayne, Indiana, Jason Kissel, diretor executivo da Land Trust ACRES, sugere uma hipótese intrigante. A ACRES tem protegido regiões naturais no nordeste de Indiana, no sul de Michigan e no nordeste de Ohio. Kissel acredita que associações de vizinhos poderiam criar parques-botões e que, pelo menos em Indiana, o uso público de terras privadas deixadas em seu estado natural corre menos riscos de litígios futuros do que as terras que foram "beneficiadas".

Com o processo de criação de parques-botões, as pessoas se conscientizariam da importância crescente do movimento das *land trusts* e lhe dariam apoio.

Relacionar-se bem com os vizinhos

Criar cidades habitáveis não diz respeito apenas ao desenvolvimento de infraestruturas verdes; remete também ao modo de incrementar conscientemente a flora e a fauna urbanas e, inclusive, ao bom relacionamento com os vizinhos. Em Portland, Oregon, o paisagista Mike Houck, um dos líderes do crescente movimento nacional em defesa da renaturalização das cidades, descreve os desafios que isso apresenta.

Em Portland, empreiteiros e construtores de estradas passaram décadas destruindo os *habitats* das cidades. Ao mesmo tempo, espécies invasoras como a amora-preta do Himalaia e a hera inglesa tornaram-se dominantes em grande parte dos espaços de propriedade pública. Entre 1990 e 2000, a população da cidade aumentou aproximadamente 20,7%,[12] mas o uso dos espaços abertos aumentou apenas 4%.[13] Ocorreu ali o contrário da tendência na maior parte das regiões metropolitanas dos Estados Unidos. As ameaças, incluindo um afrouxamento dos limites determinados para as áreas urbanas, um trabalho pioneiro levado a cabo por esse Estado, continuam a existir. Não obstante, algumas autoridades, agências públicas e eleitores aceitaram tranquilamente um novo paradigma de natureza urbana, uma mudança de percepção que, nas palavras de Houck, passou da cegueira diante da natureza urbana para uma postura "ainda mais selvagem aos olhos da mente". As autoridades de Portland estão preservando mais áreas naturais no âmbito da zona urbana e trabalhando para recuperar a vegetação nativa. Como resultado, Houck afirma alegremente que está havendo um retorno da natureza selvagem à cidade. "O ninho mais prolífico de falcão-peregrino em Oregon encontra-se no Fremont Bridge de Portland", diz ele. Quinze anos atrás, não havia águias-calvas em Portland. Hoje, elas também fazem seus ninhos no meio da cidade. "Conquanto seja verdade que a volta dessas águias e das águias-pescadoras possa ser atribuída à proibição do DDT, elas não estariam em Portland se a cidade não tivesse um *habitat* propício a seu retorno."

Outras cidades estão seguindo o exemplo de Portland. Por meio da Intertwine Alliance, Portland formou uma "aliança das alianças" com Chicago Wilderness, Houston Wilderness, Lake Erie Allegheny Partnership for Biodiversity e Amigos de los Ríos, de Los Angeles, para fazer pressão em âmbito nacional com o objetivo de levantar fundos para um amplo projeto de conservação da biodiversidade regional que se concentre no meio ambiente urbano.[14] Esforços semelhantes são feitos, na região de Seattle, por organizações e iniciativas como o Cascade Land Conservancy e o East Bay Regional Park District, e pelos condados de Contra Costa e Alameda na Área da Baía da Califórnia. A cidade de Austin, no Texas, está atualmente protegendo uma colônia urbana de morcegos e vê nessa iniciativa uma fonte de desenvolvimento econômico. Toda noite, uma multidão se reúne para ver os morcegos saindo em revoada debaixo de uma famosa ponte da cidade; as nuvens afuniladas que formam são visíveis a quilômetros de distância. Esses morcegos não apenas ajudam a controlar a população de pernilongos; o fato de terem se transformado numa atração turística constitui uma grande fonte de renda. O Departamento de Estradas de Rodagem do Texas está construindo pontes cujos projetos se destinam a atrair morcegos.

Outras cidades dão notícias do sucesso de iniciativas semelhantes. Embora muitas espécies continuem ameaçadas pela poluição, pelo desenvolvimento urbano e pelas espécies invasoras recém-introduzidas, os esturjões-brancos estão atualmente desovando num arrecife artificial no rio Detroit. "Pense nisso: há 35 anos, tínhamos grandes manchas de petróleo na superfície da água do rio Detroit, níveis elevados de fósforo, muito mais água de esgoto e muito mais contaminantes como DDT, PCP e mercúrio", escreveu John Hartig (que nada tem a ver com o pesquisador Terry Hartig), diretor da Detroit River International Wildlife Refuge. E não são somente os peixes que estão retornando à cidade. Os castores

232

também estão de volta.[15] Até Nova York está se tornando mais "selvagem". "O aparecimento de um castor no rio Bronx, de Nova York, no inverno de 2007, o primeiro em dois séculos, aumentou o interesse por reconectar com a natureza os 16 milhões de habitantes da região", acrescenta ele. Mais recentemente, as águias-calvas, das quais só havia um casal em Nova York em 1976, voltaram em número considerável, inclusive em Manhattan.

Contudo a renaturalização de nossas cidades e de nossos bairros traz consigo alguns riscos. Sobretudo no Nordeste dos Estados Unidos, a população de cervos é um problema real para motoristas e jardineiros. Seu predomínio também põe em risco a biodiversidade. As soluções propostas, todas controvertidas, vão desde a regulamentação da caça até o controle de natalidade desses animais. Outros problemas é a doença transmitida por carrapatos, que está relacionado com a população de cervos. No sul da Califórnia, no Colorado e em outras regiões em desenvolvimento, os encontros entre humanos e pumas ou ursos têm aumentado à medida que a expansão das moradias tem adentrado cada vez mais a zona rural e o agreste.

Essa tendência requer uma clara reflexão sobre a questão do risco. Cerca de 30 mil pessoas morrem todo ano em acidentes de trânsito, mas somente 130 morrem devido a encontros com cervos — e a maioria dessas mortes envolve automóveis. Na verdade, os cavalos matam muito mais pessoas — mais de duzentas por ano — do que os alces. Há uma possibilidade em 50 mil de que você será morto por um animal de grande porte, e essa probabilidade sobe para uma em 56 mil no caso de mortes por raio. Essas estatísticas não servem de consolo para o grupo de pessoas que já deu de cara, digamos, com um puma agressivo, ou que tiveram filhos atacados por um coiote ou uma raposa — como acontece nos Estados Unidos e no Reino Unido. Pensemos também no risco que apresentam os animais domésticos. No caso dos norte-americanos, os Centers for Disease Control afirmam que há uma possibilidade em cinquenta de alguém ser mordido por um cachorro.[16] Todos os anos, cerca de 800 mil norte-americanos procuram cuidados médicos por causa de problemas de saúde, e as crianças constituem a metade desse contingente.[17] Passar os olhos pelos nossos jornais já é suficiente para nos encher de horror. Eles nos falam de crianças mortas por matilhas de *pit bulls*, de idosos estropiados por seus próprios cães de guarda, praticantes de *jogging* derrubados por *rottweilers*. Isso não quer dizer que não valha a pena ter animais de estimação. Na verdade, muitas raças não são devidamente usadas. Se, nos lugares onde são aceitos, cães mentalmente equilibrados forem usados como companheiros e protetores de jovens e adultos em suas excursões, muitas pessoas que de outro modo não desfrutariam do prazer das experiências ao ar livre iriam sentir-se confortáveis em passeios por cânions, matas e outras áreas naturais.

Uma questão relacionada: se mantivéssemos nossos gatos dentro de casa, estaríamos salvando a vida de incontáveis pássaros canoros, ao mesmo tempo que os gatos estariam a salvo de coiotes, de outros predadores selvagens e dos perigos da rua.

"Há pessoas que querem um mundo sem riscos, o que nunca vai acontecer", diz Walter Boyce, veterinário de animais selvagens e diretor executivo do Wildlife Health Center da Universidade da Califórnia — em Davis. Boyce sabe muito bem como podem ser terríveis os resultados para alguém que de repente se depara com um animal selvagem. Há três anos, ele foi atacado por um cervo. "Mantínhamos aqui uma manada de cervos em cativeiro", disse-me ele recentemente. "A nove ou dez metros de distância, um macho avançou contra mim e, durante 30 ou 45 segundos, tentou me acertar com seus chifres." O alce lhe causou uma lesão pulmonar, talvez permanente, e deixou-o com um profundo corte na perna. O que teria provocado o ataque? Boyce cometeu o erro de ajoelhar-se, e o alce estava no cio; essa postura submissa levou o animal a demonstrar seu domínio, "para provar que ele era o valentão do pedaço". Embora possamos ensinar regras gerais aos que vivem perto de animais selvagens, o fato de Boyce, um especialista em comportamento animal, ter provocado involuntariamente o ataque de um alce deixa bem claro como esse aprendizado pode ser limitado ou inútil.

Por definição, os animais selvagens não são totalmente previsíveis, o que pode ser tanto um motivo de cuidado quanto de alegria para os seres humanos. Ainda assim, Boyce afirma que educar as pessoas é uma maneira de reduzir os riscos. Também podemos aprender a considerar esses riscos num contexto raramente encontrado nas manchetes dos meios de comunicação: o enriquecimento de nossa vida cotidiana.

Eis alguns lembretes básicos para conviver com animais selvagens num ambiente urbano: transferi-los para outro lugar geralmente não funciona, porque outros virão ocupar seu território. Alimente seus animais de estimação dentro de casa, e não alimente animais selvagens. Tente convencer seus vizinhos a fazer o mesmo. Plante vegetação nativa, pois, ao fazê-lo e respeitar os abrigos naturais, é possível evitar interações indesejáveis com animais selvagens e desfrutar de sua companhia. "Um dos animais que voltaram para a área urbana de Portland é o castor", diz Houck. "É maravilhoso tê-los por perto. Por outro lado, eles podem ser um grande problema se resolverem construir suas barragens nas galerias de escoamento erradas. Portanto use um recurso chamado 'engana-castor', que lhe permite deslocar-se por uma dessas galerias, mas impede que ele a represe." No caso dos carrapatos, Thomas N. Mather, professor e diretor do Centro de Doenças Transmitidas por Vetores [Center for Vector-Borne Disease] da Universidade Rhode Island, recomenda o aumento do uso de repelentes contra insetos. Ele diz que essa estratégia simples, quando mais regularmente usada, pode reduzir em cinco vezes ou mais as picadas e as infecções causadas por carrapatos. Claro está, também, que adultos e crianças devem fazer uma checagem física depois de um passeio por um lugar onde possa haver carrapatos: vasculhar a cabeça, o pescoço, a cintura, a virilha, a parte superior interna das meias etc. Os pais devem consultar um pediatra ou procurar informações em sites que tratem especificamente dos riscos proporcionados pelo meio ambiente natural.[18]

A educação do público ajuda, mas modelos urbanísticos bem projetados também diminuem os contatos entre seres humanos e animais selvagens em nossas cidades. Esse é um dos motivos pelos quais Michael Soule, figura proeminente no campo da biologia conservacionista e ex-diretor de estudos do meio ambiente da Universidade da Califórnia, em Santa Cruz, defende a criação, no sul desse Estado, de um longo sistema de corredores naturais que, segundo ele, deveria se estender da fronteira mexicana à Cordilheira Transversal, e do Deserto de Mojave à costa de Santa Bárbara. Soule escreveu: "Se assim não for, acredito que acabaremos perdendo os pumas no sul da Califórnia e, com eles, uma parte do nosso mistério, da nossa natureza selvagem". E essa perda apresentaria seus próprios riscos psicológicos e espirituais para o ser humano.

Enverdecimento

O Princípio da Natureza não é antiurbano. Na verdade, constitui-se num princípio pró-cidade — seu objetivo é fazer com que nas cidades brotem as sementes da natureza e as nativas que já foram plantadas, e plantar outras tantas. Esta manhã, eu estou em São Francisco, um domínio único em extranet. Ao sair do Hotel Majestic, que foi construído em 1902 e sobreviveu a terremotos e incêndios, vejo a neblina que desce pelas laterais dos novos edifícios e se arrasta pela Sutter Street. Meu passeio nesse começo da manhã tem por destino o Fillmore District e Nihonmachi, também conhecido como Japantown, que foi arrasado primeiro pelo internamento forçado* na década de 1940 e depois pela reurbanização na década seguinte, que ampliou o Geary Boulevard e destruiu dezenas de edifícios vitorianos. É um lugar rico em história humana e natural. Quando a neblina de São Francisco vai escapulindo para o lugar em que passa suas horas livres, penso em meu filho Jason, hoje com 28 anos. Ele morou em Londres, Nova York e Los Angeles — embora há algum tempo esteja pensando em mudar-se para Taos ou Santa Fé. Um jovem urbano, ele vem trabalhando incansavelmente em defesa do meio ambiente e tem grande sensibilidade em relação ao mundo físico e ao que existe por trás de suas superfícies e fachadas. Aprendeu a navegar na extranet nas ladeiras do chaparral californiano, de modo que hoje, mesmo numa cidade, ele descobre as maravilhas por baixo das superfícies. Acredito, e ele concorda comigo, que todas aquelas horas passadas nos cânions de San Diego fizeram dele um observador mais apurado dos ambientes que o cercam e deram-lhe a capacidade de olhar com mais profundidade para os terrenos orgânicos, mesmo quando criados pelo homem em sua quase totalidade. Quando ele tiver minha idade ou for mais velho do que sou agora, ainda terá essa capacidade e a reafirmação de confiança toda vez que delas precisar, sobretudo se nossas cidades se tornarem mais pródigas em ambientes naturais.

Uma observação sobre um risco que às vezes acompanha o progresso. No passado, quando os moradores das cidades fizeram melhorias em seus bairros, começaram a chegar pessoas endinheiradas, e esse aburguesamento frequentemente levou os pioneiros a procurar outro lugar para viver. A mesma coisa poderá acon-

---

* Durante a Segunda Guerra Mundial, a população norte-americana de origem japonesa foi transferida à força de Japantown para campos de concentração. (N.T.)

tecer à medida que os paisagistas urbanos começarem a encher seus bairros de verde. O enverdecimento pode empurrar as pessoas de baixa renda para as regiões periféricas. A natureza próxima pode tornar-se uma vantagem adicional para os privilegiados. Alguns dos esforços mais significativos para renaturalizar as cidades são feitos, como já vimos, nos bairros de baixa renda. As políticas públicas devem assegurar que esses esforços, inclusive o trabalho *ad hoc* das guerrilhas verdes* — que chegaram a arrancar asfalto para plantar jardins comunitários — não sejam prejudicados por seu próprio êxito. Essas políticas também devem exigir que os novos desenvolvimentos urbanos não sejam meros feudos verdes para os ricos. Em certa medida, é o que está acontecendo. Por exemplo, no momento em que escrevo, o movimento Enright Ridge Urban Ecovillage** de Cincinnati oferece moradias a preços acessíveis. É possível comprar um sobrado com dois quartos, sótão e uma grande varanda com vistas para um arvoredo protegido por 60 mil dólares. É um começo, mas ainda não é suficiente.

Repetindo o que já dissemos aqui, é improvável que os protetores mais aguerridos da equidade sejam as autoridades urbanas, mas sim as pessoas que vivem em bairros renaturalizados e ajudam a criá-los. Capacidade natural não é algo que só se define pela força com que uma cultura contribui para a criação da natureza adjacente. Diz respeito também à capacidade que um povo tem de lidar com os instrumentos organizativos da comunidade. Renaturalizar um bairro é um desafio; protegê-lo é bem outro. Para ser um jardim sustentável, uma cidade deve ter biodiversidade e diversidade econômica. O mesmo se pode dizer sobre os novos bairros residenciais distantes do centro.

---

* Grupos que se dedicam à jardinagem comunitária de espaços públicos ou privados com ou sem permissão de seus proprietários. (N.T.)
** Grupo comunitário que se dedica à revitalização e sustentabilidade urbana em Cincinnati. (N.T.)

Capítulo 17

Um pequeno bairro residencial na pradaria

Uma Nova Periferia no Campo

Num fim de semana de 1991, Steve Nygren, dono de restaurante, e sua mulher Marie foram passar um fim de semana no campo. Tinham visto num boletim informativo sobre questões ambientais um anúncio de uma propriedade à venda, a pouco menos de trinta minutos do Aeroporto Internacional Hartsfield-Jackson, de Atlanta, e isso os deixara curiosos.

Passeando por campos e matas, eles se apaixonaram por um sítio de 25 hectares e o compraram. "Começamos a ir para lá todos os fins de semana. E quando percebemos o efeito daqueles passeios sobre as meninas, e também sobre nós, a ordem de nossas prioridades mudou", recorda Nygren. Na época, as crianças tinham 3, 5 e 7 anos, e os Nygren moravam no prestigioso bairro de Ansley Park, no centro de Atlanta. "Tínhamos todos os confortos materiais possíveis, tudo que uma pessoa pudesse imaginar, e mesmo assim fazíamos as malas todas as noites de sexta-feira, ansiosos para chegar ao campo. Alugamos a casa maior da propriedade e nos estabelecemos num pequeno chalé ali perto. Lá, as meninas tinham uma caixa cheia de quebra-cabeças, brinquedos para os dias chuvosos e nada mais, a não ser a natureza — que as deixava mais felizes do que jamais teríamos podido imaginar." Depois de três anos de visitas de fim de semana, eles puseram à venda sua casa na cidade. Steve vendeu seu grupo de 34 restaurantes, aposentou-se prematuramente e mudaram-se todos para o campo. A família plantou uma horta orgânica, abriu trilhas na mata, começou a restaurar a casa principal, construída em 1905, e transformou um antigo estábulo em quartos para hóspedes. "Descobrimos que, por mais estressante que a vida possa ficar, ou por mais difíceis que possam ser certas conversas com as crianças, não há nada que um bom passeio na mata não possa resolver", diz Nygren.

Certo dia, enquanto fazia *jogging*, Nygren ficou horrorizado ao ver máquinas de terraplenagem rasgando a terra de uma propriedade contígua. Ele então comprou mais 360 hectares. O antigo dono de restaurantes transformou-se primeiro em ativista, depois em empreiteiro. Começou por entrar em contato com a maioria dos proprietários de terras da região de Chattahoochee Hill Country, de 16.000 hectares, "no total, mais de quinhentas pessoas, incluindo 'uma mistura geracional de proprietários de terras, especuladores e empreiteiros'", diz Nygren. "Precisava-se de um grupo capaz de liderar e orientar o processo, e que este resultasse numa solução imparcial; essa necessidade levou à criação da Associação Chattahoochee Hill Country." Depois de dois anos e incontáveis reuniões públicas, o condado adotou uma nova regulamentação sobre o uso do solo que proibia as propriedades muito extensas em favor de uma série de povoados, vilarejos com suas construções mais próximas entre si e cercados por florestas, propriedades rurais e campos.

Atualmente Nygren, que aos 64 anos e com cabelos grisalhos ainda conserva uma aparência jovem, defende com sua voz suave um novo — ou, melhor dizendo, velho — tipo de desenvolvimento suburbano. Sua Serenbe, com 240 habitantes, organiza-se em torno dos princípios de preservação da terra, da produção local de alimentos, eficiência energética, transitabilidade, das construções comunitárias, das artes, da cultura, da comunidade e, acima de tudo, da imersão na natureza. Serenbe (um jogo de palavras a partir de *be serene* [seja sereno]) é um exemplo da aparência que os bairros residenciais deveriam ter no futuro. De forma modificada, também poderia aplicar-se à revitalização de bairros urbanos decadentes.

Essa abordagem vai além do tradicional *design* ecológico,* que diz respeito essencialmente a conservar energia e deixar uma pequena marca na Terra; a filo-

---

* No original, *green design*, que também poderia ser traduzido como "criação de projetos ecológicos", "*design* focado no verde", "*design* verde", ou mesmo "*ecodesign*". (N.T.)

sofia do *design* que começa a surgir fundamenta-se na conservação de energia *e* na produção de energia humana.

Em seu livro *Building for Life: Designing and Understanding the Human-Nature Connection*, Stephen Kellert usa a expressão "*design* ambiental revitalizador", que, segundo ele, "incorpora os objetivos complementares de minimizar os danos e males causados aos sistemas naturais e à saúde humana, além de enriquecer o corpo, a mente e o espírito humano".[1]

Serenbe é o nome de um terreno de quatrocentos hectares que inclui os vilarejos ainda em projeto e os já existentes, uma pousada com dezenove quartos, agricultura orgânica e um projeto de atividades artísticas locais. Dois vilarejos já foram construídos até o momento: Selborne, centrado nas artes, e Grange, com ênfase na agricultura. Um terceiro vilarejo ainda em projeto irá concentrar-se em questões de saúde e tratamento. Quase todas as casas ficam bem próximas de terrenos naturais ou agrícolas. Caixas de correio ficam no bairro comercial do centro; os alpendres foram construídos a cerca de dois metros da calçada; os caminhos para pedestres vão de uma casa a outra.

Poder-se-ia argumentar que qualquer impacto sobre o mundo natural, sobretudo no caso de terras cultiváveis de grande valor, é impacto em excesso. Não fosse a existência de Serenbe, porém, essas terras de excelente qualidade teriam sido apropriadas pelas empreiteiras e seu destino teria sido a construção de grandes espaços urbanos depois de terem sido aplainadas e niveladas onde houvesse ondulações, e o resultado teria sido a construção desenfreada de aglomerados compactos de casas intercomunicáveis. Em vez disso, Serenbe deixou intactas 70% das matas e reservou 12 hectares para as terras destinadas à criação ou produção de um tipo específico de vida animal ou vegetal. Certificada pelas instâncias competentes como espaço ecológico e biodinâmico, Serenbe produz mais de 350 variedades de legumes, ervas, flores, frutas e cogumelos, e vende tudo isso num raio de 60 quilômetros que se estende em todos os sentidos, por meio de um programa de agricultura sustentável comunitária formado por 110 membros, do mercado Serenbe de produtos agrícolas em geral e artesanato e dos restaurantes locais. As águas residuais são tratadas pelo processo de biorretenção e por um sistema de zonas úmidas. Os projetistas afirmam que o consumo mensal de água em Serenbe é 25% menor que a média nacional. Em apenas 30% de seu terreno, a cidadezinha compacta, sem centros de compras, acabará por acomodar tantas ou mais pessoas do que as que ocupariam 80% do espaço de uma cidade típica onde morassem. É provável que essa combinação de alta tecnologia e elevada natureza seja economicamente mais sustentável do que o meio ambiente rural dos Estados Unidos atuais, que vem se esvaziando à medida que as atividades agrícolas se fundem e os impostos rurais só fazem aumentar.

Nygren acredita que Serenbe já tenha estabilizado sua base fiscal tributária. Ainda assim, ele tem de enfrentar a descrença das instituições credoras no modelo. "Tentei dizer-lhes que estávamos criando algo como um campo de golfe sem os impactos negativos de um campo de golfe. Não me deram ouvidos." Por fim, Nygren e sua família financiaram o desenvolvimento de Serenbe com seus próprios recursos. "Chegamos ao ponto de hipotecar nossos bens imóveis em Atlanta, além dos terrenos de Serenbe, como garantia paralela do pagamento de empréstimos", disse ele. "Tivemos uma reunião em família na qual ficou evidente que aquela era nossa única opção se realmente quiséssemos que o processo de urbanização fosse em frente, e expus a Marie e às meninas a situação em que nos encontrávamos. Eu tinha o dinheiro para custear a universidade delas numa poupança, mas o problema é que nossas ações também deveriam ser usadas. Todo mundo votou a favor da continuidade do projeto, e assim foi feito." Hoje, Nygren espera conseguir provar a viabilidade econômica desse tipo de urbanização.

Outros compartilham esperanças semelhantes. Em 2006, o *New York Times* informava sobre uma crescente tendência a construir comunidades de segunda residência* voltadas para os membros da geração *baby boomer*, que preferem trilhas naturais ao golfe e ao tênis. Por exemplo, as comodidades oferecidas pelo 3 Creek Ranch em Jackson, Wyoming, incluem um programa de reabilitação de aves de rapina e outro de anilhamento de pássaros. Na Carolina do Sul, a comunidade de Spring Island oferece excursões em trilhas para bicicletas de montanhas, identificação de plantas e pássaros e passeios noturnos por campos e matas.[2]

Será que esse tipo de urbanização é apenas voltado para turistas ricos e grã-finos em geral? Nygren reconhece que a maior parte das casas de Serenbe pertence a executivos, mas atualmente já há alguns pequenos chalés disponíveis. Lembrei

---

* "Segunda residência" (*second home*) ou "residência secundária" é um tipo de hospedagem para turismo de fins de semana e de temporadas de férias. (N.T.)

a ele que muitas das comunidades planejadas dos anos 60 e 70 foram construídas com subsídios do governo, com base na promessa de que incluiriam moradias para pessoas de baixa renda. Essa promessa raramente foi mantida. Nygren, porém, afirma que a maioria das empreiteiras e associações financeiras se recusará a tomar essa direção enquanto não tiverem provas suficientes de que os ricos vão abrir mão de uma grande propriedade rural em favor de uma casa geminada num pequeno pedaço de terra contíguo a vastos terrenos mantidos em estado natural.

Outro perigo é que essas comunidades atraentes se transformem em cavalos de troia urbanísticos, literalmente preparando o terreno para uma avalanche de urbanizações tradicionais. Esse é, de fato, um resultado provável, a menos que a regulamentação das zonas urbanas residenciais seja reescrita de modo a promover a construção de pequenos vilarejos cercados por terras em estado natural ou áreas cultiváveis.

Nygren diz que o campo inglês foi seu modelo de urbanização, com sua combinação de natureza, agricultura local e vida simples em pequenas comunidades. Há pouco tempo fiz uma viagem de trem e de carro do Sudoeste da Inglaterra ao centro da Escócia. A zona rural inglesa contemporânea traça fronteiras bem definidas ao redor dos antigos vilarejos e das novas cidades, de modo que praticamente todas as áreas residenciais são cercadas por propriedades agrícolas e florestas. A preservação do meio rural é um legado dos senhores feudais e das leis sobre cinturões verdes promulgadas depois da Segunda Guerra Mundial, em parte para levar novas urbanizações para os centros urbanos bombardeados. Com poucas exceções, dificilmente se vê esse modelo nos Estados Unidos. Na Grã-Bretanha, porém, cidades populosas estão surgindo aqui e ali, e a natureza das imediações vem desaparecendo. Portanto algum deslocamento da população para o meio rural talvez seja inevitável. Há duas possibilidades na linha do horizonte: ou o tipo de expansão suburbana descontrolada, ou a criação de mais comunidades rurais semelhantes a Serenbe. No Reino Unido e nos Estados Unidos, esses assentamentos poderiam combinar a produção local de alimentos e a preservação de espaços naturais com comunicações de alta tecnologia, o que incluiria os tipos mais avançados de teleconferência. Isso teoricamente diminuiria um pouco a necessidade de viajar de carro.

O Urban Land Institute (ULI), uma importante organização norte-americana sem fins lucrativos que se dedica à educação e à pesquisa e se concentra no "desenvolvimento inteligente", prevê um futuro desse tipo. Um relatório do ULI publicado em 2004 prevê que por volta de 2025 a população dos Estados Unidos terá aumentado em mais ou menos 58 milhões de habitantes.[3] As novas edificações nos espaços entre os edifícios construídos, o que implica a construção de novas casas dentro de bairros urbanos revitalizados ou subúrbios nas imediações, atenderá uma parte da demanda por moradia, segundo Jim Heid, um especialista em desenvolvimento sustentável e autor do relatório. Contudo a urbanização ocorrerá também nas zonas periféricas das cidades e para além delas. Portland, Oregon, prevê em seu projeto regional metropolitano que 70% do desenvolvimento em curto prazo ocorrerá mediante a urbanização de zonas verdes (jargão dos urbanistas para áreas descampadas), e outras jurisdições dos Estados Unidos preveem cifras de quase 90%. "Embora seja frequentemente atulhada de expansões descontroladas, a urbanização de terras não cultivadas oferece a oportunidade mais prática, acessível e viável de construir evitando o descontrole, dado seu potencial para criar infraestruturas modernas e sustentáveis em grande escala e espaços naturais bem conservados", escreveu Heid. A boa urbanização de terras não cultivadas depende de três requisitos básicos: um sistema de dimensões regionais de zonas naturais sustentáveis; mais e maiores concentrações de espaços urbanos mistos em que se possa caminhar e andar de bicicleta; e uma mistura diversa de tipos, tamanhos e preços das moradias.

A esses quesitos, Nygren acrescentaria um mais fácil acesso à natureza, produção de alimentos locais e, em alguns casos, menos restrições. Serenbe evita a típica padronização de estilo de moradias estimulando várias empreiteiras a oferecer mais variedade no que constroem. Mas a comunidade também tem suas restrições, inclusive uma que determina que cada casa deve ter uma varanda de pelo menos dois metros e meio de profundidade, e que abarque 70% do primeiro pavimento. "Decidimos que essas são as medidas ideais para que se possa ter uma boa cadeira de balanço na varanda. Mesmo com ar-condicionado interno, as pessoas usarão essas varandas quando forem suficientemente grandes e ficarem bem próximas das calçadas." Serenbe é bem menos restritiva do que outras comunidades previstas no que diz respeito ao lazer das crianças. "Não construímos nenhum parque infantil propositalmente", diz Nygren. "Temos campos de futebol, florestas naturais e regatos, quilômetros de trilhas para caminhadas, mesas para nossos piqueniques, balanços feitos com pneus, espaços para o jogo de atirar ferraduras e uma cabana numa árvore."

Uma criança pode construir sua própria cabana ou "fortaleza" numa árvore? "Claro que sim. Vale a pena observar que até hoje nenhuma de nossas crianças se machucou em seus passeios e em suas brincadeiras pela mata."

Alguns ambientalistas visionários consideram essas urbanizações contraproducentes, e o fazem por uma razão: elas ainda dependem do automóvel. Os habitantes de Serenbe podem caminhar mais por sua comunidade e seus arredores, mas quem irá lhes dizer que não podem ir de carro a Atlanta?

Richard Register já vem promovendo a ideia de ecocidade há mais ou menos quatro décadas. Por ecocidade ele entende uma cidade rezoneada* "com mais densidade e diversidade nos centros", rejeição total de meios de transporte motorizados e abandono irreversível do vício da construção descontrolada. Autor de vários livros sobre o assunto, entre os quais *Ecocities: Rebuilding Cities in Balance with Nature*, Register rejeita os movimentos Novo Urbanismo e Crescimento Inteligente [New Urbanism e Smart Growth] porque, como ele afirmou ao site Treehugger, muitos dos proponentes dessas filosofias de planejamento urbano "falam pelos cotovelos, dizendo o tempo todo que o transporte, em particular o ferroviário, é excelente (e de fato é), e que os carros também devem ser levados em consideração (não penso assim)... Cidades com carros ou sem eles. A escolha é sua". Para Register, enquanto continuarmos a achar que o transporte motorizado é imprescindível a nossas cidades, estaremos em desequilíbrio com a natureza, tanto em cidades renaturalizadas como em novos bairros residenciais.

Transporte revitalizador

Ironicamente, uma máquina motorizada foi um dos primeiros sinais do século XXI relativos a uma união potencial entre o ser humano e a natureza. Para muitos motoristas de carros híbridos, pelo menos para os primeiros, a definição da expe-

---

* Isto é, zoneada novamente (região, comunidade, propriedade etc.) de modo a atribuir novas modalidades de uso. (N.T.)

riência de dirigir com prazer sofreu uma transformação, passando da velocidade e da força muscular para outras dimensões experimentais.

Em 2003, um amigo meu que atua fervorosamente em defesa do conservacionismo estacionou na frente de nossa casa para exibir seu novo Toyota Prius híbrido. Na época, algumas pessoas consideravam que os híbridos eram adesivos itinerantes para carros que diziam "Vai à guerra pelo petróleo? Não em meu nome!". As pessoas quase esperavam que o GPS lhes dissesse (como num resmungo raivoso de Ralph Nader): "Vire à esquerda nas próximas eleições!". Gostei do carro e senti vontade de ter um. A última vez em que eu havia aplicado minhas concepções ecológicas à compra de um carro fora na década de 1970, quando comprei a primeira versão do Mazda, com baixa emissão de poluentes e motor rotativo. O motor fundiu. Ainda assim, eu estava disposto a fazer uma nova tentativa. Hoje, Kathy e eu compartilhamos um carro — um híbrido.

Há espaço para discutir a correção ambiental dos carros híbridos, dos elétricos ou dos movidos a hidrogênio. Register e outros visionários que pensam como ele se preocupam com... Bem, com esses cavalos de potência que podem se transformar em cavalos de troia. Quanto mais eficientes nossos carros se tornarem, mais possibilidades teremos de viver em bairros residenciais ou longe das cidades, mesmo considerando que o preço do combustível aumentará.

Consequências não premeditadas à parte, desde o momento em que meu amigo estacionou seu Prius na frente de nossa casa, eu passei a achar que os motores híbridos eram uma boa-nova. Combater o aquecimento global finalmente parecia [...] uma atitude descolada. Não apenas do ponto de vista ambiental, mas também psicológico, o Prius tinha um quê de utilidade e vantagem. Antes do Prius, muitos achavam que o trabalho de alguém como o projetista William McDonough, que propôs que poderíamos criar fábricas que tornariam mais limpos a água e o ar que delas saíssem do que os que nelas entrassem, pareceria um utopismo de mentes equivocadas. Depois do Prius, nem tanto assim.

A propósito, meu amigo começou a deixar sua mulher louca com seus novos hábitos de dirigir. Ele olhava para o painel de instrumentos como uma enfermeira observa os componentes dos sistemas de suporte à vida. O fato de fazer mais quilômetros por litro do que se dizia nos anúncios enchia-o de prazer. Essa economia não resultava apenas de um diferente tipo de motor, mas também do aprimoramento por ele introduzido na técnica de conduzir, que o imperativo psi-cológico do híbrido estimulava. Na época, eu ria de sua obsessão. Porém, quando compramos nosso híbrido, peguei a mesma mania. Vasculhei sites dedicados a essa "nova" maneira de dirigir: para aumentar o número de quilômetros rodados por litro de combustível, o "motorista híbrido" deve incrementar o acelerador, "acariciá-lo", colocá-lo em ponto morto e assim por diante. Poder-se-ia supor que esse modo de dirigir desviaria a atenção da estrada e dos espaços laterais. Comigo, porém, aconteceu exatamente o contrário. Um dia percebi que tinha consciência até do vento contra e do vento a favor, e do impacto que ambos exerciam sobre o consumo de combustível mostrado pelo painel de leitura. Dei-me conta de que as boas ou más condições do solo, o calor e o frio circundantes e outros fatores ambientais também influenciavam o consumo de combustível. O fastio habitual de dirigir foi substituído por um estado mental diferente, ao mesmo tempo mais calmo e desperto, que costumo chamar de "O Zen do Prius" ou "O Êxtase dos Híbridos".

Bem, dirigir devagar foi algo que para mim só durou alguns meses. Hoje, minha mulher ainda faz isso, mas eu estou de volta à velocidade, ainda que com um consumo razoável de combustível.

Apesar de algumas falhas técnicas que vão surgindo aqui e ali, os motores hí-bridos e outras novas tecnologias realmente favorecem uma nova maneira de ver o transporte. Aumentam as esperanças. Mas Register está certo. Não aumentarão muito sem uma transformação mais completa dos transportes, incluindo veículos públicos e privados menos prejudiciais ao meio ambiente e mais silenciosos, em cidades e bairros pelos quais possamos andar a pé e onde haja vias de transporte que incluam trilhas e ciclovias ao longo de corredores naturais.

Dan Burden descreve sua bicicleta como a "máquina de aprender". "Quando ainda menino, eu era magro feito um palito, tinha graves problemas de coorde-nação motora, escoliose, miopia e era tímido", lembra ele. Suas condições físicas e mentais mudaram radicalmente assim que ele começou a andar de bicicleta. Essa "máquina de aprender" levava-o "a lugares distantes aos quais eu nunca havia ido de carro, a pé ou por outros meios. Do nascer ao pôr do sol, a cidade e o campo, até onde eu conseguisse chegar, eram meus".

Por volta dos 18 anos, ele percorria sítios e fazendas, vales de rios e florestas das imediações. Aprendeu a encontrar caminhos tranquilos, antigas estradinhas de fazendas e trilhas. Saía de bicicleta fosse qual fosse o tempo, em noites nubladas ou sob grandes aguaceiros. Nas noites quentes de verão, ele conseguia sentir as camadas de ar mais fresco. Inalava os perfumes da natureza enquanto descia ou subia pelos tortuosos caminhos do meio rural. Começou a identificar até as menores mudanças da geografia ou das estações. "Virei um observador perspicaz de todas as coisas que davam forma à região campestre de Ohio", diz ele. "Com a bicicleta, e mais tarde a pé, comecei a explorar tudo que fosse rural ou urbano, a apreciar o que havia de único e diferente em cada um desses espaços." Sobre uma bicicleta, acrescenta ele, "você parece controlar a velocidade da natureza".

No que diz respeito aos exercícios ao ar livre, Burden quer que pensemos para além da saúde física, que conquistemos a acuidade mental que eles nos oferecem. Ele argumenta, com grande fervor, que explorar a natureza com plena liberdade de movimentos, a pé ou de bicicleta, aumenta nossa civilidade, nossa confiança e humanidade.

Hoje, Burden é diretor do Instituto de Comunidades Habitáveis e Transitáveis [Walkable and Livable Communities Institute], uma organização nacional sediada em Washington. Tem trabalhado como consultor de atividades ligadas ao ciclismo para as Nações Unidas, na China, foi coordenador de ciclismo e caminhadas a pé no Estado da Flórida e fotografou as condições do trânsito em mais de 2.500 cidades do mundo. É especializado em práticas destinadas a dar mais tranquilidade ao trânsito nas cidades, e sua atuação nessas áreas também é conhecida por sua criação de um melhor projeto de interseções, pelo desenvolvimento de trilhas às margens de lagos e rios e de conjuntos de moradias, lojas e centros de trabalho receptivos ao entorno natural.

Ao longo da história humana e até meados de 1925, as cidades e os subúrbios eram projetados com o pensamento voltado para os pés humanos, diz Burden. "Depois, o padrão e a escala das cidades mudaram, em decorrência da mobilidade automotiva e do desejo de abraçar a modernidade." Depois da Segunda Guerra Mundial, os Estados Unidos tinham dinheiro suficiente para desmantelar núcleos urbanos e estendê-los para mais além. Com o tempo, todas as cidades se transformaram em vastos devoradores de terras à medida que abandonaram os segmentos internos das ruas principais, das áreas urbanas centrais e dos centros antigos. "Esse acréscimo de mobilidade devido aos carros abriu caminho para vastas parcelas [de terra] com estacionamentos, acabando com a natureza e os terrenos agrícolas à medida que se expandiam mais e mais. Regatos foram canalizados, estuários foram entupidos, muitas florestas dos arredores foram destruídas."

A geração *baby boomer* pode ser a última a ter lembrança dos passeios de carro aos domingos, o elemento fundamental da vida familiar que durou até o início dos anos 60, quando mamãe e papai lotavam o carro com as crianças, a vovó e o cachorro da família, provavelmente depois da missa, e iam fazer um delicioso passeio fora da cidade. Janelas abertas, o focinho do cachorro farejando o vento, o cotovelo do papai fora da janela, talvez uma cesta de piquenique no bagageiro. O importante era relaxar, ter o tempo necessário para admirar a paisagem sem nenhuma pressa, encher os pulmões daquele ar puríssimo. Talvez pudéssemos trazer de volta uma versão refinada desses passeios de domingo. Imagine o transporte público revitalizador — ônibus, bondes e trens movidos a energias alternativas — deslocando-se tranquilamente por uma cidade, viajando por corredores de trânsito silenciosos, graças à proximidade das matas, e conectando os bairros centrais da cidade com ecovilas fora do perímetro urbano. Em vez de pegar aquele carro para o passeio de domingo, seria possível fazê-lo por meio de transporte biofílico. Não se esqueça da cesta para o piquenique.

Da primeira vez que me ocorreu essa sequência imaginária de acontecimentos futuros, eu tive a impressão de que era mais um sonho utópico. Mais tarde, visitei um novo centro natural na Tualatin River National Wildlife Refuge [Reserva Natural Nacional do Rio Tualatin], em Oregon, a poucos quilômetros ao sudoeste do centro de Portland. Vi um ponto de ônibus da entrada da reserva. Pouco depois, li no jornal *Oregonian* que, naquela reserva, um voluntário do AmeriCorps estava traduzindo nomes de plantas e animais para o espanhol e tinha um projeto semelhante para fazê-lo em russo, uma vez que pelo menos 60 mil pessoas falam esse idioma em Portland, onde uma população cada vez mais diversificada trabalha na promissora indústria regional de viveiros e sementeiras de grama. O Tualatin River Wildlife Refuge, como vim a saber, "havia feito uma parceria com o sistema de transporte regional para instalar um ponto de ônibus exclusivamente para dar acesso à reserva". Kim Strassburg, planejador de atividades ao ar livre da reserva, também disse ao repórter que "agora, qualquer um pode pegar um ônibus no centro de Portland e chegar às trilhas da reserva em menos de uma hora".[4]

Durante décadas, Burden se dedicou à sua "máquina de aprender" e a refletir sobre como outras pessoas poderiam desfrutar a vida nas cidades. Ele está prestes a fazer uma transformação radical. Na verdade, uma reversão.

Ele e sua mulher, Lys, não tiveram carro até os 30 anos. Quando era um jovem marinheiro, ele achava fácil viver sem carro em Pensacola, na Flórida. Em trilhas de florestas e regiões pantanosas, ele caminhava diariamente cerca de quatro quilômetros desde sua base, Ellyson Field, até o campus da Universidade West Florida. "Meu caminho para a escola preparou-me para poder pensar com liberdade e independência; meu caminho de volta, quase sempre sob um céu atulhado de estrelas, era revigorante, enriquecia minha alma", lembra ele.

Ele e Lys casaram-se em Ohio em 1970 e viajaram de carona até Missoula, Montana. Sem condições para comprar um carro na época, eles caminhavam e andavam de bicicleta por toda parte. O círculo social que ali estabeleceram durante décadas continua mais forte do que o de qualquer outro lugar em que moraram desde então. Para Burden, isso foi conseguido graças a seus pés. E a suas bicicletas. Hoje, Dan e Lys planejam voltar a viver sem carro. Até o final deste ano, eles mudarão para Port Townsend, uma cidade portuária imersa na natureza e cheia de trilhas para caminhadas que se refere a si mesma como "trampolim para a Península Olímpica e mais além". "Sim, haverá um caminhão para a horta comunitária de Lys", ele admite. "Eu continuarei dirigindo, sem dúvida, por conta de meu trabalho nacional e internacional. Porém, como projetistas e urbanistas, temos o dever de criar grandes espaços onde possamos morar — onde viver sem carro não signifique uma perda de independência, mas uma nova liberdade, saúde e felicidade."

A próxima mudança de Burden ilustra um dilema de nossa época. No fundo, sabemos que as cidades populosas, porém renaturalizadas, são essenciais — mas as cidadezinhas e os bairros residenciais distantes do centro, ou o que esses bairros poderiam ser, ainda exercem forte atração sobre todos.

Subutopia e predomínio da beleza

A criação de novas comunidades como Serenbe ajudará, mas somente o rede-senvolvimento dos subúrbios, a renaturalização dos bairros desenvolvidos, junta-mente com a criação do transporte público revitalizador, resultarão num progres-so significativo.

As palavras *urbano* e *suburbano* estão perdendo seu significado. O desenvolvi-mento dos primeiros subúrbios criou a ilusão da possibilidade de uma vida saudável no campo. Mesmo antes disso, os planejadores de fins do século XIX e primórdios do século XX acreditavam que as cidades e os subúrbios podiam e deviam ser lugares cercados por espaços naturais. Essa filosofia inspirou o movi-mento dos parques urbanos. Os industriais que insistiram na criação do Central Park de Nova York não estavam preocupados com o preço dos combustíveis. Sua prioridade era a produtividade dos trabalhadores, associada aos benefícios para a saúde propiciados pela proximidade com a natureza. Infelizmente, urbanistas e consumidores perderam contato com essa filosofia. Hoje, muitos de nossos bair-ros urbanos e suburbanos estão desnaturalizados e, em alguns casos, decadentes, o que empurra muita gente para mais além das áreas residenciais prósperas situadas além dos subúrbios. Os subúrbios são uma realidade e, assim como os centros urbanos, podem ser melhorados.

"Os subúrbios do pós-guerra norte-americanos foram os maiores empreen-dimentos e os mais caros da história do mundo", diz Tom Martinson, autor de *American Dreamscape: The Pursuit of Happiness in Postwar Suburbia*. "Já está na hora de trazer essas zonas residenciais para o centro de atenção nacional." A neces-sidade de reurbanizá-las é cada vez maior; o aumento da pobreza que nelas existe é atualmente duas vezes maior do que o das cidades.

Naquilo que passarei a chamar de Subutopia, os velhos centros comerciais se-rão substituídos ou remodelados em forma de centros multifuncionais, mais viá-veis do ponto de vista econômico; as moradias de preços acessíveis, e até mesmo de luxo, ficarão sobre as lojas e em estacionamentos; "cercas vivas" de pequenas lojas delinearão as paredes vazias dos grandes mercados de vendas a varejo; ruas dispersas serão conectadas entre si e se tornarão mais estreitas para coibir excessos de velocidade; as mercearias de esquina e outras comodidades para os que andam a pé serão distribuídas por várias partes dos bairros residenciais. Martinson sugere que os centros comerciais multifuncionais e os bairros residenciais incorporem um "imaginário arquitetônico — esculturas e outras obras de arte — que seja fruto de produção local". Os reurbanizadores subutópicos criarão espaços de vegetação luxuriante, reminiscentes dos bairros antigos, mas essa reurbanização também incluirá plantas nativas, produção local de alimentos (ou das proximidades) e novas e mais despojadas tecnologias que farão de cada moradia, até onde for possível, uma fonte de produção independente de energia elétrica. Para estimular a variedade e a criatividade, precisaremos enfrentar as restrições e os draconianos pactos impostos pelas empreiteiras e aplicados por associações comunitárias impacientes. Uma mulher contou-me que a associação comunitária de sua comunidade planejada decidiu que havia muitos vasos com plantas na frente das casas, e por esse motivo criou uma nova regra privada: as pessoas estavam proibidas de ter mais do que dois vasos, e o diâmetro deles não deveria ser superior a 25 centímetros. Vasos de flores: o inimigo camuflado. Em Subutopia, a vida é melhor, mas não tão perfeita.

Defender a reurbanização não significa defender a expansão descontrolada nem posicionar-se contra a densidade populacional que vemos em alguns contextos urbanos — significa estar a favor dos bairros que têm mais densidade humana *e* mais áreas naturais, jardins nos telhados, facilidade para andar a pé e de bicicleta etc. O zoneamento tradicional raramente estimulou a mistura de natureza, moradias e locais de trabalho. À medida que os subúrbios ao redor de uma cidade começam a se degradar, as zonas de reurbanização da comunidade podem ser criadas para estimular o redesenvolvimento que combinaria as melhores características de, digamos, Serenbe com aquelas das ecovilas mais compactas da Europa Ocidental. A aceitação dessa abordagem traz consigo uma advertência: seria deplorável que a rigidez de algumas urbanizações suburbanas atuais viesse a ser substituída por uma rigidez mais verde e mais eficiente.

Certa vez, conheci tapeceiros navajos em terras longínquas e áridas do Sudoeste — de Two Grey Hills, Ganado, Wide Ruins, Chinle — e, enquanto admirava de perto um de seus tapetes, percebi que frequentemente eles deixavam um fio de lã solto numa das extremidades. Uma mulher me explicou a razão disso: "O tecelão coloca um fio espiritual no tapete, uma imperfeição por meio da qual todo o trabalho e a concentração possam escapar". Um fio espiritual também se faz necessário quando tecemos esses bairros mais verdes e renaturalizados. Uma vez que o Princípio da Natureza entra em ação, o medo e a ordem compulsivos devem dar lugar à diferença, à biodiversidade e à diversidade cultural; não há linhas em trajetórias retas nas florestas tropicais, nem concentrações compactas de vida de espécies iguais. O padrão é fractal — complexo para além do entendimento da ciência econômica. Uma árvore nos reconforta não porque seus galhos e suas folhas seguem uma ordem perfeita e previsível, mas porque ela é única num padrão mais amplo e oculto — assim como acontece conosco.

O padrão mais amplo é perceptível; nós o sentimos, mas não o vemos, diz o artista e decorador de interiores James Hubbell. Certo dia, Hubbell e eu estávamos caminhando por uma estradinha em seu enclave familiar de casas e ateliês. Ele me mostrou a primeira estrutura que havia construído, uma diminuta caverna feita de adobe com vigas de cedro. Ele e sua mulher, Anne, ambos com mais de 80 anos, vivem num complexo de casinhas que lembram moradias de *hobbits*, perto de Julian, um vilarejo de montanha ao leste de San Diego que parece estar aninhado em meio a pinheiros, uvas-de-urso e carvalhos-sempre-verdes. Foi esse o lugar onde passei algum tempo em solidão com meu filho mais novo. Ele começou a construir aquelas casinhas que parecem brotar da terra, e isso aconteceu há mais de quatro décadas! Esse lugar, que já teve de ser reconstruído depois de um incêndio, parece ter sido tocado pelo fantástico. Tudo é curvo, fluido, quase imaterial. Janelas com pequenos vitrais filtram a luz e temos a impressão de estar em outro planeta; esculturas feitas com rochas e argila da região dão um aspecto de solidez ao local. Sua arte e arquitetura são elogiadas em todo o mundo como exemplos de como fazer o que Frank Lloyd Wright recomendava, mas nem sempre fez: criar *habitats* humanos que se misturam com a natureza, mas não desaparecem nela. Enquanto caminhávamos, ele sugeriu que as pessoas que vivem em bairros residenciais poderiam demonstrar sua individualidade por meio de signos e obras de arte públicas que provêm da natureza e as idiossincrasias de suas próprias culturas. "Cada bairro é como uma pessoa: única", disse ele. "Para pessoas e bairros, pequenas mudanças são de grande valor."

A abordagem de Hubbell reflete seu respeito pela beleza e pela complexidade orgânica.

Também sugere o papel que os artistas podem desempenhar na religação entre os humanos e a natureza. Hoje, alguns artistas enfiam mastros com máscaras e outras obras no chão de terrenos urbanos aos quais se permitiu que voltassem ao estado natural. Além de associar a ideia de arte à realidade da natureza, essas obras de arte e instalações protegem a terra. As pessoas podem menosprezar os espaços abertos — jogam lixo neles, ignoram-nos, veem-nos como algo sem valor. Contudo, a arte muda as percepções e os comportamentos ao sinalizar que aqueles lugares são valiosos para o ser humano.

"Penso que uma cultura constrói aquilo em que acredita", disse Hubbell. "Neste momento de nossa cultura, acreditamos principalmente no medo. Na arte e na arquitetura do começo do século [XX], víamos toda a beleza, imaginação e organicidade do expressionismo na Alemanha e na Áustria." Então veio o movimento Bauhaus, e o que se passou a ver foram muitas caixas de vidro e aço. Tudo mudou. "Na Europa de então, predominava um sentimento de que havia algo de errado no mundo — de que alguma coisa era iminente. Quando temos medo, controlamos. Igualamos os ângulos."

Pensando nas comunidades muradas e excessivamente controladas que encontramos por toda parte nos Estados Unidos, Hubbell pergunta: "Pode haver um futuro sustentável sem beleza?" Ele escreveu: "O contexto em que a sustentabilidade deve existir é uma infinita compaixão pelo mundo em que vivemos, e de equilíbrio de suas inúmeras facetas. A beleza pode ser um árbitro da miríade de decisões necessárias para encontrar uma solução integral, ecológica, verdadeiramente sustentável, quer se trate de um edifício, uma rede de esgotos, um projeto agrícola ou uma rede de parques em que predominem o agreste, o nativo e o silvestre... Vivemos em um século que criou e elevou a grande altura a tecnologia e a informação, e endeusamos aquilo que julgamos ser seus benefícios. A tecnologia privada de um sentido do todo é uma tentativa de dominar a vida, a natureza e o conhecimento. Podemos criar um mundo sustentável e deixar para trás o mistério do nosso mundo?"

Hubbell acredita que a melhor coisa que um arquiteto ou um urbanista pode fazer é passar a ideia de que o universo é maravilhoso, e que não devemos desistir de buscar o mistério. "Se, de alguma maneira, conseguíssemos reencontrar esse sentimento, deixaríamos de construir comunidades muradas, pois elas se tornariam totalmente desnecessárias."

Eternidade com natureza ao redor

Eis mais uma maneira — para alguns, a última — de diminuir a velocidade da expansão descontrolada, fixar raízes na terra e repensar nosso papel na natureza. Isso não é para todos.

Edward Abbey, o grande escritor que sempre se rebelou contra as opiniões e tendências predominantes, autor do clássico *Desert Solitaire*, sabia como queria ser sepultado. Pediu que não se contratasse nenhuma funerária, que não o embalsamassem, que seu corpo fosse transportado na parte de trás de uma caminhonete e que a legislação estadual fosse ignorada. Queria também que tocassem gaitas de fole, que servissem espigas de milho junto de "muita cerveja", e que as pessoas "cantassem muito, dançassem, conversassem, gritassem, gargalhassem e fizessem sexo". Seus amigos e familiares seguiram à risca suas determinações. Um amigo, Doug Peacock, escreveu um artigo sobre a despedida que foi publicado na revista *Outside*.[5] "Ele manifestara o desejo de alimentar uma planta, um cacto ou uma árvore. Foi sepultado ilegalmente, em pleno deserto, e, poucos momentos antes de o caixão baixar à terra, ajoelhei-me no túmulo para verificar o que se vislumbrava dali. Havia um céu azul e uma leve brisa do deserto agitava as florescências de uma encélia. Todos nós deveríamos ser igualmente bem-aventurados." Segundo se diz, numa rocha perto do túmulo alguém fez a seguinte inscrição:

EDWARD PAUL ABBEY
29 de janeiro de 1927 — 14 de março de 1989
SEM COMENTÁRIOS

Billy Campbell, que é médico, propõe algo parecido. Certo dia, eu fui passear com ele por entre os carvalhos de uma região costeira na qual se descortina o vale de Santa Isabel, na Califórnia. Com suas colinas, seus gramados em suave declive e os afloramentos rochosos, esse é um dos lugares mais bonitos do meu condado.

A Nature Conservancy, uma organização sem fins lucrativos, havia comprado recentemente um sítio ali, com a opção de comprar outro e transformar ambos numa reserva natural. Campbell esperava convencer a Nature Conservancy a adquirir mais terras adjacentes e criar uma combinação de reserva natural com cemitério. O momento é adequado para uma nova abordagem da questão. Há tão pouco espaço disponível na Grécia, por exemplo, que as pessoas alugam túmulos; depois de seis meses, os ossos são desenterrados e removidos para ossários subterrâneos. O Ministério do Interior britânico cogita em fazer uma exumação em massa dos túmulos com mais de cem anos, desfazer-se dos restos e reutilizar a terra antes ocupada. Hoje, as administrações dos cemitérios norte-americanos são favoráveis a mausoléus com maior capacidade de ocupação ou ao uso de sepulturas de duplo compartilhamento. ("São como beliches. Se você for o primeiro a morrer, ficará por toda a eternidade na parte inferior do 'beliche'", disse Campbell.) Alguns cemitérios só têm espaço para as cinzas.

Portanto Campbell acredita ser possível encontrar novos espaços protegendo-se o espaço natural das cidades, dos subúrbios ou da zona rural. "Imagine que você pudesse comprar um pedaço de terra aqui, ao lado dessa pequena trilha, e tivesse a certeza de que ali permaneceria intocado", disse Campbell. Se as empreiteiras quisessem transformar essa terra numa urbanização como a cidade de Rolling Hills Estates, teriam de passar por cima do seu cadáver. Ao optarem pelo sepultamento nessas reservas, as pessoas poderiam manter-se ativas em sua defesa do meio ambiente mesmo depois de mortas. Bem, talvez não exatamente "ativas".

Quando tive essa conversa com Campbell, sua empresa Memorial Ecosystems já havia criado um lugar assim em seu Estado natal, a Carolina do Sul. Na época, seu objetivo era — e continua a ser — a criação de reservas funerárias semelhantes em todo o país, investindo os lucros assim gerados para ajudar a preservar *habitats* ameaçados em outros lugares. Os sepultamentos naturais (às vezes chamados de "sepultamentos verdes") custam metade do preço de um funeral e enterro tradicionais. A empresa de Campbell não usa criptas e exige caixões biodegradáveis. Os enterros naturais não usam líquidos para embalsamamento, que contêm substâncias cancerígenas.

Num cemitério/reserva natural a salvo do desenvolvimento urbano descontrolado, os túmulos com restos humanos ou cinzas seriam assinalados por pequenas inscrições em pedra, quando muito. Os túmulos ficariam situados nas orlas do cemitério ou ao longo de trilhas porventura já existentes.

Campbell imaginou uma capela para os serviços funerários, um "centro difusor de plantas nativas", em vez da típica floricultura, e um pequeno centro para os visitantes. Casamentos também poderiam ser feitos ali. Quiosques computadorizados forneceriam informações sobre a história natural do lugar, as tribos nativas que ali viveram no passado e perfis das pessoas sepultadas na reserva. Os visitantes poderiam usar fones de ouvido como os que se usam nos museus ou levar consigo computadores de mão ou *smarphones* equipados com GPS, que os levariam ao lugar exato onde seu familiar estaria sepultado, o que evitaria a necessidade de demarcações nos túmulos. O aparelho com GPS também ofereceria um menu de recordações: fotos, vídeos, talvez uma peça para piano interpretada pelo falecido. Um site de comércio eletrônico poderia oferecer visitas virtuais e reservas de túmulos *on-line*. Campbell não é o único empresário que pensa assim. Há o caso radical de uma nova empresa da Georgia chamada Eternal Reefs que usa cinzas humanas misturadas com concreto para criar recifes artificiais no oceano, e os recifes atraem vida.

Embora o projeto da Santa Isabel nunca tenha se concretizado, Chris Khoury, um psiquiatra de Escondido e ex-presidente da San Dieguito River Valley Land Conservancy [Conservação das Terras do Vale do Rio San Dieguito], mostrou-se interessado no projeto, na época. Ele esperava que o dinheiro obtido com o cemitério ajudasse sua organização a comprar mais terras adjacentes para preservá-las. "Acho que a frase 'do pó da terra foste formado e ao pó voltarás' contém uma ideia reconfortante", diz ele. "Essa poderia ser uma maneira de recuperar o sentido do sagrado em nossa relação com a terra." Khoury se lembra de ter tentado convencer um proprietário de terras recalcitrante a vendê-las ao cemitério para criar uma nova área destinada aos sepultamentos, apresentando-lhe o seguinte argumento: "Pense bem, você poderia ganhar dinheiro enterrando ambientalistas mortos".

Campbell continua comprometido com sua causa: cemitérios naturais como uma maneira de proteger os espaços livres da urbanização e, ao mesmo tempo, oferecer aos cidadãos naturalistas como Ed Abbey a oportunidade de fazer parte da terra que amam por muito tempo. Talvez para sempre.

QUINTA PARTE

Alto Desempenho Humano

Criar um Meio de Vida, Ter uma Existência Plena e um Futuro

*Quando caminhamos sobre a Mãe Terra, sempre pisamos com cuidado,
pois sabemos que os rostos de nossas futuras gerações nos observam
debaixo desse solo que pisamos. Nunca os esqueceremos.*
— Oren Lyons, Onondaga Nation

Capítulo 18

Vitamina N para a alma

Em Busca de Almas Gêmeas

ALGUMAS PESSOAS VENERAM A NATUREZA. Outras veem essa veneração como uma blasfêmia. A maioria de nós é menos direta; por trás de uma cortina de chuva, sentimos uma presença que não sabemos nomear. Ou não sentimos nenhuma presença, a não ser beleza e terror. Qualquer que seja a forma assumida por nosso assombro, a natureza nos oferece pelo menos um sentimento de afinidade.

"Do meu escritório, ergo os olhos e vejo o oceano, as ondas quebrando-se na praia, o horizonte infinito", diz o oceanógrafo Wolf Berger, que fala com a mesma intensidade sobre seu jardim e a vastidão do Pacífico, e tudo na mesma frase. Ele os vê como um mesmo destino, seu verdadeiro lugar. "Ao chegar em casa, vindo do escritório, saúdo as plantas do jardim na frente da casa, que me são tão familiares. São quase todas nativas. Elas se sentem em casa em nosso clima: cidadãs da Terra, assim como eu. Para mim, são minhas primas. Assim, a experiência é a de sentir-me em casa e fazer parte de uma grande família."

Essa família é maior do que a ciência pode avaliar.

Durante anos, tive um conhecimento superficial do oceano, embora vivesse a minutos do Pacífico. Meu amigo Louie Zimm finalmente me ajudou a ver o mar. Numa manhã de domingo, Louie, meu filho Matthew e eu nos pusemos ao mar no barco de seis metros de comprimento de Louie. Não fomos cultuar a natureza,

259

nem mesmo enaltecê-la, mas simplesmente nos impregnar de suas emanações. Passamos pelas grandes florestas de algas, vimos as folhas e os caules serpenteando em sua descida rumo às outras civilizações mais abaixo. Seguimos em frente. Para os lados, o oeste, uma nuvem escura e carregada foi enegrecendo ainda mais à medida que nos aproximávamos dela. Louie, capitão aposentado da Scripps Institution of Oceanography, apontou para uma série de explosões no horizonte negro: golfinhos caçando anchovas, disse ele.

Conhecedor das leis da natureza e do bom-senso, Louie não interrompeu o banquete dos golfinhos, mas pouco depois colocou seu barco logo atrás deles. Quando estávamos nos afastando a uma velocidade de dez a quinze nós, mais de vinte golfinhos deixaram seu grupo de centenas desses cetáceos e começaram a nadar em círculos, vindo em nossa direção. Enquanto Louie dirigia o barco, eu e meu filho nos colocamos na proa, de onde quase podíamos tocar esses velozes mamíferos. Eles passavam para lá e para cá, a poucos centímetros do casco. Depois nos pusemos de cócoras, observando a volta de nossos acompanhantes para seu grupo.

"Pena que vocês não consigam se ver!", disse Louie, rindo. Os jatos d'água exalados pelos golfinhos nos haviam encharcado.

Aqueles eram golfinhos comuns do Pacífico. Hoje, os cientistas sabem que outras espécies, golfinhos-nariz-de-garrafa, se comunicam fundamentalmente por meio de assobios e estalidos que os distinguem como grupo. Os cientistas não sabem por que eles fazem isso, ou por que "são tão egocêntricos", como se diz na *Newsweek*, ou se algumas de suas mensagens são dirigidas a nós. Mas não resta dúvida de que os ouvimos.[1]

Estudos neurológicos recentes sobre baleias revelaram que compartilhamos com elas neurônios especializados, associados a importantes funções cognitivas, dentre as quais a autoconsciência e a compaixão, e que esses neurônios podem ter se desenvolvido ao longo de uma evolução paralela. Na verdade, eles podem ter aparecido nas baleias milhões de anos antes de surgirem nos seres humanos. No artigo "Watching Whales Watching Us" ["Observando baleias que nos observam"], publicado na *New York Times Magazine* em 2009, Charles Siebert apresentou alguns dos indícios cada vez mais numerosos de que as baleias vivem em mundos de estruturas sociais complexas e, inclusive, em culturas que parecem

260

semelhantes à nossa: elas ensinam, usam estratégias de caça cooperativa e "ferramentas" (uma delas criou conscientemente uma "rede" de bolhas para cercar um cardume de peixes), e seus clãs se comunicam em diferentes dialetos.

Siebert afirmou que alguns cientistas ficam desconcertados diante do fato de que as baleias-cinzentas de Baja California Sur, no México, "parecem apreciar intensamente o contato com humanos". Outrora chamadas de "peixe-diabo de cabeça dura", pois eram conhecidas por atacar e estraçalhar embarcações, essas baleias foram caçadas tão ferozmente que quase chegaram à extinção. Em 1937, uma lei que proibiu sua caça resultou no aumento de sua população. "Ainda assim, a questão sobre o motivo de atualmente as baleias-cinzentas com filhos, algumas das quais ainda com cicatrizes causadas pelos arpões [algumas baleias chegam a viver cem anos], costumarem procurar-nos e conduzir delicadamente seus filhotes até o alcance de nossos braços é um mistério que cativa tanto os pesquisadores como os observadores de baleias", escreve Siebert. Esse comportamento vai além dos saltos que elas dão para fora d'água bem perto de nós, com os quais os observadores de baleias já estão acostumados. Há relatos de que em alguns casos elas chegam a levantar delicadamente barcos de pesca com seu dorso.

Os cientistas têm uma posição consensual de que esse comportamento não é consciente, e muitos deles sugerem que as baleias se sentem atraídas pelo som dos motores, ou que usam o casco das embarcações para se livrarem das cracas que se prendem à sua pele. Outros cientistas, porém, acreditam que está acontecendo algo extraordinário, talvez sem precedentes. Alguns observadores descreveram esse comportamento como uma forma de perdão. Esse ponto de vista pode ser difícil de aceitar, tendo em vista o fato de que essas mesmas baleias são hoje ameaçadas por uma tecnologia humana que talvez seja mais fatal do que os arpões: o sonar. Mesmo assim, com diz Siebert, essa aproximação das baleias pode sugerir uma mensagem mais ampla: que elas e nós não estamos sós — ou, pelo menos, não deveríamos estar.[2]

O dom

Quando o assunto diz respeito ao espírito, a especificidade é inimiga da verdade. Esse é um ponto de vista que defendo. Mas é difícil entender como qualquer tipo de inteligência espiritual é possível sem a capacidade de apreciação da natureza.

Intuitivamente, quase todos nós entendemos que toda vida espiritual, a despeito da definição que se dê a ela, começa com uma sensação de assombro* e por esta é nutrida. O mundo natural é uma de nossas janelas mais confiáveis para o assombro e, pelo menos para alguns, para a inteligência espiritual. Algum dia, seria fascinante reunir os defensores religiosos da teoria do *Design* Inteligente, que veem em Deus o supremo criador (*designer*) biofílico, com os que acreditam na Hipótese de Gaia, para os quais a biosfera e todos os elementos físicos da Terra, e toda vida nela existente, estão integrados em um sistema complexo, capaz de regular-se a si próprio — uma espécie de superorganismo.

Detalhes à parte, as pessoas continuarão a praticar todos os tipos de antigos rituais espirituais na natureza, bem como os novos que venham a ser criados.

Jonathan Stahl, o educador ligado às questões do meio ambiente que fez uma viagem para aprofundar suas relações com sua noiva, Amanda, sente-se espiritualmente conectado quando em contato com a natureza. "Fui criado segundo os princípios do judaísmo, mas na verdade nunca me senti identificado com essa religião (aliás, nem com qualquer outra)", diz ele. "Não obstante, encontrei minha própria maneira de incorporar alguns dos princípios do Yom Kippur em minha vida." O Yom Kippur, o Dia do Perdão, é um momento para rezar pela remissão dos pecados cometidos durante o ano e começar o Ano-Novo em estado de purificação. Nesse dia, Stahl vai caminhar por uma trilha das imediações, de preferência uma que o leve a um lugar bem alto. "Pego uma pedra e levo-a comigo, meditando o tempo todo sobre qualquer coisa que eu tenha feito no ano anterior e da qual não me sinta orgulhoso ou que gostaria de aprimorar no ano seguinte", diz ele. "Se meus pensamentos começam a divagar, o peso da pedra em minha mão faz com que minha atenção volte ao motivo dessa caminhada especial: carreira, família, amigos, relacionamentos, bem-estar pessoal etc., e levo aquele peso até o topo da montanha. Deixo-a ali, assim como tudo que ela representa, e olho para um novo horizonte e peço para começar o ano em estado de plena renovação. Isso é simbólico e não tem absolutamente nada a ver com o judaísmo, mas para mim funciona." Já faz anos que ele pratica esse ritual, uma tradição sempre comparti-

---

* "Assombro" tem aqui o sentido de "aquilo que causa grande surpresa e admiração"; "encantamento", "maravilhamento". (N.T.)

lhada com Amanda. "É uma maneira de introduzir a natureza na religião e, pelo menos, algum aspecto do judaísmo em minha vida", diz ele.

Thomas Berry teria adorado essa história.

Conheci Berry em 2005. Ele tinha 91 anos e morava em Greensboro, na Carolina do Norte. Caroline Toben, fundadora de uma organização sem fins lucrativos chamada Centro para a Educação, a Imaginação e o Mundo Natural, convidou-me para almoçar com Berry, que era amigo dela. Padre católico e membro da Congregação dos Passionistas, Berry criou o Programa de História das Religiões da Universidade Fordham e o Centro de Pesquisas Religiosas de Riverdale. Seus livros, inclusive *The Dream of the Earth*, continuam sendo influentes em todo o mundo. Pouco antes de sua morte, a ONU o homenageou como "voz fundamental da Terra".

Por quase um século, Berry argumentou, com eloquência e elegância, que nossos problemas ambientais são basicamente questões espirituais. Ele falou e escreveu muito sobre uma experiência transcendente de sua infância, que foi fundamental para sua vida e seus trabalhos futuros. "Era um começo de tarde de maio quando olhei pela primeira vez ao redor e vi o prado", escreveu. "O momento mágico que foi essa experiência deu algo a minha vida (não sei o quê) que parece explicá-la num nível mais profundo do que qualquer outra experiência de que eu tenha lembrança." Esse momento nunca terminou.

Quando já havíamos nos sentado em seu reservado habitual no restaurante do hotel O. Henry, Berry começou a falar sobre o futuro. Era evidente que estava saturado do século XX, com sua violência industrializada e sua destruição do meio ambiente. "Tudo que discutirmos agora deverá dizer respeito ao século XXI", disse suavemente. Seu rosto se iluminava quando discorria sobre as possibilidades futuras e nossa relação cada vez mais forte e envolvente com a natureza. "Nossa espécie teve outrora duas fontes de inspiração e significado: a religião e o universo, o mundo natural. Mas demos as costas à natureza", afirmou. A grande obra do século XXI será a reconexão com o mundo natural como fonte de significado.

Berry apresentava um ponto de vista raramente encontrado nos meios de comunicação popular: o fato de que devemos superar o conflito entre mundos. Num extremo encontra-se a ciência, arraigada no "princípio darwiniano da seleção natural, que não remete a nenhuma finalidade psíquica ou consciente, mas que trata de uma luta pela sobrevivência em nosso planeta". Esse modo de ver a realidade "representa o universo como uma sequência aleatória de interações físicas e biológicas sem nenhum significado intrínseco". No outro extremo está a tradição religiosa predominante no Ocidente, que, segundo ele, afastou-se demais de uma antiga história da criação e voltou-se para uma mística da redenção na qual a passagem para outro mundo é fundamental e o mundo natural perdeu grande parte de sua importância. Na maior parte do tempo, esses dois mundos — ciência e religião — comunicam-se afavelmente, mas os antagonismos são profundos. E, no entanto, escreveu Berry em *The Great Work*, estamos a caminho de uma época extraordinária: "Ao entrar no século XXI, estamos vivenciando um momento de graça. São momentos privilegiados". Para Berry, o século XXI assinala nossa volta à Terra.

Em 1999, um entrevistador do periódico *Parabola* perguntou a Berry se nossa relação com a natureza conectava-se com nosso desenvolvimento humano interior.

"O mundo exterior é necessário para o mundo interior; não são dois mundos, mas um só mundo com dois aspectos: o exterior e o interior", ele respondeu. "Se não tivermos certas experiências exteriores, também nos privaremos de certas experiências interiores ou, pelo menos, não as teremos em profundidade. Precisamos do sol, da lua, das estrelas, dos rios e das montanhas, dos pássaros e dos peixes do mar, para evocarmos um mundo de mistério, para evocar o sagrado. Isso nos dá um sentido de respeito reverencial. É uma resposta à liturgia cósmica, uma vez que o universo em si é uma liturgia sagrada."[3]

Como vemos, é evidente a possibilidade de um novo movimento entre os ambientalistas religiosos, ansiosos por ir além da antiga divisão entre as interpretações de domínio e tutela baseadas na Bíblia. (Não há dúvida de que temos domínio, dizem eles; vejam o que estamos fazendo com a criação divina. Por que haveríamos de querer perturbá-la?) Essa possibilidade é visível nos jovens que hoje dedicam sua vida à sustentabilidade ou ao *design* biofílico. Podemos vê-la no crescente reconhecimento de que o contato com a natureza aumenta a saúde, melhora as funções cognitivas e alimenta o espírito.

Pouco antes de sua morte, em 2009, visitei Berry pela última vez em seu quarto numa casa de repouso para idosos. Ele não conseguia mais andar. Afundava-se em sua poltrona, envolto em uma manta indiana. Perguntei-lhe sobre o envelhecimento e a arquitetura e o ritual dos lares para idosos. Ele pensou um pouco e em seguida seu rosto se iluminou novamente ao considerar as possibilidades deste novo século. "Toda a rotina de um ano poderia ser mais localizada, mais renaturalizada em seus aspectos arquitetônicos", ele respondeu. "Desconfio que os próximos anos serão assim. Principalmente quando percebermos que será possível construir nossas casas do jeito que quisermos e começarmos a nos dar conta de que há maneiras de fazer as coisas que exigem nossa atenção para um mundo que está além da mente humana." Disse-me que sentia uma necessidade muito grande de "sair para o mundo natural todos os dias, fossem quais fossem as condições climáticas". Em seguida, ele disse: "Em nossos últimos anos de vida, somos tomados por um sentimento de retorno. Para termos o dom do deleite que tivemos na infância, esse dom deveria continuar. O processo de envelhecimento é cheio de um arrebatamento que vem junto com a dor de passar pelas mudanças concomitantes. O dom permanece".

E REALMENTE PERMANECE. A mais ou menos quatro quilômetros de Point Loma, numa parte do oceano que logo pode se transformar em uma reserva marinha interditada aos pescadores, eu e meu filho vimos uma barbatana dorsal de aspecto assustador que vinha cortando as ondas em nossa direção. A barbatana submergia um pouco de vez em quando, como uma pálpebra sonolenta, e então víamos o que parecia ser um olho — uma esfera achatada, uma grande pupila azul sob o vaivém confuso da água. O olho estava voltado para nós como se seu dono estivesse curioso.

"Um peixe-karma", disse Louie dando boas gargalhadas.

Havíamos encontrado um dos mais estranhos peixes do mar, um peixe-lua ou *Mola mola*. Aquele peixe parecia pesar bem mais de cem quilos. Nadou em círculos ao redor do barco, quase tocando o casco e parando de vez em quando. "Ver esse peixe é sinal de boa sorte. Feri-lo significa exatamente o contrário", disse Louie.

O maior dos peixes ósseos conhecidos (tubarões e raias são cartilaginosos), o peixe-lua pode chegar a pesar mais de 2 mil quilos. Sua forma lembra um olho achatado flutuante — ou uma cabeça de peixe que perdeu o corpo. Quando se expõe tranquilamente ao sol, pode dar a impressão de estar absolutamente imóvel, contemplativo. Movimenta-se lentamente, alimentando-se de zooplâncton gelatinoso e algas. Por conta de sua alimentação pouco substancial, o peixe-lua deve racionar sua energia, explicou Louie, "motivo pelo qual ele nunca parece ter pressa".

Desde então, tenho pensado frequentemente no *Mola mola*. Essa criatura lenta e sem medo representou para mim um lembrete de que podemos viver com menos pressa, e que preciso dedicar mais tempo ao reconhecimento do miraculoso.

Capítulo 19

Todos os rios correm para o futuro

O Novo Movimento Pró-Natureza

Nunca se "escreve" algo tão importante como uma ética...
Ela se expande nas mentes de uma comunidade pensante.

— Aldo Leopold

Dentro da Choupana, como este lugar é conhecido, eu tive uma sensação misteriosa de que alguém havia acabado de partir. Uma parte de mim desejava ver uma refeição, ainda quente e à minha espera, sobre a rústica mesa de madeira. Dentro de alguns meses, a Choupana seria (finalmente) declarada um Símbolo Histórico Nacional. Por ora, porém, continuava desprotegida, escondida atrás de algumas árvores que margeiam uma estrada rural. O único cômodo da Choupana é pequeno, bem de acordo com o galinheiro reformado que é.

Uma placa de rocha nativa local sobre a lareira de pedra está cheia de fuligem; há dois lampiões a óleo em cima do consolo da lareira, feito de carvalho. Nas prateleiras de canto há panelas e um bule de metal azul. Nas paredes caiadas, frigideiras, coadores, um batedor de ovos, cestas, pás, suportes para livros, revistas etc., uma furadeira manual, uma serra para dois lenhadores.

Dois cascos de tartaruga decoram outra prateleira, ao lado de penas de falcão, um lápis num copo e uma fileira desorganizada de livros velhos, alguns deles tombados. Ao redor da mesa, três bancos rústicos, feitos à mão.

São essas a choça e sua mata circundante sobre as quais escreveu Aldo Leopold em seu clássico *A Sand County Almanac*, um dos muitos livros fundamentais que ajudaram a criar o moderno movimento ecológico. Nesse livro, Leopold apresentou sua famosa Ética da Terra: "A terra consiste em solo, água, plantas e animais, mas a saúde vai além da suficiência desses componentes", escreveu. "É um estado de vigorosa autorrenovação de cada um deles, e em todos coletivamente." Ele dizia que os seres humanos deveriam tratar a natureza do mesmo modo como tratariam outro ser humano, que "a sociedade é como um hipocondríaco — tão obcecada com sua própria saúde econômica que perdeu a capacidade de permanecer saudável". Toda ética humana, afirmava, evoluiu "a partir de uma única premissa: que o indivíduo é membro de uma comunidade de partes interdependentes". A ética da terra "simplesmente amplia as fronteiras da comunidade de modo a incluir o solo, a água, as plantas e os animais, ou, coletivamente, a terra". Em outras palavras, nossa relação com a natureza deve ir além de preservar a terra e a água; deve também cuidar de nossa participação nessa comunidade mais ampla, assim como de nosso papel como seus membros.

Leopold viveu essa ética. Em 1912, trabalhou para o Serviço Florestal dos Estados Unidos como supervisor da Floresta Nacional Carson, de quatrocentos e poucos hectares, e em 1924 tornou-se diretor-adjunto do U.S. Forest Products Laboratory em Madison, Wisconsin, na época o principal instituto de pesquisa do Forest Service. Em 1933, foi nomeado gestor cinegético* da Universidade de Wisconsin. Durante esse período, comprou o pedaço de terra perto de Baraboo, Wisconsin, e reformou o galinheiro.

O solo estava praticamente morto devido ao cultivo descontrolado, mas Leopold, sua mulher e seus filhos plantaram um pinheiral e criaram uma formação campestre com predominância de gramíneas, com o objetivo de fazer o lugar voltar a ser o que era antes da colonização europeia. A floresta cresceu.

Já fazia uma hora que eu havia entrado na Choupana. A noite começava a cair. Sentei-me num beliche feito à mão. Cerca de dez fotos de 20 por 25 centí-

---

* Cinegética é a arte da caça considerada e exercida como atividade de lazer, porém regida por leis. Consiste em perseguição, captura ou morte de animais em seu *habitat*, sobretudo mamíferos e aves, que podem ser detectados, perseguidos e apanhados com o auxílio de cães treinados para essa finalidade. (N.T.)

metros cada, manchadas e empoeiradas, estavam desordenadamente empilhadas sobre um dos bancos. Peguei uma em que se via Leopold na frente da Choupana tentando acender uma fogueira. Sua mulher olhava para a fumaça. Apanhei mais algumas fotos, olhei-as e devolvi-as à pilha. Algumas eram da família, outras, da Choupana, mas a maioria era das terras ao redor.

Fiquei observando por algum tempo minha foto favorita: a filha de Leopold, Estella, talvez aos 9 anos, agachada à margem do rio e usando um chapéu de feltro grande demais para ela, com uma das abas largas dobradas para cima de um dos lados. Está pondo no rio um barco de brinquedo. À sua volta, a areia tem a forma de pequenas dunas. Ela está olhando para a câmera com um leve sorriso. Recoloquei a foto sobre o banco, saí da Choupana e desci por uma trilha na floresta até a margem do rio Wisconsin, onde Estella, suas irmãs e seus irmãos costumavam brincar, muito tempo atrás. Pensei no quanto a vida desses irmãos havia se enriquecido naquele lugar, naquela terra, sob aquelas árvores.

Um labrador negro saiu preguiçosamente da floresta e logo ajustou seu passo ao meu. Quando chegamos à margem, ele mergulhou no rio e ficou chapinhando nas águas límpidas.

A nascente de um rio e seus afluentes

A Sandy County Almanac foi publicado vários meses depois da morte de Leopold em 1948, quando ele estava com 61 anos. Ele morreu de infarto pouco depois de ter ajudado a extinguir um incêndio nas terras de um vizinho não muito longe da Choupana. O novo Leopold Center, dotado de eficiência energética e construído com madeira de árvores dessa floresta, fica hoje nessas terras, depois da região pantanosa pela qual os grous canadenses caminham com cuidado. Em abril de 2007, estive no centro para seu congresso inaugural. Tive o privilégio de ser um dos doze convidados que ali debateram como a Ética da Terra poderia voltar a ser aplicada no século XXI. As filhas de Leopold, Nina e Estella, e seu único filho sobrevivente, Carl, naquele momento entre 70 e 80 anos, foram nossos anfitriões. Nosso grupo fez alguns progressos naquele dia. Concordamos que uma nova ética está em processo de criação — uma ética criada a partir das ideias de Leopold e outros pensadores, mas igualmente moldada por um conjunto de novas práticas e realidades.

Nos primeiros tempos do conservacionismo norte-americano, a influência do mundo natural sobre o organismo humano era tão discutida quanto o impacto humano sobre a natureza, talvez ainda mais. Douglas Brinkley, autor de uma biografia recente de Theodore Roosevelt, escreveu: "Além do amor do presidente Roosevelt pelos pelicanos e por outras aves, havia uma sólida crença nos poderes curativos da natureza. O fato de que por suas veias corria uma poderosa seiva estética de 'volta à natureza', bastante evocativa de Thoreau, torna-se evidente quando lemos sua correspondência [...] com os maiores naturalistas de sua época." Brinkley também escreveu que, em seus últimos anos, Roosevelt afirmava que "os pais tinham o dever moral de assegurar que seus filhos não sofressem de 'carência de natureza'".[1] A ênfase de Roosevelt sobre a experiência pessoal e direta condizia em parte com o movimento de estudos da natureza do final do século XIX e dos primórdios do XX, que teve em meio a seus precursores, entre outros, Anna Botsford Comstock, que, junto de seu marido John Henry Comstock, chefiava o Departamento de Estudos da Natureza na Universidade Cornell e escreveu o popular *Handbook of Nature Study*. O movimento levou a educação infantil a voltar-se para o uso de experiências naturais não apenas para fins de aprendizagem científica, mas também para ajudar as crianças a ter uma compreensão mais profunda da natureza humana. O Movimento de Estudos da Natureza também mudou a vida de incontáveis adultos, mas os críticos começaram a detratá-lo como piegas e sentimental. Sua força diminuiu.[2]

Em fins do século XX, a ênfase na ecologia havia passado por uma mudança radical, voltando-se para a proteção e preservação do meio ambiente, a ponto de as palavras *conservacionismo* e *ambientalismo* terem começado a adquirir sentidos variáveis na consciência pública. Mesmo hoje, muitos consideram os conservacionistas como mais conservadores: os conservacionistas caçam e pescam e pensam em termos de recursos naturais. Os ambientalistas — para muitas pessoas, sobretudo seus opositores — querem proteger a natureza das pessoas; os ambientalistas são mais propensos a ver a natureza em termos mais amplos, como deixa entrever sua enorme preocupação com o impacto das mudanças climáticas.

Esses estereótipos não são totalmente verdadeiros ou justos, mas o fato é que realmente existem, a ponto de os jornalistas pisarem nesse território linguístico com cautela e confusão. Não há regras fixas que possam indicar o uso acertado dessas palavras. Algumas pessoas, de tendência mais conservadora, insistirão em dizer: "Não sou ambientalista — não sou nenhum desses abraçadores de árvores. Sou conservacionista". E eles sabem muito bem o que querem dizer com isso. Alguns autodenominados ambientalistas desconfiam dos "conservacionistas", que associam à caça e à derrubada de árvores. (Os que pertencem a um terceiro grupo, os Conservacionistas Antes Conhecidos como Ambientalistas, ainda não mudaram suas concepções básicas, mas já concluíram que a palavra *ambientalista* tem um peso político forte demais.)

Essas divisões foram prenunciadas por uma divergência entre Rachel Carson, a autora de *Silent Spring*, e Leopold. Carson o criticava porque, do modo como interpretava sua obra, ele pertencia a uma tradição que usava a natureza como um recurso a ser controlado e ceifado — Leopold caçava e derrubava árvores. Sua filha mais nova, Estella, professora emérita de botânica na Universidade de Washington, comentou comigo que hoje, vista em retrospecto, essa divergência foi superestimada, e que essas duas concepções de nossa relação com a natureza — preservação e participação — encontram-se em processo de renovação. Hoje, o sentido desses enunciados está se tornando cada vez mais frágil. Inevitavelmente, o contexto vem sofrendo uma transformação, passando dos humanos e da natureza para os humanos *na* natureza e os humanos *como* natureza.

Antes de tornar-se um dos fundadores do Center for Whole Communities, Peter Forbes trabalhou dezoito anos como diretor de projetos conservacionistas para o TPL. Ajudou a proteger regiões ameaçadas do Thoreau's Walden Woods,* lançou um programa para proteger e revitalizar jardins urbanos e fazendas por toda a Nova Inglaterra e empenhou-se para acrescentar 8 mil hectares de terras agrestes à Floresta Nacional de White Mountain, de New Hampshire, entre outras iniciativas notáveis. É um dos grandes proponentes de uma vertente daquilo que chamava de "conservacionismo baseado na comunidade", que não vê diferença entre a saúde das pessoas e a saúde da terra. Afirma que estamos na iminência de entrar numa época em que a proteção da natureza deve situar-se, mais que nunca, na esfera mais ampla das relações. "Por exemplo, pouco mais de

---

* O autor refere-se ao Walden Woods Project desenvolvido em Lincoln, Massachusetts, dedicado ao legado de Henry David Thoreau, cuja obra mais conhecida, *Walden*, foi escrita no meio de uma floresta às margens do lago Walden, onde o escritor morou por alguns anos. (N.T.)

um terço de todas as terras de propriedade privada nos Estados Unidos tem na entrada uma placa em que se lê PROIBIDA A ENTRADA, mas 78% de todas as terras de propriedade pública do país também têm a mesma placa com os mesmos dizeres", diz ele. "Sei que há bons motivos para impedir que as pessoas entrem em terras protegidas, mas [...] isso não é, nem jamais poderá ser, a base de um movimento social de grande abrangência." Milhões de hectares de *habitat* foram protegidos nos últimos anos; isso é muito bom, mas não é suficiente. Mesmo com toda essa proteção, será que os norte-americanos estão "mais próximos da terra ou dos valores que a terra ensina"?

Uma comunidade íntegra e saudável, argumenta Forbes, começa com o relacionamento das pessoas entre si e delas com a terra, e com esse pressuposto subjacente: *"A relação com o lugar é tão importante quanto o lugar em si".* Como parte de um novo movimento pró-terra, "devemos nos concentrar tanto no coração humano quando na própria terra. E o que o coração humano precisa e reclama em nossos dias — como, de resto, tem feito ao longo dos tempos — é relacionar-se e conectar-se com a diversidade da vida, muito mais abrangente e plena de significado".

Essas ideias vêm adquirindo força entre os grupos dominantes de ambientalistas e conservacionistas. Carl Pope, presidente do Sierra Club, recorre a esta parábola: "No passado, houve um homem que cuidou de um belo jardim e o cultivou durante toda a sua vida. Quando chegou seu momento de ir embora deste mundo, ele reuniu os filhos e lhes disse: 'Amei muito meu jardim. Agora, cabe a vocês cuidar dele.' Ao que os filhos responderam: 'Por que deveríamos cuidar do seu jardim? Você nunca nos deixou entrar nele'".

Não resta dúvida de que a sustentabilidade é um objetivo fundamental, mas para algumas pessoas a palavra passa uma sugestão de estase. Como mais de uma pessoa já perguntou, quem quer saber de um casamento *sustentável*? A sustentabilidade é necessária, mas não suficiente. Nossa linguagem não se manteve em dia com as realidades mutáveis da relação humana com a natureza. Na verdade, até as mais básicas dentre as palavras descritivas correm perigo, em parte porque as associações diárias com a natureza esvaneceram-se quase por completo. Em 2008, a nova edição do *Oxford Junior Dictionary* suprimiu os nomes de mais de noventa plantas e animais comuns, dentre eles substantivos como *bolota (de carvalho), castor, canário, trevo, dente-de-leão, hera, sicômoro, videira, violeta, salgueiro* e *amora-preta*. Que palavras foram acrescentadas? *MP₃, atendedor de chamadas, mensagem de voz, blog, sala de bate-papo, smartphone*. Em vez de deixar a linguagem da natureza desaparecer ou tornar-se obsoleta, devemos aumentá-la; precisamos de maneiras novas ou renovadas para descrever um mundo híbrido no qual a tecnologia e a natureza estejam em equilíbrio, em que possamos vivenciar os poderes profundos da natureza em nossa vida cotidiana.

Um bom amigo meu modernizou sua casa com um sistema de placas solares da mais recente tecnologia. Seus devaneios sobre essa iniciativa são notáveis em certo sentido. Ao instalar as placas solares, sua conta de luz caiu para 5 dólares por ano (sem contar os 65 dólares mensais que o Estado da Califórnia exige pelo consumo de energia, ainda que a pessoa não consuma tanta energia — esse tema é complicado); e logo ele começará a vender energia para o Estado. Não há dúvida de que a proeza é admirável, mas o problema é que hoje meu amigo só fala em termos técnicos e cálculos extremamente enfadonhos. Ao falar sobre o "meio ambiente" em termos mais gerais, ele recorre ao jargão técnico. Preciso pressioná-lo muito para que ele me descreva o que isso representa para sua própria energia — sua saúde, sua alma, sua psique.

"Bem...", diz ele. "Realmente, sinto-me..." E segue-se uma luta para encontrar as palavras certas. "Independentemente, talvez..." "Mas veja que não estou fora da rede de fornecimento. Nem quero estar. Quero fornecer energia à rede." Fica um momento em silêncio, e então começa a falar sobre relações entre coisas. Numa dessas ocasiões, descreveu-me sua sensação de ter se transformado num "bom ancestral, conectado com as profundezas do tempo".

Essa ideia realmente conservadora de honrar o papel do ancestral pode parecer defasada por si própria, mas só porque a cultura atual cristalizou-se no tempo, obcecada pelo imediato e assustador do futuro. As palavras do meu amigo adquirem um significado adicional por conta de suas ações, um significado que extrapola sua casa "movida" a energia solar. Ele ficou anos ajudando a criar uma reserva nacional que vai do mar às montanhas, um imenso parque natural que seus descendentes poderão desfrutar ao longo de sete gerações a partir da atual. Quando ele fala sobre seus painéis solares, situando-os no contexto das gerações passadas e futuras, sua voz se enternece; ele fala com extraordinária paixão e torna-se mais convincente. Meu amigo é um bom ancestral.

Mediante sutilezas de seus tempos verbais e outras idiossincrasias linguísticas, os americanos nativos contadores de histórias frequentemente descrevem os fatos históricos de seu povo como se tivessem acontecido — ou estivessem acontecendo — *aqui*, nas profundezas do tempo. Às vezes, eles falam do futuro como se já tivesse acontecido e eles tivessem ajudado a dar-lhe forma. Recentemente, deparei-me com algo parecido na Austrália. É um costume relativamente novo naquele país, e os Estados Unidos deveriam imitá-lo. Na abertura da maioria dos congressos importantes, pede-se aos aborígines que façam uma invocação, e o primeiro conferencista faz um breve discurso em homenagem aos habitantes originais daquele lugar específico e da própria terra.

O que me surpreendeu nesse ritual foi que, ao mostrar respeito pelos ancestrais e pelas gerações futuras, há uma sutil mudança de tom. O respeito é contagiante. Apesar de não pôr fim ao racismo, esse simples ato coloca-o numa esfera mais ampla de relações. Oferece um momento de reconciliação não apenas entre os humanos, mas também entre os humanos e a terra, e entre as gerações.

Para além da sustentabilidade

Nos últimos anos, o movimento ambientalista tornou-se bastante autocrítico, o que pode ser visto como um sinal de sua força. É muito fácil esquecer que apenas três décadas atrás poucas pessoas falavam sobre reciclagem; que nas décadas de 50 e 60 pessoas inteligentes não davam a mínima para jogar latas de cerveja vazias ou embalagens de hambúrgueres, e como era comum ver destroços enferrujados de automóveis nos leitos dos rios ou nos acostamentos das estradas. Hoje, essas cenas tornaram-se raras. Os rios, antes verdadeiros esgotos a céu aberto, até voltaram a ter peixes. A águia-calva voltou. Contudo, essas e outras conquistas não nos prepararam para desafios globais ainda maiores, que incluem o distanciamento entre o ser humano e o mundo natural.

Hoje, é como se um rio ganhasse força e começasse a crescer por conta de seus vários afluentes: o pensamento e as tradições dos nativos norte-americanos; Thoreau e Emerson; a crença de Theodore Roosevelt na força restauradora da natureza; a obra de Frederick Law Olmsted, cujos projetos deram aos Estados

Unidos seus grandes parques urbanos; o movimento pró-cidades saudáveis na virada do século XIX; partes de muitos de nossos textos religiosos e, sem dúvida, os escritos de Leopold, Rachel Carson e outros.

A ciência vem alimentando as cabeceiras dos rios e seus afluentes; um conjunto crescente de provas associa a experiência humana no mundo natural a uma melhor saúde física e ao aumento das aptidões cognitivas. Esse rio tem outros braços. Entre eles, como vimos, encontram-se a arquitetura biofílica, a ecologia de reconciliação, o exercício verde, a ecopsicologia e outras formas de terapia natural; a aprendizagem baseada no lugar, o movimento das "comunidades integrais", o *Slow Food* e a agricultura orgânica; o movimento pró-cidades em que se possa caminhar e o movimento de reconexão das crianças com a vida ao ar livre.

Às margens desse rio, a conversa vai se tornando mais interessante, passando dos temas da proteção e participação, e até mesmo sustentabilidade, para a criação — não como a encontramos na Bíblia, mas, no fim das contas, criação.

Leopold foi presciente no que diz respeito a esse assunto. Ele refletiu muitíssimo sobre a criação. "Para plantar um pinheiro, por exemplo, não é preciso ser deus ou poeta; basta ter uma boa pá", escreveu ele. "Em virtude dessa curiosa lacuna legal, qualquer camponês simplório pode dizer: 'Que aqui cresça uma árvore' — e a árvore crescerá. Se ele tiver bons músculos e uma boa pá, poderá fazer com que 10 mil árvores cresçam ali. E, no sétimo ano, ele poderá apoiar-se em sua pá, admirar suas árvores e considerá-las boas."[3] Como já sugeri neste livro, o lema do ambientalismo deveria ser *conservar e criar*. Além de conservar os recursos e preservar as regiões naturais, devemos criar ambientes novos e revigorantes. Segundo a velha maneira de pensar, deveria haver um jardim botânico em cada cidade. Segundo a nova maneira de pensar, toda cidade deveria estar *dentro* de um jardim botânico.

Reconhecer a existência da conexão mente/corpo/natureza será uma das iniciativas mais importantes que podem ser tomadas por um movimento ambientalista revitalizado.

Leopold anteviu boa parte dessas coisas, mas há outros que também o fizeram. Em 1996, Thomas Berry (escrevendo em termos mais metafísicos) descreveu o que chamava de "era ecozoica": "Na sequência de períodos biológicos do desenvolvimento da Terra, estamos hoje na fase terminal da era cenozoica e na fase emergente da era ecozoica. O Cenozoico é o período de desenvolvimento biológico que ocorreu durante os últimos 65 milhões de anos. O Ecozoico é o período em que a conduta humana será guiada pelo ideal de uma comunidade terrena integral, um período em que os seres humanos estarão presentes na Terra de uma maneira mutuamente benéfica". Prosseguindo, ele dizia: "O Cenozoico está chegando ao fim com uma extinção maciça das formas de vida cuja escala só se iguala às extinções ocorridas no fim do Paleozoico, cerca de 220 milhões de anos atrás, e no fim do Mesozòico, há mais ou menos 65 milhões de anos. A única opção viável que se nos apresenta é entrar num período ecozoico".

Ainda temos muito a aprender sobre o mundo natural, inclusive precisamos adquirir um conhecimento mais detalhado sobre os benefícios à saúde, à cognição e à vida em comunidade; quanto contato com a natureza — e de que tipo — é o ideal e qual a melhor maneira de renaturalizar nossas comunidades. Porém, como costuma dizer Howard Frumkin, decano da Faculdade de Saúde Pública da Universidade de Washington, talvez precisemos de mais pesquisas, "mas já temos conhecimentos suficientes para começar a agir".

Podemos, de fato, criar um novo movimento pró-natureza, um movimento que congregue as pessoas e a natureza. As pessoas cujas palavras reproduzi neste livro sugerem que esse movimento já começou. À medida que for crescendo, os profissionais de saúde prescreverão exercícios verdes e outras experiências no contato com a natureza. Empreiteiros e planejadores urbanos criarão casas, bairros, subúrbios e cidades dos quais a natureza será parte integrante — e eles cuidarão também da renovação urbana e suburbana, sempre centrados em nossa relação com a natureza. Esse movimento aumentará drasticamente a quantidade de áreas naturais em nossas proximidades, o que resultará em maior biodiversidade e no aumento de produção de alimentos próximo aos lugares onde moramos. O movimento promoverá a criação de "parques descentralizados" e de meios de transporte mais confortáveis e saudáveis. As novas políticas governamentais estimularão o aumento do capital social entre o homem e a natureza e ajudarão a criar uma profunda identidade pessoal e regional. No que diz respeito à educação, esse movimento estimulará as jurisdições escolares e o poder legislativo a incorporar a capacidade que a natureza tem de aprimorar a aprendizagem e a criatividade, além de redefinir o sistema educacional desde o ensino fundamental até o ensino superior. Tanto a atividade empresarial quanto a educacional apoiarão a criação e a diversificação das carreiras, que irão além da sustentabilidade, de modo a incluir atividades profissionais que conectem as pessoas com a natureza.

Todas essas mudanças, e muitas outras, podem ser aceleradas pelos formuladores de políticas públicas. Empresas, grupos conservacionistas, fundações, associações cívicas e cultos religiosos podem ajudar a desenvolver essas políticas. No âmbito pessoal, porém, podemos agir com mais presteza para revitalizar nossa vida por meio da natureza. E há uma nova maneira de seguir em frente, uma antiga tradição que tomou novas feições.

O terceiro anel

Lembram-se daqueles caleidoscópios de papelão que tínhamos quando crianças? Quando, ao fazer girar os cilindros, os pedacinhos de plástico colorido transformavam-se quase instantaneamente em belos padrões decorativos? Às vezes, o futuro se mostra com clareza, exatamente como no caso dos caleidoscópios. Para mim, um desses momentos ocorreu em um colóquio em New Hampshire, em 2007. Naquele dia, mais de mil pessoas de todo o Estado estavam ali para traçar os rumos de uma iniciativa estatal de conectar as famílias com a natureza.

Ao término de muitas horas de reuniões produtivas, um pai se levantou, elogiou a criatividade dos participantes e foi diretamente ao cerne da questão. "Hoje, falamos muito aqui sobre programas", disse ele. "Sim, precisamos apoiar os programas que conectem as pessoas com a natureza e, sim, também precisamos de mais programas. Na verdade, porém", acrescentou, "sempre tivemos programas para fazer as pessoas saírem de casa para atividades ao ar livre, e as crianças continuam sem sair — até mesmo em seus próprios bairros". E o mesmo se pode dizer dos adultos. Ele então falou sobre sua experiência. "Há um riacho no meu bairro, e eu adoraria que minhas filhas pudessem ir brincar ali. Mas as coisas não são tão simples assim. As margens do riacho chegam ao jardim do quintal dos fundos de meus vizinhos, o que me obriga a procurá-los para que permitam que minhas filhas brinquem naquele espaço. Isso me leva à seguinte pergunta: será tão fácil assim procurar meus vizinhos para lhes pedir permissão?"

Aquele pai de New Hampshire havia apresentado um problema fundamental para pessoas de todas as idades.

Será *tão fácil* assim?

O objetivo é uma mudança cultural que, além de profunda, consiga reproduzir-se por autorreplicação, um salto adiante naquilo que uma sociedade considera normal e previsível. Mas como chegar aí a partir do ponto em que hoje nos encontramos? Permitam-me expor minha Teoria dos Três Anéis. O primeiro anel é formado pelos programas tradicionalmente financiados, de atendimento direto* (organizações sem fins lucrativos, grupos organizadores de comunidades, organizações conservacionistas, escolas, serviços de parques, centros naturais etc.), aos quais cabe a difícil tarefa institucional de convencer as pessoas a se conectar com a natureza. O Segundo Anel é formado pelos professores universitários e outros voluntários, o aglutinante tradicional que mantém unida grande parte da sociedade. Esses dois anéis são fundamentais, mas ambos têm suas limitações. Um programa de atendimento direto só pode chegar até onde lhe permitam seus fundos disponíveis. Os voluntários ficam limitados aos recursos disponíveis para o recrutamento, treinamento, a administração e captação de recursos. Muitos bons programas competem pelos mesmos dólares das mesmas fontes de financiamento, um processo que tem seu próprio preço. Sobretudo em épocas de crise econômica, os líderes dos programas de atendimento direto frequentemente passam a ver outros grupos que fazem trabalhos semelhantes como concorrentes. As boas ideias passam a ser propriedade exclusiva daqueles que as criaram; o campo de visão se retrai. Essa reação é compreensível.

Os melhores programas e organizações de voluntários transcendem essas limitações, mas isso sempre é obtido a duras penas.

Passemos agora para o Terceiro Anel: uma órbita potencialmente vasta de associações, indivíduos e famílias. Esse Anel se baseia no contágio de pessoa a pessoa, e esse coletivo ajuda-se mutuamente a introduzir mudanças em sua própria vida e em suas comunidades, sem esperar por nenhum financiamento. Isso pode soar como o voluntariado tradicional, porém é mais que isso. No Terceiro Anel, indivíduos, famílias, associações e comunidades usam os sofisticados instru-

---

* No original, *direct-service programs*. Esses programas têm por finalidade prestar assistência financeira em caráter suplementar, com recursos transferidos independentemente da celebração de convênio ou instrumento similar. (N.T.)

mentos das redes sociais, tanto pessoais como tecnológicas, para conectar-se entre si e com a natureza.

Os clubes familiares naturais, aqui já descritos em capítulo anterior, oferecem um exemplo concreto. Servindo-se dos *blogs*, das redes sociais e de um antiquado instrumento chamado telefone (ou *smartphone*), as famílias entram em contato entre si para criar clubes virtuais que organizam caminhadas multifamiliares e outras atividades ao ar livre. Na Internet, um grande número de ferramentas grátis permite que esses clubes programem e levem a termo essas atividades. Essas pessoas não ficam à espera de financiamento ou permissão; elas fazem as coisas por si sós, no momento em que querem fazê-las.

Os clubes familiares naturais são apenas um exemplo. A organização californiana Hooked on Nature, também já descrita aqui, põe em contato pessoas que, por sua vez, formam "círculos naturais" para explorar suas biorregiões. Na Área da Baía de São Francisco, a entidade Exploring a Sense of Place organiza grupos de adultos que se encontram nos fins de semana para fazer caminhadas junto a botânicos, biólogos, geólogos e outros especialistas no mundo natural de suas regiões. Há anos, o Sierra Club também vem promovendo essa inter-relação entre excursionistas reunidos por meio das redes sociais.

As novas redes sociais criadas pelo Terceiro Anel poderiam pôr em contato pessoas que estão renaturalizando suas casas, seus jardins, suas hortas e seus bairros; vizinhos que estão criando seus parques-botões; empresários e profissionais em geral, inclusive empreiteiros, que gostariam de pôr em prática os princípios biofílicos. Essas redes sociais, ilimitadas em sua capacidade de crescimento, poderiam transformar as políticas futuras das sociedades profissionais mais tradicionais. Por exemplo, o influente certificado LEED [Leadership in Energy and Environmental Design (Liderança em Energia e Planejamento Ambiental)], concedido pelo Green Building Certification Institute [Instituto para a Certificação de Habitações Ecológicas], baseia-se quase exclusivamente na eficiência energética e nos projetos de baixo impacto ambiental. Já passou da hora de se criar uma atualização que contemple a questão da conservação energética, mas que vá além dela e também cuide dos benefícios dos ambientes mais naturais para a saúde e o bem-estar humanos. Na opinião dos que defendem essas mudanças, pautar-se pelas vias convencionais para consegui-las é algo que poderia demorar anos.

Contudo uma rede de rápida expansão formada por profissionais poderia acelerar essas mudanças — e é possível que, no momento em que você estiver lendo estas linhas, esse processo já possa ter se concretizado.

Da mesma maneira, as redes profissionais de Assistência Médica já comprometidas com a prescrição de maior contato com a natureza poderiam mudar aspectos de sua profissão sem esperar que seus superiores o façam; de igual para igual, poderiam mudar as mentes, os corações e, por fim, o protocolo oficial. Durante esse processo, poderiam também encontrar novas fontes de financiamento para seus programas de atendimento direto.

Quando apresentei essa ideia do Terceiro Anel ao diretor do Departamento de Parques do condado de Maricopa, o maior centro de parques urbanos dos Estados Unidos, ele se entusiasmou — não apenas com os clubes familiares naturais, mas também com o contexto mais amplo do Terceiro Anel. "Atualmente tenho programas para famílias em meu sistema de parques, mas há pouquíssimas pessoas interessadas. Essa talvez seja uma maneira de mudar as coisas", ele afirmou. Além do mais, ele está enfrentando novos desafios orçamentários. Ao estimular as famílias a criar redes naturais autossuficientes e auto-organizadoras, ele estaria aumentando o número de pessoas que frequentam seus parques. E poderia haver outro resultado importante: o desenvolvimento de um Terceiro Anel poderia traduzir-se num futuro apoio político ao financiamento dos parques. Da mesma maneira, quando os movimentos de aquisição de terras privadas para uso público e os governos ajudarem os bairros a criar seus próprios movimentos desse tipo nas imediações de onde moram, as despesas gerais indiretas seriam menores, mas seu alcance seria maior. O mesmo se pode dizer da importância que o público passaria a atribuir ao conceito de aquisição de terras privadas para uso público, por conhecê-lo melhor. Os estudantes universitários, em particular os que já pretendem desenvolver carreiras que estimulem o contato das pessoas com a natureza, poderiam também conectar-se entre si por meio das redes sociais.

O Terceiro Anel poderia ser particularmente eficaz para mudar o opressivo sistema de educação pública. No momento em que escrevo, fazem-se grandes esforços para congregar "professores naturalistas" numa rede nacional. Nas escolas de ensino fundamental, de ensino médio, nas faculdades e universidades, esses educadores não são necessariamente professores de educação sobre o meio ambiente. São professores que, por intuição ou experiência própria, entendem o papel que a natureza pode desempenhar na educação. São os professores de artes, de línguas e de ciências, além de muitos outros que insistem em sair com seus alunos ao ar livre — seja para escrever poemas, para pintar ou aprender ciências debaixo das árvores. Encontro professores assim em todo o país. Cada escola tem pelo menos um ou dois, e eles não se sentem sós.

E se milhares desses "professores naturalistas" estivessem conectados em rede e, por meio dessa forma de atuação, adquirissem poder e *identidade*? Uma vez conectados, esses educadores poderiam pressionar por mudanças em suas próprias escolas, faculdades e comunidades. Interconectados e dignos de grande respeito, esses "professores naturalistas" poderiam inspirar outros professores; poderiam tornar-se uma força incitadora — devo dizer subversiva? — nas escolas em que trabalham. Ao longo do processo, eles estariam ajudando a melhorar sua própria saúde psicológica, física e espiritual.

As redes do Terceiro Anel podem ir muito além do número de seus membros imediatos. Em Austin, Texas, o diretor de uma instituição de ensino fundamental me disse que adoraria incluir mais experiências naturais em sua escola. "Mas você não imagina o quanto estou estressado agora por conta dos exames", disse ele. "Não podemos fazer tudo." Quando descrevi o fenômeno dos clubes familiares naturais, o diretor se entusiasmou. Perguntei-lhe se ele poderia conseguir algumas informações — por exemplo, materiais educativos, guias dos parques locais e outras coisas do tipo — que pudessem estimular as crianças e seus pais a criar seus próprios clubes naturais. Ele respondeu que seria fácil conseguir essas coisas, e não estava falando por falar. Imediatamente, pôs-se a pensar em como os aspectos educacionais desses clubes poderiam ser incluídos na grade curricular de sua escola.

Pouco antes, naquele mesmo dia, num encontro de líderes da parte central do Texas, a presidente de uma PTA [Parent-Teacher Association (Associação de Pais e Mestres)] foi muito eloquente em sua fala. "Vejam, já estou farta de entrar numa sala cheia de pais e mães e dizer a eles que não deem guloseimas açucaradas a seus filhos, pois esse tipo de alimento provoca obesidade", afirmou. "Recentemente, comecei a sugerir que eles e os filhos saiam com mais frequência para passeios e atividades ao ar livre. E você não imagina a mudança que houve naquela sala.

Quando falo sobre alimentos açucarados, o ambiente fica pesado e desagradável, mas quando lhes falo sobre sair ao ar livre, ficam felizes e até mais calmos. Os pais se descontraem imediatamente quando o assunto é esse." Durante nosso encontro, ela começou a fazer planos para estimular os membros de sua associação de pais e mestres a criar clubes familiares naturais.

As redes sociais, via Internet ou pessoalmente, transformaram o universo político. Os instrumentos disponíveis na Internet são muito úteis para obter financiamentos, organizar festas nas casas dos pais e motivar os eleitores. Um Terceiro Anel com foco exclusivo na natureza que usasse essas mesmas ferramentas, e outras que ainda nem nos ocorreram, poderia criar um eleitorado cada vez maior que desse sustentação às mudanças políticas e às práticas comerciais das quais tanto carecemos. Na verdade, poderia ajudar a criar uma cultura renaturalizada.

E se a ideia dos clubes familiares *realmente* se difundisse, como aconteceu com os clubes de leitura poucos anos atrás? E se, nos próximos anos, houvesse 10 mil clubes familiares nos Estados Unidos, criados por famílias para famílias? E se o mesmo processo, em outras esferas de influência, colocasse a natureza no centro da experiência humana? Nesse tipo de cultura, seria mais provável que aquele pai de New Hampshire fosse bater à porta de seu vizinho. Ou, melhor ainda, que um de seus vizinhos fosse bater à *sua* porta para pedir que a família dele se juntasse a uma nova rede de vizinhos dedicada à natureza em seu próprio bairro. Sua primeira excursão: explorar o regato que corre por ele.

É preciso deixar claro, porém, que uma mudança cultural permanente não ocorrerá sem compromissos institucionais e legislativos sérios que viessem a proteger, recuperar e criar *habitats* em escala global.

Capítulo 20

O direito de caminhar pela mata

Uma História do Século XXI

É possível que algum dia os historiadores generosos do futuro escrevam que nossa geração finalmente enfrentou os desafios ambientais de nossa época — não só a mudança climática, mas também a mudança no clima do coração humano, o transtorno de déficit de natureza de nossa sociedade — e que, por conta dessas mudanças, entramos intencionalmente num dos períodos mais criativos da história humana; que fizemos mais do que sobreviver ou conservar, que lançamos as bases de uma nova civilização e que a natureza passou a fazer parte de nossos locais de trabalho, nossos bairros, nossas casas e nossas famílias.

Uma transformação desse porte, ao mesmo tempo cultural e política, só acontecerá com uma nova maneira de ver os direitos humanos. Hoje, poucos questionariam o fato de que todas as pessoas, sobretudo as muito jovens, têm o direito de acessar a Internet, seja na escola, numa biblioteca ou no programa de uma rede wi-fi pública. Aceitamos a ideia de que a "exclusão digital" entre os que têm Internet e os que não têm deve desaparecer. Há pouco tempo, comecei a fazer a meus amigos a seguinte pergunta: Nós temos o direito de caminhar pela mata? Várias pessoas responderam com uma ambivalência desconcertante. Veja o que nossa espécie está fazendo com o planeta, diziam. Só com base nesse fato, a relação entre os seres humanos e a natureza não é intrinsecamente antagônica? Tendo em vista a devastação que os seres humanos vêm infligindo à natureza, esse ponto de vista é compreensível. Pensemos, porém, nas pessoas que se encontram em outro ponto do espectro político e cultural, um lugar onde a natureza é vista como um objeto a ser dominado pela humanidade ou como uma distração no caminho que leva ao Paraíso. Na prática, essas duas concepções da natureza são radicalmente distintas. Contudo há também uma semelhança notável: a natureza continua a ser o "outro"; os seres humanos estão nela, mas não são dela.

Minha menção ao conceito básico de direitos incomodou algumas das pessoas com as quais conversei. Um amigo disse: "Num mundo em que milhões de crianças são brutalizadas todos os dias, será correto dedicar parte de nosso tempo a estimular o direito de uma criança a conviver com a natureza?". Boa pergunta. Outras pessoas disseram que vivemos numa época de inflação de litígios e deflação de direitos; um grande número de pessoas acredita ter "direito" a um estacionamento, "direito" à televisão por assinatura, até mesmo "direito" a morar num bairro sem crianças. Em consequência, a ideia de direitos [humanos] é algo "esvaziado". Será que realmente precisamos acrescentar mais direitos ao nosso acervo?

A resposta a essa pergunta é "sim", uma vez que concordemos que o direito em questão é fundamental para nossa humanidade.

Há vários anos, enquanto eu reunia material para escrever *Last Child in the Woods*, visitei Southwood Elementary, a escola de ensino fundamental onde estudei quando ainda era um menino que morava em Raytown, Missouri. Ali, perguntei a um grupo de alunos como era sua relação com a natureza. Muitos me deram a resposta que hoje se tornou típica: preferiam jogar *video games*; gostavam mesmo era de atividades entre quatro paredes e, nas horas passadas ao ar livre, jogavam futebol ou praticavam qualquer outro esporte com a orientação de adultos. Contudo, uma aluna da quinta série que sua professora chamava de "nossa pequena poetisa", vestida com simplicidade e com uma expressão muito séria, disse o seguinte: "Quando estou na floresta, tenho a sensação de estar nos braços da minha mãe". Para ela, a natureza representava beleza, refúgio e algo mais. "Tudo ali é muito calmo, e o ar é tão perfumado... Para mim, é como se estivesse em outro mundo", disse a garota. "E, nesse mundo, o tempo é todo meu. Às vezes, vou para a floresta quando não estou bem — e depois, graças a toda aquela paz, começo a me sentir melhor. Volto para casa feliz, e minha mãe nem imagina por que estou diferente." Ela fez uma pausa. "Eu tinha um lugar especial. Havia uma grande cachoeira e um regato que corria ao lado. Eu cavava um grande buraco ali e às vezes levava uma barraca ou um cobertor, e ficava deitada no buraco, olhando para as árvores e o céu. Às vezes, chegava a adormecer ali. Sentia-me livre; aquele era o meu lugar, e eu podia fazer o que quisesse sem ser interrompida por ninguém. Eu ia lá quase todos os dias." O rosto da jovem poetisa enrubesceu e sua voz ficou mais fraca. "E então, certo dia, cortaram todas as árvores. Foi como se tivessem cortado uma parte de mim."

Sua última frase me emocionou: "Foi como se tivessem cortado uma parte de mim". Se a hipótese biofílica de E. O. Wilson estiver certa — que a atração humana pela natureza é regida por uma estrutura profundamente conectada —, então a comovente afirmação de nossa jovem poetisa foi mais que uma metáfora. Quando ela se referiu à sua floresta como "uma parte de mim", estava descrevendo algo impossível de quantificar: sua biologia ancestral, seu sentido do maravilhoso, uma parte essencial daquilo que a constitui em ser humano.

Para reverter as tendências que desconectam os seres humanos da natureza, as ações devem basear-se na ciência, mas também devem estar profundamente arraigadas na terra. Em 2007, um impressionante grupo de prefeitos, professores, conservacionistas e líderes empresariais reuniu-se em Washington D.C. para discutir a falta de conexão entre os jovens e a natureza. Sua discussão — iluminadora em alguns momentos, passional em outros — aplicava-se a pessoas de todas as faixas etárias, mas, à medida que as horas foram passando, vários participantes começaram a perguntar sobre quantificação. Alguns estavam em busca de um modelo empresarial aplicável ao desafio de introduzir as crianças à natureza. A maioria concluiu que havia uma necessidade evidente de mais pesquisas.

"Atribuo grande valor a esse tipo de discussão, mas tenho algo a dizer", afirmou Gerald L. Durley, pastor da Igreja Batista da Providência Missionária de Atlanta. Durley ajudara a fundar a Organização Cultural Afro-Americana e trabalhara lado a lado com Martin Luther King Jr. Ele se inclinou para a frente e disse: "Um movimento se *move*. Tem vida". Como qualquer movimento bem-sucedido, a luta pelos direitos civis fora alimentada por um princípio moral fortemente articulado, que não precisava ser reiteradamente demonstrado. O resultado do movimento pelos direitos civis poderia ter sido bem diferente — no mínimo, observou Durley, poderia ter-se demorado mais —, caso seus líderes tivessem esperado por mais provas estatísticas que justificassem sua causa, ou se concentrado mais em contar o número de manifestantes pacíficos nas ocupações de locais como forma de protesto. Alguns esforços foram bem-sucedidos, outros se mostraram contraproducentes. No entanto o movimento seguiu em frente.

"Quando se apresenta um argumento moral, não existem regras rígidas, e argumentos desse tipo sempre podem ser contestados", segundo o professor de filosofia Larry Hinman. "Contudo a maioria dos argumentos morais surge de uma ou duas questões. Entre elas encontramos um conjunto de consequências e um princípio fundamental — por exemplo, o respeito pelos direitos humanos." A ciência lança luz sobre as consequências mensuráveis da introdução das pessoas na natureza; estudos chamam atenção para os benefícios em termos de saúde e cognição, que são imediatos e concretos. Porém um "princípio fundamental" não surge apenas do que a ciência pode provar, mas também do que ela não consegue revelar plenamente: uma conexão significativa com a natureza é fundamental para nosso espírito e nossa sobrevivência como indivíduos e como espécie.

Em nossa época, Thomas Berry apresentou essa inseparabilidade de maneira muito eloquente. Berry incorporou a concepção biológica de E. O. Wilson num contexto cosmológico mais amplo. Em seu livro *The Great Work*, Berry escreveu: "No momento, a grande urgência é começarmos a pensar num contexto do planeta como um todo, a comunidade integral da Terra com todos os seus componentes humanos e não humanos. Quando discutimos a ética, devemos entender que ela nos fala dos princípios e valores que regem essa comunidade abrangente".[1] Berry acreditava que o mundo natural é a manifestação física do divino. A sobrevivência da religião e da ciência não depende de que uma delas seja vencedora (porque, nesse caso, ambas perderiam), mas do surgimento do que ele chamava de uma narrativa do século XXI — a reunião entre os humanos e a natureza.

Falar sobre os absolutos — realidades plenas e essenciais de que tudo depende e que não dependem de nada — pode nos deixar desconfortáveis, mas não há dúvida de que isso é certo: como sociedade, precisamos devolver a natureza a nossos filhos e a nós mesmos. Não fazê-lo é imoral. É antiético. "Um *habitat* degradado produzirá seres humanos degradados", escreveu Berry. "Se é para haver algum progresso verdadeiro, então toda a comunidade da vida deve progredir." Na formação dos ideais norte-americanos, a natureza era fundamental à ideia dos direitos humanos, conquanto o seguinte pressuposto fosse inerente ao pensamento dos Fundadores da Nação: cada direito traz uma responsabilidade. Estejamos falando sobre democracia ou natureza, se falharmos em nossa responsabilidade, destruiremos a razão de nosso direito e o direito em si. E, se não usarmos esse direito, acabaremos por perdê-lo.

Van Jones, criador do movimento Verde para Todos [Green for All] e autor de *The Green Collar Economy*, sustenta que os grupos de justiça ambiental estão excessivamente centrados na "igualdade de proteção ao que não é bom" — as toxinas que, com tanta frequência, são despejadas em bairros economicamente isolados. Ele pede que se atribua uma nova importância à "igualdade de acesso ao que é bom" — os empregos verdes que poderiam tirar os jovens urbanos e outras pessoas da pobreza. Contudo há outra categoria de "coisas boas" — os benefícios à saúde física, psicológica e espiritual, bem como ao desenvolvimento cognitivo, que todos nós recebemos por conta de nossas experiências no mundo natural.

Nossa sociedade deve fazer mais do que falar sobre a importância da natureza; deve assegurar que os moradores de todos os tipos de bairros tenham acesso cotidiano a espaços e experiências naturais. Para fazer com que isso aconteça, a seguinte verdade deve ser evidente: *Só poderemos cuidar verdadeiramente da natureza e de nós mesmos se nos considerarmos inseparáveis dela, se nos amarmos como parte dela, se acreditarmos que os seres humanos têm o direito de desfrutar das dádivas da natureza, preservando-a sempre em sua plenitude.*[2]

A garotinha de Raytown pode não ter um direito específico a uma determinada árvore em sua floresta preferida, mas não há nenhuma dúvida de que tem o direito inalienável de estar com outras formas de vida; o direito à liberdade, que não tem como existir numa espécie de prisão domiciliar com a finalidade de protegê-la; e o direito à busca da felicidade, cuja plenitude é atingida mediante o contato com a natureza.

O mesmo se aplica a você.

Capítulo 21

Onde outrora houve montanhas e ainda haverá rios

Orientação Profissional para o Éden Cotidiano

Janet Keating e eu subimos ao topo de uma montanha na Virgínia Ocidental passando por entre carvalhos e nogueiras-amargas, cicutas, pinheiros e tulipeiros, tílias americanas, áceres e alfarrobeiras — uma das florestas de maior biodiversidade do mundo, ou o que dela resta. Ficamos ali um momento, observando quatro ou cinco caixinhas de madeira usadas como ninhos para morcegos, que haviam sido colocadas por uma empresa de extração de carvão.

Nosso olhar desviou-se dessas caixinhas e voltou-se para baixo, onde uma paisagem devastada era uma prova inquestionável de que os cumes das montanhas haviam sido removidos, fazendo com que grande parte do horizonte daquele Estado deixasse de existir.

Keating, ex-professora do ensino público, atualmente é diretora da Ohio Valley Environmental Coalition, um grupo que foi bem-sucedido em sua luta para impedir que naquela região se instalasse o que teria sido a maior indústria química de pasta de papel branqueado com cloro dos Estados Unidos. Já faz anos que Keating vem lutando contra a remoção dos cumes de montanhas. Quem nunca viu com seus próprios olhos o impacto desse tipo de mineração dificilmente terá uma ideia clara da magnitude da devastação. O que antes era uma montanha ao lado daquela onde nos encontrávamos, simplesmente deixara de existir; o que as grandes máquinas haviam feito com essa montanha só pode ser comparado aos avanços e retrocessos dos efeitos destrutivos de uma glaciação. Não só haviam desaparecido para sempre as rochas e a terra, como também a vegetação formada por árvores e arbustos que ali cresciam sob as árvores mais altas, o *habitat* dos morcegos. Cerca de quinhentos hectares com aproximadamente oitenta espécies diferentes de árvores, incluindo cornisos e olaias e loureiros; 710 espécies de plantas que dão flores; 42 espécies de samambaias; 138 espécies de gramíneas e junças haviam desaparecido junto a mais ou menos trezentos metros do topo da montanha para baixo. Tudo isso desce aos trancos e barrancos e vai formar aterros nos vales. Depois da lavagem do carvão, os resíduos líquidos e pastosos remanescentes formam linhas sinuosas no fundo do vale. Sobretudo quando construídos nas cabeceiras de um divisor de águas, esses resíduos podem filtrar-se ou transbordar para vales ou cavidades, destruindo a vida aquática por asfixia e inundando os assentamentos humanos de substâncias químicas carcinogênicas que incluem arsênico e mercúrio. No ano 2000, um desses represamentos se rompeu e liberou cerca de um milhão e trezentos mil litros — mais do que a quantidade de petróleo que vazou no desastre do Golfo [do México] —, soterrando a terra abaixo com aproximadamente três metros de lama e imundície e matando todas as formas de vida em cerca de 1.200 quilômetros de vias fluviais. Em 1972, o rompimento de outro desses depósitos letais matou 125 pessoas, deixou 1.100 feridas e outras 4 mil sem ter onde morar. A mineradora referiu-se ao fato como "um ato de Deus".

A Surface Mining Control and Reclamation Act [Lei de Controle da Mineração de Superfície e Aterro] de 1977 exige que as empresas de extração de carvão "recuperem" a terra, substituindo a camada superficial do solo (nos casos de renúncia de cumprimento específico, as empresas podem usar "substitutos da camada superficial"). As companhias de extração de carvão poderiam argumentar que esse método de extração é a única maneira eficaz, em termos de custo, de extrair os veios de carvão impossíveis de extrair pelos métodos tradicionais de mineração. E elas também poderiam nos lembrar de que somos um país ávido por energia. E no que diz respeito a este último ponto, não há a menor dúvida de que estariam certas.

Enquanto Keating e eu olhávamos para a cratera (a destruição colossal, em grande parte oculta à visão do público pela floresta ao redor, é difícil de avaliar, a menos que se consiga vê-la a partir de cima), fiquei pensando na possibilidade de aquele lugar poder ser recuperado algum dia. Com um aceno de cabeça, ela negou essa possibilidade. "O que estamos vendo ali embaixo vai passar por um processo de hidrossemeadura, o que significa que bombas de um enorme tanque de água pulverizarão o solo com sementes de grama ou outro tipo de erva, em geral não nativa, e com algum tipo de substância química que ajudará a grama a crescer", disse ela. A cena que se descortinava abaixo de nós trouxe à minha lembrança o desaparecimento do horizonte de minha própria cidade, onde gigantescas niveladoras estavam soterrando as colinas tendo em vista futuros projetos de urbanização.

E o que dizer desses anúncios de empresas de extração de carvão em que elas nos descrevem seus projetos de recuperação ambiental? "Elas nos mostram coisas grandiosas em suas vitrines muito iluminadas ou nos dizem: 'Não é maravilhoso? Agora temos terrenos planos para a construção de moradias'", disse Keating. "Às vezes, dizem ter intenção de recuperar o meio ambiente para que ali possa haver novamente peixes, animais e bosques. O sistema aquático da região dos montes Apalaches teve algumas das maiores populações endêmicas de mexilhões e peixes. Não há nenhuma possibilidade de que isso venha a ser recuperado porque, além de terem mudado a composição química do solo, mudaram também todo o sistema de incidência da luz solar. Nada voltará a ser como antes."

Se houvesse dinheiro de sobra, seria possível restaurar ou recuperar as terras destruídas pelas remoções dos cumes de montanhas? "Não no período de vida que ainda nos resta. Uma das razões é que nem mesmo sabemos o que foi perdido. No sul da Virgínia Ocidental, onde a maior parte dessas coisas vem acontecendo, o Estado nunca fez um inventário completo do mundo natural. Acho que isso aconteceu em parte porque, na medida em que não sabemos o que estamos destruindo, a liberdade de ação torna-se maior."

Além dos ataques diretos ao mundo natural e à saúde humana, a memória cultural é dilapidada e perdida. "Todas as nossas montanhas têm nomes", diz Keating. "Ou tinham. E todos os regatos têm nomes, e as pessoas os conhecem, ou os conheciam. *Eles tinham nomes*. As pessoas iam para esses lugares em busca de ginseng e, com o dinheiro de sua venda, compravam presentes de Natal para suas famílias. Conheciam também as ervas medicinais e as usavam, a hidraste, a sanguinária-do-canadá e outras, mas todas se perderam."

Essas montanhas nos fazem uma advertência: a recuperação da natureza — inclusive a recuperação ser humano/natureza — pode ser usada como um disfarce para mais destruição ainda. À medida que as empresas se tornarem mais produtivas e criativas mediante um conhecimento mais profundo da natureza e de seus paradigmas, aumentará também a necessidade de uma ética empresarial que tenha respeito pelo meio ambiente.

Paul Hawken, escritor e empresário, disse: "A atividade empresarial deve mudar seu modo de ver as coisas e de fazer publicidade, que foi muito bem-sucedida em dar ao conceito de 'limite' um viés pejorativo. Limites e prosperidade são coisas estreitamente ligadas. Respeitar os limites significa respeitar o fato de que o mundo e suas minúcias são diversificados para além de nosso entendimento e extremamente organizados para seus próprios fins, e que todas as suas facetas estão conectadas de maneiras que às vezes são óbvias, porém misteriosas e complexas em outros momentos".[1] Ou, como diz John Muir, "quando você faz pulsar uma corda da Natureza, percebe que ela está conectada com todas as coisas". Os limites da natureza são semelhantes ao que "uma tela em branco era para Cézanne, ou uma flauta para Jean-Pierre Rampal", escreveu Hawken. "É precisamente na disciplina imposta pelas limitações da natureza que descobrimos e imaginamos nossa vida."[2]

O desespero é tentador, e suas razões podem triunfar sobre as que levam ao otimismo. Contudo os modelos para uma nova ética estão surgindo por toda parte, junto às oportunidades oferecidas por um novo sentido de deliberação no mundo dos negócios e, na esfera individual, o potencial para a criação de uma nova identidade.

Tradicionalmente, a agricultura criou muitos, quando não a maioria, dos trabalhos relacionados à conexão humana com a natureza. Um novo movimento nesse contexto — movimento que inclui, mas vai além da agricultura orgânica — poderia não apenas mudar a natureza das cidades, como também trazer de volta as chácaras e os sítios familiares e os lugarejos que outrora serviam as cidades com seus produtos. Nesse setor, começa a entrar em foco uma ética comercial que não agride o meio ambiente.

Os novos agrarianistas

Certa tarde, eu fui de carro de Denver a Boulder com Page Lambert, uma das melhores escritoras do Oeste dos Estados Unidos. Ela seguia olhando para as urbanizações que se estendiam quase a perder de vista, que ela chamava de "maré negra". Em dado momento, ela se virou para mim e disse: "As pessoas se mudam para cá por causa do ambiente, mas, como entendem muito pouco de cultura pecuarística, acabam por destruir a beleza que as atraiu". Durante a viagem, Lambert me falou sobre sua relação com o gado — as cinquenta vacas de que sua família cuidava quando viviam em Wyoming.

Em seu livro de memórias, *In Search of Kinship*, ela narra as experiências de viver da terra. Também escreve um diário do qual recentemente me enviou alguns trechos em que descreve a "maravilha sensorial" do pequeno rancho familiar: caminhar com neve até a cintura, e vê-la acumular-se até três metros nas partes mais altas do terreno, para alimentar o gado; encontrar a toca de um coiote em plena nevasca, pegadas de pumas no cânion, um cavalo congelado no inverno. Ela se pergunta o que acontece com uma cultura quando perde esse tipo de contato com a natureza. Lambert e outros lutam "em vão contra a política antipecuarista atual, contra os que culpam os pequenos sítios e as granjas familiares pela calamitosa ética conservacionista da agricultura corporativa". E ela teme que muita gente bem-intencionada ainda não entenda "o papel dos mamíferos ungulados nas pastagens do oeste e o papel da cultura rural na consciência da nação". Em seu diário, ela escreve: "Pego um avião para a Califórnia e passo cinco dias ao lado de meu pai moribundo. Toco delicadamente seu corpo, falo bem baixinho com ele, seguro suas mãos". Ela telefona para casa e fala com sua família. Seus filhos "estão no sótão, com um bezerro que nasceu há pouco tempo, durante uma tempestade de neve, e está com hipotermia. Ela me diz que os filhos "massageiam o corpo do bezerro, usam garrafas de água quente e um cobertor elétrico para mantê-lo aquecido, conversam suavemente com ele. O recém-nascido morreu pouco depois do falecimento de meu pai, ao meio-dia do equinócio de primavera". Apesar de sua tristeza, naquele momento ela se sente gratificada porque seus filhos "veem a morte não de maneira impessoal, como se fosse filtrada pelos meios de comunicação, mas como uma parte fundamental de suas próprias vidas". Nossa viagem de carro prossegue e ela continua a olhar calmamente para a neve que ainda se acumula sobre a terra e a refletir sobre as vidas que seguem seu curso.

Lambert e outros pecuaristas e agricultores que valorizam seu legado e esperam passá-lo adiante têm um amigo em Courtney White, cofundador e diretor executivo da Coalizão Quivira, uma organização conservacionista sem fins lucrativos sediada em Santa Fé, no Novo México, dedicada ao conceito de terra e saúde e a estabelecer ligações entre pecuaristas, ambientalistas, cientistas, administradores de terras públicas e outros. A organização adotou como lema não oficial a seguinte citação de Wendell Berry: "Você não pode salvar a terra sem salvar as pessoas; para salvar uma é imprescindível salvar ambas". Um dos objetivos da coalizão é difundir o conceito do Novo Pecuarismo. Entre suas características encontram-se uma administração progressista, a recuperação cientificamente dirigida das terras ribeirinhas e dos terrenos elevados, a produção local de alimentos e a avaliação e o monitoramento da saúde da terra.

Conheci o desengonçado e amigável White numa conferência da Coalizão Quivira em Albuquerque. Muitas das quinhentas ou mais pessoas no auditório usavam chapéus de vaqueiros, e a maioria restante parecia ter chegado de uma longa excursão a pé. Uma década antes, White, que já fora arqueólogo e ativista do Sierra Club, concluiu que o ambientalismo tal qual o conhecemos hoje estava com os dias contados, e que não demoraria muito a ser substituído por algo que ele chama de "novo agrarianismo". "Queria contestar um importante paradigma do movimento ambientalista, do qual eu era membro na ocasião, que afirmava que a natureza e as pessoas (especificamente seu trabalho) precisavam ficar tão separadas quanto possível [...] que os problemas do ambiente deveriam ser resolvidos por soluções de feitio ambiental, o mais distante possível da cultura ou da economia", escreveu. "Segundo essa linha de pensamento, o mundo natural poderia ser 'salvo' independentemente de nosso empenho em 'salvarmos' a nós mesmos."[3] Em contrapartida, ele define o novo agrarianismo como "uma economia ecológica centrada no alimento e na saúde da terra, que crie uma capacidade rápida de recuperação, estimule as relações éticas e celebre a vida". Ele chama atenção para o crescente interesse na produção local, em escala familiar, de alimentos; tecidos e combustíveis sustentáveis — nas cidades, perto delas e além de seus limites. Essa onda, que começou na década de 80, "é formada por grupos de colaboradores dedicados à recuperação das áreas ribeirinhas, tornando-as mais saudáveis, ao uso inovador do gado para combater as pragas de ervas daninhas e à redução das emissões de dióxido de carbono, além de outras ações que poderão contribuir para a boa administração das terras".

Os ambientalistas criticam com razão certas técnicas agrícolas e pecuárias. Contudo as práticas de agricultura e da pecuária renaturalizadas estão cultivando um domínio ético inovador. Consideremos, por exemplo, David e Kay James, que junto de seus filhos estão criando gado alimentado em regime de pastoreio (e não à base de milho e subprodutos agrícolas em sistema de confinamento) em quase 90 mil hectares de terras públicas que se estendem do Colorado ao Novo México. Durante a crise agrária da década de 70, a pecuária passou por grandes dificuldades, mas os James adotaram um complexo programa de pastoreio e diversificaram seus negócios, atuando em outros setores de agricultura orgânica até que a atividade pecuária voltou a se recuperar. E a coisa não parou por aí: quatro dos cinco filhos voltaram para casa e introduziram novas atividades sustentáveis — isso numa época em que boa parte dos jovens queria mesmo era abandonar as regiões agrícolas. A família James descreveu a White os padrões territoriais e comunitários que, conforme esperava, iriam criar uma nova América do Norte rural: terras cobertas de vegetação biologicamente diversificada; terras adaptadas aos ciclos funcionais solares, minerais e de água; terras com fauna silvestre abundante e diversificada; uma comunidade beneficiando-se de alimentos saudáveis, cultivados no local, e pessoas conscientes da importância da agricultura para o meio ambiente.[4]

Anthony Flaccavento, que já foi diretor executivo do Appalachian Sustainable Development (ASD) [Desenvolvimento Sustentável Apalachiano], uma organização sem fins lucrativos, é outro pioneiro da agricultura de vanguarda. Em fins da década de 90, quando o cultivo de tabaco entrou em rápido declínio, muitos agricultores donos de pequenas propriedades, sentindo o cerco dos defensores da saúde, da diminuição dos mercados e dos ambientalistas, estiveram prestes a abandonar suas terras, ainda que suas famílias não conhecessem outro estilo de vida durante muitas gerações. No ano 2000, reconhecendo as dificuldades que vinham afligindo os plantadores de tabaco e a simultânea descontinuação do suprimento de produtos orgânicos na região, o ASD lançou o Appalachian Harvest [Colheita Apalachiana], um programa de criação de cooperativas regionais tanto para os agricultores orgânicos novatos quanto para os experientes. Os membros dessa cooperativa agora comercializam seus produtos frescos e orgânicos por atacado a grandes mercados varejistas. "Quando as pessoas ouvem dizer que os plantadores de tabaco — os 'inimigos' da saúde e do meio ambiente — estão passando a cultivar produtos orgânicos (e também gado), elas ficam muito surpresas", diz ele. Ao envolver os moradores na produção, na comercialização e no consumo dos bens, a cooperativa faz com que o dinheiro obtido circule em casa.

"Para muitos ativistas religiosos e defensores da justiça social, o credo era: 'Trate de arrumar um jeito de viver de outra forma'", acrescenta ele. "Com o tempo, minha filosofia evoluiu para 'Viva a seu modo até conseguir pensar de outra maneira'." Como parte de sua imersão filosófica, Flaccavento tem suas próprias terras orgânicas de aproximadamente três hectares. "Como eu também cultivo terras, geralmente enfrento os mesmos problemas que os outros num ano ruim." Há algum tempo, Flaccavento fundou a SCALE Inc. (Sequestering Carbon Accelerating Local Economies*) e permite que o público visite suas terras como forma de ajudar a promover sua ideia de como devem ser as práticas agrícolas ecologicamente funcionais e saudáveis.

Outros exemplos de agricultura de vanguarda são quase totalmente distintos das práticas agrícolas predominantes. A Fazenda Teal, situada ao pé da Floresta Nacional dos Montes Green de Vermont, oferece-nos um vislumbre do que são esses procedimentos. Essa fazenda, com cerca de 220 hectares, situa-se numa bacia fluvial cercada de árvores de madeira de lei, riachos e pastos. A granja e o celeiro têm um sistema de energia renovável, e há 2.300 hectares de pomares "divididos em microclimas em torno das construções". No periódico *on-line Reality Sandwich*, Anya Kamenetz descreve a fazenda como "bem diferente das monoculturas da agricultura tradicional e mais parecida com uma região de natureza selvagem melhorada".[5]

Enquanto isso, ao leste de Montana, agricultores orgânicos e pecuaristas que criam seus rebanhos em liberdade constituem uma "nova raça de otimistas",

---

* Redução das Emissões de Dióxido de Carbono Mediante o Fomento às Economias Locais. (N.T.)

como afirma o [jornal bissemanal] *High Country News*, e estão criando cooperativas e construindo seus próprios engenhos e suas padarias e, inclusive, criando seus sistemas de embalagem sem os subsídios federais que os agricultores convencionais recebem. Alguns agricultores estão criando processos de operação total, "da semente ao sanduíche", tudo sob o mesmo teto, semelhantes às microcervejarias populares em lugares da moda dos centros urbanos.[6]

Algum dia talvez seja possível que agricultores e pecuaristas também permitam o uso de partes de suas propriedades como pátios escolares. Assim como alguns moradores da zona rural cobram para permitir a caça em suas terras, eles também poderiam ganhar mais algum dinheiro oferecendo espaços como retiros para homens de negócios, terapias naturais ou experiências educacionais e rurais para crianças das cidades. Na Noruega, proprietários de terras e professores vêm trabalhando juntos para criar novas grades curriculares. Nesses lugares, os alunos passam parte do ano letivo na zona rural, com total imersão nas ciências, na natureza e na produção de alimentos. Isoladas, essas atividades não seriam suficientes para salvar uma pequena propriedade, mas poderiam ajudar uma família rural a permanecer em sua terra, criar novos empregos e conectar os moradores das cidades com as fontes de seus alimentos e com a natureza.

Courtney White leva essa linha de pensamento ainda mais além. Ele quer que esses moradores do campo vejam a si mesmos, literalmente, como "fazendeiros do futuro". Propõe aquilo que chama de "propriedades rurais sem dióxido de carbono", em que se usariam os alimentos e promoveriam a proteção do ambiente natural como meio de fortalecer o solo e lutar contra as mudanças climáticas. Na verdade, ele vê a mudança climática como uma oportunidade. Uma nova geração de agrarianistas poderia reduzir em grande escala os gases de efeito estufa da atmosfera por meio da fotossíntese e de outras atividades antigas e novas de redução do dióxido de carbono. Estariam também fomentando o desenvolvimento de um maior sentido de objetivos comuns e de identidade.

Os desafios colocados pela expansão urbana e suburbana desenfreada serão sempre espinhosos, mas a criação de cidades e subúrbios renaturalizados, o novo agrarianismo e o transporte público que não produza impactos ambientais oferecem antídotos contra essa expansão sem controle. Esses resultados também serão obtidos pela reativação da vida rural e pelo ressurgimento de regiões rurais e cidadezinhas que criem mais postos de trabalho e ofereçam melhores condições de vida. A divisão da agricultura urbana e rural continuará a se dissolver. Os empregos, a atribuição de um novo sentido à vida e o fomento a um forte sentido de identidade tenderão a aumentar.

A Grande Obra

A criação de uma identidade pessoal, o orgulho e o significado que provêm do que Thomas Berry chamava de Grande Obra — a renaturalização da vida — são a chave para o próximo movimento natural.

Corey Sue Hutchinson descobriu que o verdadeiro sentido de sua vida consiste em ajudar a terra no convalescimento de suas feridas topográficas. Como Janet Keating e Courtney White, ela tem uma profunda preocupação com a terra. Uma década atrás, Hutchinson compareceu ao nosso primeiro encontro, em um One--Stop Market, derrapando sobre um monte de cascalho. Dirigia sua caminhonete Ford F-150 em cujo painel lateral havia um adesivo com o nome de sua empresa: Aqua-Hab Aquatic Systems. Saiu da caminhonete e me deu um forte aperto de mão enquanto dizia: "Pode me chamar de Corey Sue". Aos 38 anos, era uma mulher bronzeada e musculosa, com os braços marcados pelo duro trabalho físico. Naquele dia, usava uma longa trança. Usava óculos de sol de grife, brincos, jeans, botas de trabalho e um estiloso boné de algodão onde se lia "Não me venha com besteiras". Segui-a de carro até o rio La Plata, no norte do Novo México, onde ela estava pensando em morar.

Quando Corey Sue cursava o segundo ano na Universidade Northern Michigan, resolveu que queria ser bióloga marinha. Colocou suas roupas numa bolsa, pegou sua bicicleta e, com apenas 400 dólares no bolso, pedalou mais de 3 mil quilômetros até a Universidade do Estado de Oregon — onde descobriu que o balanço do mar lhe causava terríveis enjoos. Foi então para o curso de gestão de bacias hidrográficas. Em 1989, aceitou um cargo de bióloga no Bosque Nacional de San Juan, ao sul do Colorado.

"Queria fazer algo inédito, proteger o meio ambiente", disse ela. Mas perdeu a paciência com o hábito governamental de "fazer reuniões para marcar outras reuniões e, na verdade, ficar girando em círculos". Por esse motivo, em 1994, desistiu de seu emprego bem remunerado e de uma futura aposentadoria generosa e começou a entrar em contato com um número cada vez maior de pessoas do setor privado que, no Oeste dos Estados Unidos, se dedicam à restauração de ambientes aquáticos.

No século passado, alguns — mas nem todos — os agricultores e empreiteiros alteraram e degradaram dramaticamente rios como o La Plata, removendo a espessa vegetação ribeirinha e permitindo que o gado pisoteasse as margens, o que favoreceu a erosão, em consequência da dureza de seus cascos. Um desses agricultores chegou a usar uma máquina de terraplenagem para dar forma retilínea a um trecho do La Plata, transformando-o mais num canal de irrigação do que no rio que sempre fora. Hoje, vários agricultores citadinos, como alguns dos recém-chegados são chamados, compraram partes do oeste do país e frequentemente não permitem o acesso do público. Essa é a má notícia. A boa é que alguns deles passaram a cuidar de rios. A família que comprou essa terra por onde corre o La Plata e onde conversei com Corey Sue contratou-a para fazer com que o rio recupere sua forma sinuosa natural.

Enquanto caminhava por entre a erva-cevadinha e os salgueiros da margem, balançando uma bengala feita com um cabo de vassoura e um guidão de bicicleta, ela falava sobre o rio exatamente como falaria sobre uma pessoa. Corey Sue explicou-me que analisava fotos antigas em minúcias, sobretudo as fotos aéreas, que mostram como era o rio no passado — e depois ficava formulando hipóteses sobre como o rio seria naquele momento se não tivesse sofrido tantas agressões. Ela construía estruturas para manter as águas no nível apropriado e barragens de desvio para controlar o fluxo; estabilizava as margens. Com a proteção nativa de troncos de choupos, salgueiros, chumaços de raízes e grandes pedras, estabilizava as margens para reduzir a erosão. E também operava sozinha máquinas muito grandes e pesadas. "Os clientes divertiam-se muito ao verem aquela mulherzinha manobrando o enorme Bulldozer D-9 com que executava os serviços de terraplenagem necessários à posterior regularização do terreno natural."

O trabalho de Corey Sue tem a ver com sustentabilidade, mas também diz respeito à conexão entre as pessoas e a natureza, assim como à criação — ou recriação — de um lugar que dê sentido à vida dos que nele habitam. Ao longo dos anos, ela concluiu dezenas de projetos semelhantes a esse e recuperou muitos rios. Sua abordagem desse trabalho é em parte científica e em parte artística; ela

298

a chama de "vodu hidrológico". Trabalha quase sempre mais por instinto do que por dados estatísticos. Fundamentalmente, ela acelera o tempo geológico, realizando em poucas semanas o que a natureza poderia levar um século ou mais para fazer. Acelerar o processo, mesmo que apenas em cinquenta anos, é um feito que tem o potencial de impedir a perda permanente de alguns tipos de bacia hidrográfica. Sua capacidade de entender os desejos de um rio às vezes parece sobrenatural. Depois de iniciado o projeto La Plata, o rio transbordou. "Para minha surpresa, apareceu um novo leito de um curso d'água exatamente onde eu planejava colocar um. Esse rio quer voltar a ser o que era."

Não há nenhuma dúvida de que o trabalho de Sue é revolucionário. "Mas é um trabalho que pede humildade", diz ela. Há tempos, o Animas, um rio cuja recuperação lhe custou muito trabalho duro, pois estava cheio de carros abandonados e margens destruídas, mudou seu curso por sua própria conta e levou consigo tudo que ela havia feito. "Às vezes, a Mãe Natureza tem outras ideias."

Como já fazia muitos anos que eu havia escrito sobre Corey Sue, telefonei-lhe recentemente para saber como estava indo seu trabalho. Ela me disse que ainda estava em atividade. "Só que hoje tem muito mais gente fazendo a mesma coisa. Aumentou demais a concorrência nessa atividade de lidar com rios e recuperar regiões pantanosas. Então eu me sinto como se fosse uma iniciante, mas estou conseguindo sobreviver nesse mundo competitivo", disse-me com orgulho. Um de seus últimos trabalhos consistiu na recuperação de um trecho do rio Mancos, no Colorado, que estava em más condições devido a operações de mineradoras de pequeno porte. Ela fez uma pausa. "Há uma coisa que gostaria de enfatizar. Os rios são dinâmicos. Podemos dar-lhes uma força, mas controlá-los já é algo fora do alcance humano." Contudo ela acrescentou que há rios impossíveis de salvar. São aqueles que a indústria e o desenvolvimento humano devastaram a tal ponto que jamais voltarão a ser o que eram.

Como os cumes daquelas montanhas na Virgínia Ocidental. A recuperação tem seus limites.

Entretanto a lição que devemos extrair disso tudo é que a resistência nunca é em vão. A renovação é possível. Janet Keating e Corey Sue Hutchinson souberam extrair o que a vida tinha de melhor a lhes oferecer em termos profissionais.

Parafraseando o antigo ideal grego: uma delas se empenha em domar a selvageria humana; a outra trabalha para dar mais doçura e sutileza à vida do mundo.

Ganhar a vida

Os adultos jovens sempre se sentiram atraídos pela possibilidade de criar um mundo novo e melhor. Os que vejo com mais frequência quase sempre me dizem que se realizariam profissionalmente se conseguissem conectar as pessoas com a natureza. Querem saber em que faculdade devem estudar e quais são as possibilidades concretas de fazer de seus sonhos uma profissão. Essas perguntas deveriam ser mais fáceis de responder.

A educação superior incorporou as lições de sustentabilidade a suas grades curriculares, mas seu foco principal incide sobre a eficiência, a conservação do ambiente natural por meio de modalidades de produção inteligente e da economia de combustíveis. Menos conhecida é a abordagem que visa à produção de energia humana, tanto intelectual como criativa, por meio dos poderes revitalizadores e produtivos do mundo natural. No passado, as carreiras que conectavam os seres humanos com a natureza ou eram consagradas pelo tempo (agricultura) ou menosprezadas (quando seus praticantes chegavam a ser reconhecidos): silvicultores, guardas-florestais, jardineiros, arquitetos paisagistas (às vezes) e já podemos ir parando de contar. No momento em que escrevo, não conheço nenhum guia de aconselhamento vocacional que ofereça informações sobre a grande variedade de profissões que conectam — ou poderiam conectar — os humanos com o mundo natural: planejadores urbanos, professores que usam *habitats* como laboratório, profissionais de saúde, terapeutas naturais, funcionários de jardins botânicos, agricultores orgânicos, pecuaristas de vanguarda, organizadores de acampamentos, professores de jardinagem, arquitetos paisagistas, projetistas de áreas de lazer naturais, planejadores de parques urbanos, especialistas em atividades ao ar livre, intérpretes da linguagem da natureza e muitos outros. Quando as pessoas começam a considerar as possibilidades profissionais de revitalização humana por meio da natureza, seus olhos se iluminam: eis uma maneira positiva e promissora de contribuir para a relação entre os seres humanos e a Terra.

Muitas pessoas fariam carreira nessas profissões se houvesse orientação profissional e outros recursos estivessem disponíveis e fossem amplamente conhecidos

— e se também explicassem como qualquer carreira pode ser criada de modo a ser benéfica e revitalizadora tanto para a natureza quanto para os humanos. Mais cedo ou mais tarde, algum curso superior — talvez uma faculdade que prepare professores dessas disciplinas — irá perceber a existência de todo esse potencial e criará todo um programa dedicado à conexão das pessoas com a natureza. Matricule-se nesse programa, aprenda sobre os benefícios da revitalização humana por meio do mundo natural e, *depois*, decida que profissão você escolherá (direito, educação, planejamento urbano ou outra) que vá lhe permitir esses conhecimentos e objetivos. Seja qual for a carreira escolhida como *ferramenta* para conectar as pessoas com a natureza, essa é uma maneira de amar o mundo natural e a humanidade, e também de ganhar a vida.

Depois de ter passado um bom tempo com pessoas que procuram fazer carreira nessas áreas, ou nelas atuar apenas como *hobby*, fico impressionado com as características contagiantes que elas parecem compartilhar. São felizes, sentem-se cheias de vida. Como a maioria das pessoas que conheci trabalha basicamente com crianças e natureza, é possível que eu esteja presenciando um subconjunto com determinada propensão. E, francamente, o número de profissionais sobre os quais se pode dizer que trabalham no vasto campo da revitalização entre o ser humano e a natureza é relativamente pequeno. Dadas as condições ideais, porém, esse é um número que tende a crescer rapidamente. Algumas escolas já começam a tomar essa direção.

Há não muito tempo, Arno Chrispeels, professor de ciências na Poway High School, na Califórnia, convidou-me para falar a seus alunos sobre a mudança de relação entre os jovens e o mundo natural. Preparei-me para falar a uns vinte alunos, no máximo. Para minha surpresa, havia mais de duzentos alunos à minha espera no auditório. (A cada um seria atribuído um crédito pela presença à minha conferência.) Preparei-me para ficar ouvindo estalidos de chicletes e bilhetinhos passando para lá e para cá. Quando comecei a falar, porém, os alunos foram se mostrando cada vez mais atentos e interessados, e não porque eu seja um grande orador — sou mediano —, mas por algo mais. Falei sobre dois temas. Primeiro, sobre o conjunto cada vez maior de provas científicas que mostram que as experiências ao ar livre podem aumentar sua capacidade de ler e pensar, expandir seus sentidos e melhorar sua saúde física e mental. A saúde *deles*, não uma abstração.

Segundo, falei sobre o fato de que, devido às mudanças climáticas e a outros problemas ambientais de extrema gravidade que temos de enfrentar, tudo deve mudar nas próximas décadas. Precisaremos de novas fontes de energia; novos sistemas agrícolas; novos projetos urbanos e novos tipos de escolas, locais de trabalho e sistemas de saúde. Surgirão carreiras totalmente novas para as quais ainda nem existem nomes.

Quando os alunos saíram do auditório, voltei-me para Chrispeels e perguntei: "O que aconteceu aqui? Por que eles estavam tão atentos? Eu não contava com essa reação".

"É simples", ele respondeu. "Você disse coisas positivas sobre o futuro do meio ambiente. Não é o que eles estão acostumados a ouvir."

Algumas semanas antes, um especialista em mudança climática global da Universidade da Califórnia, em San Diego, havia feito uma palestra para aqueles mesmos alunos. "A reação deles foi de frieza o tempo todo", disse Chrispeels, que mais tarde lhes pediu para anotar as mensagens importantes sobre o meio ambiente, os ambientalistas e as abordagens culturais em geral que os meios de comunicação despejam sobre eles o tempo todo. A maior parte dos comentários restringiu-se a duas mensagens: cuide bem do que é seu (a natureza é um trabalho que nunca acaba) e o planeta enfrenta gravíssimos problemas (mas, seja lá como for, já é um caso perdido). Os alunos descreveram o tom preponderante das coisas que ouvem: "Os humanos formam um péssimo ambiente para outros humanos". "Aumenta o buraco na camada de ozônio, o aquecimento global." "O meio ambiente está com os dias contados." "Os perigos da natureza." "Desastre natural." "As pessoas são intrinsecamente más." "Recorreremos a uma natureza artificial porque destruímos tudo para caber mais gente no planeta." "Você verá a Terra chegar ao fim." E assim por diante.

Não há dúvida de que nossa relação com a Terra passa por dificuldades profundas. O desespero entrou em moda e, até mesmo com certo exagero antecipatório, temos sido constantemente alertados sobre grandes tragédias iminentes. Os meios de comunicação batem o tempo todo na mesma tecla: é tarde demais, não tem mais jeito. Não surpreende, portanto, que tantos jovens relutem em abraçar essa causa. Sim, ouvimos também outras mensagens, e um número significativo de pessoas está trabalhando duro para tentar resolver os mais graves problemas do meio ambiente, mas há muito mais gente de braços cruzados. Em 2010, uma série de pesquisas de opinião e estudos mostrou que os norte-americanos com menos de 35 anos continuam menos engajados nas questões e atividades completas que dizem respeito às mudanças climáticas do que seus compatriotas mais velhos; que, entre todos os norte-americanos, a preocupação pública com muitas questões ambientais nunca foi tão baixa como nas duas últimas décadas. Enquanto eu escrevia este livro, o Golfo do México sofria um dos maiores desastres ambientais de nossa história, e ainda não sabemos se esse acontecimento irá afetar nossos valores no longo prazo. Mas sabemos muito bem que, devido a um alheamento geracional às experiências no mundo natural, o conhecimento íntimo da natureza está em pleno declínio. Entre jovens e idosos, essa tendência vem mostrando sinais de melhora, o que inclui um leve aumento das visitas aos parques nacionais depois de anos de estagnação. Alguns jornais atribuem essa novidade às pressões da Grande Recessão; alguns de nós, porém, acreditamos que também pode haver relação com milhares de pessoas que trabalharam incansavelmente nos últimos anos para conectar seus filhos com a natureza. Agora, esse movimento deve estender-se também aos adultos.

Ao longo de todo este livro, defendi meu ponto de vista de que a reconexão com a natureza é uma das chaves para a eclosão de um movimento ecológico de maior amplitude. Essa reconexão é visceral e traz benefícios imediatos à vida de muitas pessoas. Incentivar a reconexão pessoal não significa comprometer-se menos com as questões do aquecimento global; seu significado é mais amplo. Para agir, quase todos nós precisamos de uma motivação que nos permita superar a desesperança. A EcoAmerica, uma organização sem fins lucrativos dedicada à mudança de abordagem das questões ambientais, acredita que o discurso ambiental da primeira geração (nas últimas décadas) remeteu sempre à ideia de catástrofe; a segunda geração, por sua vez, preocupa-se mais com os benefícios econômicos — os empregos verdes — e com a segurança nacional. Contudo, se as pesquisas de opinião não mentem, nenhum desses argumentos funcionou bem por si só. Agora estamos entrando na era argumentativa da terceira geração, cuja ênfase central incidirá sobre a importância intrínseca do mundo natural para nossa saúde, nossa capacidade de aprender, nossa felicidade, nosso espírito.

Várias semanas depois de minha visita, Chrispeels passou a seus alunos uma tarefa diferente: encontrar um lugar na natureza, passar meia hora sozinho nele e escrever uma redação de uma página sobre a experiência. Chrispeels compartilhou os resultados comigo. Havia um tema recorrente em muitas das redações: os alunos voltaram para casa sentindo-se melhor do que quando saíram. Entre seus comentários: "Vi coisas que nunca tinha visto antes"; "Ouvi coisas novas". Um jovem disse que havia conseguido "sentir o cheiro da beleza". "Este fim de semana, quando me sentei ao ar livre para escrever, senti-me reconectado por dentro e por fora." "Natureza, por quanto tempo fiquei distante de você!... Descobri que esse sentimento está tão perdido, tão profundamente dentro de mim... Tento trazê-lo de novo à superfície, mas ele se desvanece rapidamente." Uma aluna escreveu que, depois que um raio iluminara seu jardim, tudo parecia "escuro e amedrontador, mas, para ser franca, senti-me muito mais calma e relaxada do que já havia me sentido há muitíssimo tempo". Uma jovem escreveu: "Vi mais estrelas do que provavelmente já tenha visto em toda a minha vida". Ela havia morado sempre em cidades, "onde os parques são trechos de terra distintos, com grama cuidadosamente regada e aparada". Mas naquela experiência ela percebera os sons dos pássaros e do vento a passar por entre as árvores, e concluiu que "estar sozinha não era absolutamente aborrecedor".

Alguns desses alunos descreveram sua meia hora como uma experiência de mudança de vida. Mas eu não conseguia me convencer. Afinal, aqueles jovens haviam sido condicionados. Durante minha visita à escola, eu tinha mencionado as provas científicas de que a exposição a ambientes naturais diminui o estresse, estimula a criatividade e o desenvolvimento cognitivo e põe todos os sentidos em harmonia. Aqueles jovens, porém, haviam feito a conexão por si próprios.

Gostaria de acreditar que eles também tenham vislumbrado um futuro melhor — que aquilo que evocaram ou viram como algo novo durante aquela meia hora na natureza tenha sido a percepção de um mundo despercebido, um sentido do possível e da esperança.

E não há nenhuma alternativa prática à esperança.

Epílogo

QUANDO EU JÁ HAVIA QUASE TERMINADO DE ESCREVER ESTE LIVRO, Kathy e eu alugamos uma cabana para passar uma semana nas montanhas a leste de nossa casa.

Ao chegar, sentamo-nos na varanda que dá para o lago Cuyamaca, um lago alpino naquelas montanhas no meio do deserto. Tempestades de fogo* recentes haviam queimado quase todos os pinheiros, mas ainda havia alguns numa ilha do lago. Observamos as sombras das nuvens movendo-se sobre as águas. Seguimos com os olhos as mudanças de luz sobre o pico Stonewall, que havíamos escalado pela primeira vez ainda antes de nos casarmos.

Naquela tarde, fomos dar um passeio até o lago, usamos um dique para chegar à ilha e dali nos metemos na floresta de carvalhos e pinheiros remanescentes, até chegarmos ao regato que deságua no lago. Stonewall erguia-se não muito longe dali. Voltamos para o lago e sentamo-nos num banco sob as árvores que margeavam a água. Um bando de gansos selvagens canadenses, espécie conhecida por sua ferrenha monogamia, saiu de uma calheta, avançou pela linha da praia e parou diante de nós para se alimentar de limo e plantas aquáticas. O ganso maior olhava fixamente para nós, até que fez um sinal imperceptível e os outros gansos o seguiram até a outra calheta.

Garças-brancas e duas garças-azuis permaneciam nas águas mais rasas. Uma delas levantou voo, fez um grande arco e dirigiu-se para onde estava sua companheira. Ficamos observando uma perca cruzando as águas rasas, um curioso esquilo terrestre, duas libélulas e um bando de pequenas aves costeiras. Ficamos sentados ali por muito tempo, deixando-nos envolver por tudo aquilo.

---

* Perturbação atmosférica geralmente acompanhada por ventos e chuvas, causada por incêndios florestais de vastas proporções. (N.T.)

Mais tarde, quando cruzamos novamente o dique em plena ventania, olhamos para a massa verde de algas. Kathy perguntou se os meninos já tinham estado alguma vez na ilha.

Respondi que sim, que eu os havia levado lá quando eram pequenos. "Dormimos na van e, pela manhã, fui o primeiro a ser acordado, e vi a mãozinha de Jason pendendo da parte superior do beliche." Ela sorriu e o vento levantou a aba do seu chapéu. "Nós nos sentiríamos melhor e mais saudáveis se pudéssemos vir aqui ou a lugares semelhantes com mais frequência", disse-lhe eu. Ela se agachou para recolher algumas sobras ao lado da trilha.

"Concordo. Mas sou muito resistente a essa ideia. Você se casou com uma mulher urbana."

Na verdade, nós dois temos nossas desculpas. Mesmo conhecendo os benefícios do mundo natural, nossos padrões de vida há muito estabelecidos fazem com que um de nós leve a melhor. A hesitação de Kathy vem, em parte, de suas primeiras experiências com a natureza, que nem sempre foram agradáveis. De minha parte, a inércia é a barreira principal. E o excesso de trabalho. Num nível mais profundo, talvez o medo de que as empreiteiras possam passar por ali como um grande incêndio e destruir os lugares que amo. Isso já aconteceu antes.

Levei Kathy para a cabana e depois voltei ao lago, que agora estava cinzento devido ao vento ascendente. Circundei uma parte da ilha e uma garça-azul me pregou um susto. Aterrissou na praia como um paraquedista, com o longo pescoço e a cabeça totalmente imóveis. Observamo-nos mutuamente, cada um de nós tentando descobrir qual seria o próximo movimento. A intensidade dos olhos da garça era desconcertante. Depois, sem desviar o olhar, a ave ergueu as asas e levou o corpo para cima, permaneceu ali por um ou dois segundos e em seguida alçou um voo mais alto, flutuou no ar e planou sobre a água. Fui novamente tomado por aquela sensação de libertação e retorno que *ela* e eu havíamos sentido tantos anos atrás sob o choupo canadense.

Em momentos assim, não preciso de nenhuma prova da existência de uma inteligência superior para além desses nossos dons de visão, audição, tato, olfato, paladar e outros sentidos que ainda desconhecemos. Essa expressão não é a adoração da natureza, mas uma celebração da ancestralidade comum que nos une. Nossos olhos são os olhos do observador que está sendo observado.

Fiquei ali durante uma hora. Senti uma presença acima de mim. Olhei para cima. Uma garça me observava atentamente. Então a direção do vento mudou e ela levou o corpo para trás e para o lado. Bateu as asas duas vezes e partiu. Mas eu sabia que, se esperasse com paciência, a garça voltaria.

Sugestões de leitura

Listagem parcial para um aprofundamento bibliográfico

Abram, David. *The Spell of the Sensuous*. Nova York: Vintage Books, 1997.

Ackerman, Diane. *A Natural History of the Senses*. Nova York: Vintage Books, 1990.

Adams, Cass, org. *The Soul Unearthed*. Nova York: Tarcher, 1996.

Alexander, Christopher. *The Phenomenon of Life: The Nature of Order*. Berkeley, CA: The Center for Environmental Structure, 2002.

Alexander, Christopher, Sara Ishikawa e Murray Silverstein. *A Pattern Language: Towns, Buildings, Construction*. Nova York: Oxford University Press, 1977.

Armitage, Kevin C. *The Nature Study Movement: The Forgotten Popularizer of America's Conservation Ethics*. Lawrence: University Press of Kansas, 2009.

Ausubel, Kenny, org. *Nature's Operating Instructions: The True Biotechnologies*. São Francisco: Sierra Club Books, 2004.

Beatley, Timothy. *Biophilic Cities: Integrating Nature into Urban Design and Planning*. Washington, D.C.: Island Press, 2011.

_____. *Green Urbanism: Learning from European Cities*. Washington, D.C.: Island Press, 2000. (Recomenda-se também seu filme *The Nature of Cities*.)

Benyus, Janine M. *Biomimicry: Innovation Inspired by Nature*. Nova York: Harper, Perennial, 2002. [*Biomimética: Inovação Inspirada pela Natureza*, publicado pela Editora Cultrix, São Paulo, 2003.]

Berry, Thomas. *The Dream of the Earth*. São Francisco: Sierra Club Books, 2006.

_____. *The Great Work: Our Way into the Future*. Nova York: Bell Tower, 1999.

Berry, Wendell. *A Continuous Harmony: Essays Cultural and Agricultural*. Nova York: Harcourt Brace Jovanovich, 1972.

Buzzell, Linda e Craig Chalquist, orgs. *Ecotherapy: Healing with Nature in Mind*. São Francisco: Sierra Club Books, 2009.

Callenbach, Ernest. *Ecotopia*. Berkeley, CA: Bantam Books, 1975.

Carson, Rachel. *Silent Spring*. Boston: Houghton Mifflin, 1962.

Charles, Cheryl e Bob Samples. *Coming Home: Community, Creativity, and Consciousness*. Fawnskin, CA: Personhood Press, 2004.

Clinebell, Howard. *Ecotherapy: Healing Ourselves, Healing the Earth*. Minneapolis: Fortress Press, 1996.

Cohen, Michael J. *Reconnecting with Nature: Finding Wellness through Restoring Your Bond with the Earth*. Corvallis, OR: Ecopress, 1997.

Coleman, Mark. *Awake in the Wild: Mindfulness in Nature as a Path of Self-Discovery*. Maui, HI: Inner Ocean Publishing, 2006.

Dannenberg, Andrew L., Howard Frumkin, Richard J. Jackson, orgs. *Healthy Places: Designing and Building for Health, Well-being, and Sustainability*. Washington, DC: Island Press, 2011.

Dean, Amy E. *Natural Acts: Reconnecting with Nature to Recover Community, Spirit, and Self*. Nova York: M. Evans and Co., 1997.

De Botton, Alain. *The Architecture of Happiness*. Londres: Penguin Books, 2006.

Drew, Philip. *Touch This Earth Lightly: Glenn Murcutt in His Own Words*. Sydney: Duffy & Snellgrove, 2000.

Eiseley, Loren. *The Immense Journey*. Nova York: Vintage Books, 1959.

Eisenberg, Evan. *The Ecology of Eden*. Nova York: Knopf, 1998.

Farr, Douglas. *Sustainable Urbanism: Urban Design with Nature*. Hoboken, NJ: John Wiley & Sons, 2007.

Gallagher, Winifred. *The Power of Place: How Our Surroundings Shape Our Thoughts, Emotions, and Actions*. Nova York: Harper Perennial, 1994.

Gatty, Harold. *Nature is Your Guide*. Nova York: Penguin Books, 1958.

Glacken, Clarence J. *Traces on the Rhodian Shore: Nature and Culture in Western Thought from Ancient Times to the End of the Eighteenth Century*. Berkeley: University of California Press, 1967.

Hadot, Pierre. *The Veil of Isis: An Essay on the History of the Idea of Nature*. Cambridge, MA: Belknap Press of Harvard University Press, 2006.

Hartley, Dorothy. *Lost Country Life*. Nova York: Pantheon Books, 1979.

Hawken, Paul. *The Ecology of Commerce*. Nova York: HarperCollins, 1993.

Hawken, Paul, Amory Lovins e L. Hunter Lovins. *Natural Capitalism: Creating the Next Industrial Revolution*. Boston: Little, Brown and Co., 1999. [*Capitalismo Natural: Criando a Próxima Revolução Industrial*, publicado pela Editora Cultrix, São Paulo, 2000.]

Henderson, Bob e Nils Vikander. *Nature First: Outdoor Life the Friluftsliv Way*. Toronto: Natural Heritage Books, 2007.

Hiss, Tony. *The Experience of Place: A New Way of Looking At and Dealing With Our Radically Changing Cities and Countryside*. Nova York: Vintage Books, 1991.

Hoagland, Edward. *Tigers and Ice: Reflections on Nature and Life*. Nova York: Lyons Press, 1999.

Houck, Michael C. e M. J. Cody, orgs. *Wild in the City: A Guide to Portland's Natural Areas*. Portland: Oregon Historical Society Press, 2000.

Jackson, Maggie. *Distracted: The Erosion of Attention and the Coming Dark Age*. Nova York: Prometheus Books, 2009.

Kahn, Peter H., Jr. *Technological Nature: Adaptation and the Future of Human Life*. Cambridge, MA: MIT Press, 2011.

_____. *The Human Relationship with Nature: Development and Culture*. Cambridge, MA: MIT Press, 1999.

Kellert, Stephen R. *Building for Life: Designing and Understanding the Human-Nature Connection*. Washington, DC: Island Press, 2005.

_____. *Kinship to Mastery: Biophilia in Human Evolution and Development*. Washington, DC: Island Press, 1997.

Kellert, Stephen R., Judith Heerwagen e Martin Mador, orgs. *Biophilic Design: The Theory, Science, and Practice of Bringing Buildings to Life*. Hoboken, NJ: John Wiley & Sons, 2008.

Kellert, Stephen R. e Edward O. Wilson, orgs. *The Biophilia Hypothesis*. Washington, D.C.: Island Press, 1993.

Kemper, Kathi. *Mental Health, Naturally: The Family Guide to Holistic Care for a Healthy Mind and Body*. Elk Grove Village, IL: American Academy of Pediatrics, 2010.

Kooser, Ted. *Local Wonders: Seasons in the Bohemian Alps*. Lincoln: University of Nebraska Press, 2004.

Korngold, Rabbi James S. *God in the Wilderness: Rediscovering the Spirituality of the Great Outdoors with the Adventure Rabi*. Nova York: Doubleday, 2007.

Leopold, Aldo. *A Sand County Almanac: And Sketches Here and There*. Nova York: Oxford University Press, 1949.

Lewis, Charles A. *Green Nature/Human Nature: The Meaning of Plants in Our Lives*. Urbana: University of Illinois Press, 1996.

Lopez, Barry, org. *The Future of Nature: Writing on a Human Ecology from* Orion *Magazine*. Minneapolis, MN: Milkweed Editions, 2007.

MacGregor, Catriona. *Partnering with Nature: The Wild Path to Reconnecting with the Earth*. Nova York/Oregon: Atria Books/Beyond Words, 2010.

Manguel, Alberto, org. *By the Light of the Glow-Worm Lamp: Three Centuries of Reflections on Nature*. Nova York: Plenum Trade, 1998.

Margulis, Lynn e Dorion Sagan. *Dazzle Gradually: Reflections on the Nature of Nature*. White River Junction, VT: Chelsea Green Publishing, 2007.

Marinelli, Janet e Paul Bierman-Lytle. *Your Natural Home: The Complete Sourcebook and Design Manual for Creating a Healthy, Beautiful, and Environmentally Sensitive Home*. Boston: Little, Brown, 1995.

McDonough, William e Michael Braungart. *Cradle to Cradle: Remaking the Way We Make Things*. Nova York: North Point Press, 2002.

McKibben, Bill. *Deep Economy: The Wealth of Communities and the Durable Future*. Nova York: Henry Holt, 2007.

Meine, Curt D. *Aldo Leopold: His Life and Work*. Madison: University of Wisconsin Press, 1988.

Meyrowitz, Joshua. *No Sense of Place: The Impact of Electronic Media on Social Behavior*. Nova York: Oxford University Press, 1985.

Moore, Robin C. e Herb H. Wong. *Natural Learning: Creating Environments for Rediscovering Nature's Way of Teaching*. Berkeley, CA: MIG Communications, 1997.

Morris, Stephen. *The New Village Green: Living Light, Living Local, Living Large*. Ilha Gabriola, Colúmbia Britânica: New Society Publishers, 2007.

Muir, John. *The Mountains of California*. Garden City, Nova York: American Museum of Natural History/Anchor Books, 1961.

Naisbitt, John. *High Tech/High Touch: Technology and Our Search for Meaning*. Londres: Nicholas Brealey Publishing, 2001.

Oelschlaeger, Max. *The Idea of Wilderness: From Prehistory to the Age of Ecology*. New Haven, CT: Yale University Press, 1991.

Orr, David W. *Earth in Mind: On Education, Environment, and the Human Prospect*. Washington, D.C.: Island Press, 2004.

_____. *The Nature of Design: Ecology, Culture, and Human Intention*. Nova York: Oxford University Press, 2002.

Plotkin, Bill. *Nature and the Human Soul: Cultivating Wholeness and Community in a Fragmented World*. Novato, CA: New World Library, 2008.

Pretor-Pinney, Gavin. *The Cloudspotter's Guide: The Science, History, and Culture of Clouds*. Nova York: Perigee Trade, 2007.

Pretty, Jules N. *The Earth Only Endures: On Reconnecting with Nature and Our Place in It*. Sterling, VA: Earthscan, 2007.

Pyle, Robert Michael. *The Thunder Tree: Lessons from an Urban Wildland*. Corvallis: Oregon State University Press, 2011.

Register, Richard. *Ecocities: Building Cities in Balance with Nature*. Berkeley, CA: Berkeley Hills Books, 2002.

Reich, Charles A. *The Greening of America*. Nova York: Random House, 1970.

Rosenzweig, Michael L. *Win-Win Ecology: How the Earth's Species Can Survive in the Midst of Human Enterprise*. Nova York: Oxford University Press, 2003.

Roszak, Theodore. *Ecopsychology: Restoring the Earth, Healing the Mind*. Ed. Theodore Roszak, Mary Gomes e Allen Kanner. Nova York: Sierra Club Books, 1999.

_____. *The Voice of the Earth: An Exploration of Ecopsychology*. Grand Rapids, MI: Phanes Press, 2001.

Sabini, Meredith, org. *The Earth Has a Soul: C.G. Jung on Nature, Technology, and Modern Life*. Berkeley, CA: North Atlantic Books, 2002.

Samples, Bob. *The Metaphoric Mind: A Celebration of Creative Consciousness*. Rolling Hills Estates, CA: Jalmar Press, 1993.

Schmitz-Gunther, Thomas, org. *Living Spaces: Sustainable Building and Design*. Colônia: Konemann, 1998.

Schneider, Richard J., org. *Thoreau's Sense of Place: Essays in American Environmental Writings*. Iowa City: University of Iowa Press, 2000.

Schumacher, E.F. *A Guide for the Perplexed*. Nova York: Harper and Row, 1978.

Shellenberger, Michael e Ted Nordhaus. *Break Through: From the Death of Environmentalism to the Politics of Possibility*. Nova York: Houghton Mifflin, 2007.

Shepard, Paul. *Coming Home to the Pleistocene*. Washington, DC: Island Press, 1998.

_____. *The Others: How Animals Made Us Humans*. Washington, DC: Island Press, 1997.

Skutch, Alexander F. *Harmony and Conflict in the Living World*. Norman: University of Oklahoma Press, 2000.

Sobel, David. *Childhood and Nature*. Portland, ME: Stenhouse Publishers, 2008.

Solnit, Rebecca. *Wanderlust: A History of Walking*. Nova York: Penguin Books, 2000.

Sternberg, Esther H. *Healing Spaces: The Science of Health and Well-Being*. Cambridge, MA: Belknap Press of Harvard University Press, 2009.

Suzuki, David, Amanda McConnell e Adrienne Mason. *The Sacred Balance: Rediscovering Our Place in Nature*. Vancouver: Greystone Books, 1997.

Tallamy, Douglas W. *Bringing Nature Home: How Native Plants Sustain Wildlife in Our Gardens*. Portland, OR: Timber Press, 2007.

Thomas, Elizabeth Marshall. *The Old Way: A Story of the First People*. Nova York: Farrar, Strauss & Giroux, 2006.

Thomas, Keith. *Man and the Natural World: A History of the Modern Sensibility*. Nova York: Pantheon Books, 1983.

Tobias, Michael, org. *Deep Ecology*. San Diego, CA: Avant Books, 1984.

Tuan, Yi-Fu. *Topophilia: A Study of Environmental Perception, Attitudes, and Values*. Nova York: Columbia University Press, 1974.

Venolia, Carol. *Healing Environment: Your Guide to Indoor Well-Being*. Berkeley, CA: Celestial Arts, 1995.

Venolia, Carol e Kelly Lerner. *Natural Remodeling for the Not-So-Green House: Bringing Your Home into Harmony with Nature*. Nova York: Lark Books, 2006.

Vessel, Matthew F. e Herbert H. Wong. *Natural History of Vacant Lots*. Berkeley: University of California Press, 1987.

Vindum, Tina. *Tina Vindum's Outdoor Fitness: Step out of the Gym and into the BEST Shape of Your Life*. Guilford, CT: Globe Pequot Press, 2009.

White, Courtney. *Revolution on the Range: The Rise of a New Ranch in the American West.* Washington, DC: Island Press, 2008.

Whitfield, John. *In the Beat of a Heart: Life, Energy, and the Unity of Nature.* Washington, D.C.: Joseph Henry Press, 2006.

Wiland, Harry e Dale Bell. *Edens Lost and Found: How Ordinary Citizens Are Restoring Our Great American Cities.* White River Junction, VT: Chelsea Green, 2006.

Wilson, Edward O. *Biophilia.* Cambridge, MA: Harvard University Press, 1984.

_____. *The Creation: A Meeting of Science and Religion.* Nova York: Norton, 2006.

Young, Jon, Evan McGown e Ellen Haas. *Coyote's Guide to Connecting with Nature.* Shelton, WA: Owlink Media, 2010.

Notas

Introdução

1. United Nations Population Fund, www.unfpa.org/pds/urbanization.htm.
2. Steven Dick, "The Postbiological Universe", 57th International Astronautical Congress 2006, National Aeronautics and Space Administration (NASA) Headquarters, www.setileague.org/iaaseti/abst2006/IAC-06-A4.2.01.pdf.
3. Outro termo às vezes usado é *transumanista*. Para mais desses conceitos, ver Humanity+, uma organização sem fins lucrativos, em humanityplus.org/.

1. Cantar para ursos

1. Diane Ackerman, *A Natural History of the Senses* (Nova York: Random House, 1990), xix.
2. J. Porter, B. Craven, R. Khan e outros, "Mechanisms of Scent-Tracking in Humans", *Nature Neuroscience* 10 (2007): 27, www.nature.com/neuro/journal/v10/ni/abs/nn1819.html.
3. Porter, Craven, Khan e outros, "Mechanisms of Scent-Tracking", 27-9.
4. Tom J. Wills, Francesca Cacucci, Neil Burgess e outros, "Development of the Hippocampal Cognitive Map in Preweanling Rats", *Science* 328, nº 5985 (2010): 1573-76, doi: 10.1126/science.1188224.
5. Juan Antonio Martínez Rojas, Jesús Alpuente Hermosilla e Pablo Luis López Espí e Rocio Sánchez Montero, "Physical Analysis of Several Organic Signals for Human Echolocation: Oral Vacuum Pulses", *Acta Acustica United with Acustica* 95, nº 2 (2009): 325-30, www.eurekalert.org/pub_releases/2009-06/f-sf-ssdo63009.php.
6. Centenas de milhares de usuários da Internet assistiram a vídeos do jovem Ben Underwood, que perdeu a visão em consequência de um câncer que teve quando ainda era um bebê, começando a andar; nesses vídeos, ele fazia coisas surpreendentes com a ecolocalização por meio de sons de *click* com a língua. Ele conseguia andar de bicicleta, surfar e até mesmo encestar uma bola com garotos da vizinhança. Ele compartilhou seus métodos com os pesquisadores e trouxe inspiração para muitas pessoas antes de morrer de câncer no início de 2009.
7. Citado em Pallava Bagla, "Tsunami-Surviving Tribe Threatened by Land Invasion", National Geographic News, 8 de agosto de 2005, news.nationalgeographic.com/news/2005/08/0808_050808_jarawa.html.
8. J. W. Brown e T. S. Braver, "Learned Predictions of Error Likelihood in the Anterior Cingulate Cortex", *Science* (2005). Extraído de: "Brain Study Points to 'Sixth Sense'", ScienceBlog, 18 de fevereiro de 2005, www.scienceblog.com/cms/node/7036.
9. Lea Winerman, "A 'Sixth Sense?' Or Merely Mindful Caution?", *Monitor* 36, nº 3 (2005): 62, www.apa.org/monitor/maro5/caution.aspx.

10. Erika Smishek, "Mapping the Sixth Sense", *UBC Reports* 50, nº 1 (2004), www.publicaffairs. ubc.ca/ubcreports/2004/04jano8/mindsight.html.

11. Tony Perry, "Some Troops Have a Sixth Sense for Bombs", *Los Angeles Times*, 28 de outubro de 2009.

12. K. A. Rose, I. G. Morgan, J. Ip e outros, "Outdoor Activity Reduces the Prevalence of Myopia in Children", *Ophthalmology* 115, nº 8 (2008): 1279-85.

2. A mente híbrida

1. Robert Michael Pyle, "Pulling the Plug: Nothing Satisfies Like the World beyond the Screens", *Orion Magazine*, novembro/dezembro 2007, www.orionmagazine.org/index.php/articles/article/466/.

2. Louise Story, "Anywhere the Eye Can See, It's Likely to See an Ad", *New York Times*, 15 de janeiro de 2007, www.nytimes.com/2007/01/15/business/media/15everywhere.html.

3. Ver www.collisiondetection.net/mt/archives/2005/meet_the_life_h.php.

4. Maggie Jackson, "May We Have Your Attention, Please?", *Bloomberg Businessweek*, 12 de junho de 2008, www.businessweek.com/magazine/content/08_25/b4089055162244.htm.

5. "The Modern American Family: Always in Motion, Child-Dominated, Strained — and Losinsg Intimacy?" www.college.ucla.edu/news/05/elinorochsfamilies.html.

6. George Stix, "Turbocharging the Brain — Pills to Make You Smarter?", *Scientific American*, outubro de 2009, www.scientificamerican.com/article.cfm?id_turbocharging-the-brain.

7. Rachel Kaplan e Stephen Kaplan, *The Experience of Nature: A Psychological Perspective* (Nova York: Cambridge University Press, 1989); Stephen Kaplan, "The Restorative Benefits of Nature: Toward an Integrative Framework", *Journal of Environmental Psychology* 15 (1995): 169-82.

8. Stephen Kaplan e Raymond De Young, "Toward a Better Understanding of Pro-Social Behavior: The Role of Evolution and Directed Attention", *Behavioral and Brain Sciences* 25, nº 2 (2002): 263-64. www.personal.umich.edu/~rdeyoung/publications/IFS_version_commentary_on_rrachlin_bbs_0/02820030/029.html.

9. T. Hartig e M. Mang, "Restorative Effects of Natural Environment Experiences", *Environment and Behavior* 23, nº 1 (1991): 3-26. Ver também: T. Hartig, G. W. Evans, L. D. Jamner, D. S. Davis e T. Gärling, "Tracking Restoration in Natural and Urban Field Settings", *Journal of Environmental Psychology* 23 (2003): 109-23.

10. Marc G. Berman, John Jonides e Stephen Kaplan, "The Cognitive Benefits of Interacting with Nature", *Psychological Science* 19, nº 12 (2008): 1207-12.

11. A. Faber Taylor, F. E. Kuo e W. C. Sullivan, "Coping with ADD: The Surprising Connection to Green Play Settings", *Environment and Behavior* 33, nº 1(2001): 54-77.

12. James Raffan, "Nature Nurtures: Investigating the Potential of School Grounds", The Evergreen Canada Initiative, evergreen.ca/en/lg/naturenurtures.pdf.

13. R. H. Matsuoka, "High School Landscapes and Student Performance", Universidade de Michigan, Ann Arbor (2008), hdl.handle.net/2027.42/61641.

14. M. C. R. Harrington, "An Ethnographic Comparison of Real and Virtual Reality Field Trips to Trillium Trail: The Salamander Find as a Salient Event", *Children, Youth, and Environments* 19, nº 1 (2009): 74-101, www.colorado.edu/journals/cye/index_issues.htm.

15. American Institutes for Research *Effects of Outdoor Education Programs for Children in California* (Palo Alto, CA: American Institutes for Research, 2005). Disponível no Sierra Club Web site.

16. Para resumos completos, ver "Children's Contact with the Outdoors and Nature: A Focus on Educators and Educational Settings" e uma coletânea de resumos extraída de quatro volumes de pesquisas desenvolvidas pela Children and Nature Network (C&NN) e disponível em

www.childrenandnature.org/research/. Essas bibliografias de pesquisas e estudos anotadas pela C&NN foram escritas por Cheryl Charles, presidente, Children and Nature Network, e Alicia Senauer, Yale University.

17. American Society for Microbiology, "Can Bacteria Make You Smarter?", *Science Daily* (24 de maio de 2010), 222.eurekalert.org/pub_releases/2010-05/asfm-cbmo52010.php.

18. *The Selected Writings of Ralph Waldo Emerson*, org. Brooks Atkinson (Nova York: The Modern Library, 1964), 901.

19. Bent Vigsø e Vita Nielsen, "Children and Outdoors", CDE Western Press, 2006, www.udes-kole.dk/site/84/427/. Descrito em "Nature Makes Children Creative", *Copenhagen Post Online*, 18 de outubro de 2006, www.cphpost.dk/news/1-latest-news/7179.html?tmpl=component&print=1&page=.

20. Edith Cobb, *The Ecology of Imagination in Childhood* (Nova York: Columbia University Press, 1977).

21. Cecily Maller, Mardie Townsend, Lawrence St Leger e outros, "Healthy Parks, Healthy People", Universidade Deakin e Parks Victoria, março de 2008, www.parkweb.vic.gov.au/resources/mhphp/pvi.pdef.

22. *Ibid.*, em referência a escritos de S. Yogendra.

23. "Hilary Mantel: The Novelist in Action", *Publishers Weekly*, 5 de outubro de 1998, 60-1.

24. Extraído do blog do artista Richard C. Harrington, 100horsestudio.blogspot.com/2008_02_01archive.html.

25. Gary Small e Gigi Vorgan, *iBrain: Surviving the Technological Alteration of the Modern Mind* (Nova York: William Morrow, 2008).

26. Imagem de Ressonância Magnética (MRI) ou Imagem de Ressonância Magnética Funcional (fMRI) é um tipo de escaneamento por ressonância magnética que avalia as mudanças de fluxo sanguíneo associadas à atividade neural do cérebro ou da medula espinhal.

27. www2.mcleans.ca/.

28. Lianne George, "Dumbed Down: The Troubling Science of How Technology Is Rewiring Kids' Brains", 7 de novembro de 2008, Macleans.ca.

4. Fontes de vida

1. Stephen R. Fox, *John Muir and His Legacy* (Boston: Little, Brown, 1981), 116.

2. Nos Estados Unidos, a revista *Glamour* tem um blog chamado Vitamina G [de *green*, "verde" em inglês). Na Europa, as autoridades de saúde pública também se referem à vitamina G. Para os pesquisadores holandeses, G representa "verde"; especificamente, o efeito do espaço verde sobre a saúde, a aprendizagem e os sentimentos de segurança social. A definição corrente e ainda predominante de vitamina G é riboflavina (também conhecida como B2). A vitamina N pode ser um pouco problemática porque, no jargão popular, o N se refere à nicotina. Para outros, o *N* remete à natureza, inclusive para Linda Buzzell-Saltzman, fundadora da International Association for Ecotherapy, em um *blog* de 2010 para o *Huffington Post*, e Valerie Reiss em *Holistic Living*, em 2009.

3. M. Wichrowski, J. Whiteson, F. Haas, A. Mola e M. J. Rey, "Effects of Horticultural Therapy on Mood and Heart Rate in Patients Participating in an Inpatient Cardiopulmonary Rehabilitation Program", *Journal of Cardiopulmonary Rehabilitation* 25, nº 5 (2005): 270-74.

4. C. M. Gigliotti, S. E. Jarrott e J. Yorgason, "Harvesting Health: Effects of Three Types of Horticultural Therapy Activities for Persons with Dementia", *Dementia: The International Journal of Social Research and Practice* 3, nº 2 (2004): 161-80.

5. Gene Rothert, "Using Plants for Human Health and Well-Being", *Palestra*, inverno 2007, findarticles.com/p/articles/mi_hb6643/is_1_23/ai_n29335131/.

6. Ver R. S. Ulrich e R. F. Simons, "Recovery from Stress During Exposure to Everyday Outdoor Environments", em *Proceedings of the Seventeenth Annual Meetings of the Environmental Design Research Association* (Washington, DC: EDRA, 1986): 115-22; J. A. Wise e E. Rosenberg, "The Effects of Interior Treatments on Performance Stress in Three Types of Mental Tasks", *CIFR Technical Report Nº 00-02* (1988), Ground Valley State University, Grand Rapids, MI; R.S. Ulrich, "View Through a Window May Influence Recovery from Surgery", *Science* 224 (1984): 420-21.

7. G. Diette, M. Jenckes, N. Lechtzin e outros, "Predictors of Pain Control in Patients Undergoing Flexible Bronchoscopy", *American Journal of Respiratory and Critical Care Medicine* 162, nº 2 (2000): 440-45, ajrccm.atsjournals.org/cgi/content/abstract/162/2/440; Gregory B. Diette, Noah Lechtzin, Edward Haponik, Aline Devrotes e Haya R. Rubin, "Distraction Therapy with Nature Sights and Sounds Reduces Pain During Flexible Bronchoscopy", *Chest* 123, nº 3 (2003): 941-48, chestjournal.chestpubs.org/content/123/3/941.full.

8. J. F. Bell, J. S. Wilson e G. C. Liu, "Neighborhood Greenness and Two-Year Changes in Children's Body Mass Index", *American Journal of Preventive Medicine* 35, nº 6 (2008): 547--53.

9. Jordan Lite, "Vitamin D Deficiency Soars in the U.S., Study Says", *Scientific American*, 23 de março de 2009, www.scientificamerican.com/article.cfm?id=vitamin-d-deficiency-united--states.

10. Cecily Maller, Mardie Townsend, Lawrence St Leger e outros, "Healthy Parks, Healthy People", Deakin University and Parks Victoria, março de 2008, www.parkweb.vic.gov.au/resources/mhphp/pvI.pdf.

11. R. Parsons, "The Potential Influences of Environmental Perception on Human Health", *Journal of Environmental Psychology* 11 (1991): 1-23; R. S. Ulrich, R. F. Simons, B. D. Losito e outros, "Stress Recovery During Exposure to Natural and Urban Environments", *Journal of Environmental Psychology* 11 (1991): 231-48; R.S. Ulrich, "View through a Window May Influence Recovery from Surgery", *Science* 224 (1984): 420-21.

12. N. R. Fawcett e E. Gullone, "Cute and Cuddly and a Whole Lot More? A Call for Empirical Investigation into the Therapeutic Benefits of Human-Animal Interaction for Children", *Behaviour Change* 18 (2001): 124-33; S. Crisp e M. O'Donnell, "Wilderness-Adventure Therapy in Adolescent Mental Health", *Australian Journal of Outdoor Education* 3 (1998): 47-57; C.A. Lewis, *Green Nature/Human Nature: The Meaning of Plants in Our Lives* (Urbana: University of Illinois Press, 1996); K. C. Russell, J. C. Hendee e D. Phillips-Miller, "How Wilderness Therapy Works: An Examination of the Wilderness Therapy Process to Treat Adolescents with Behavioral Problems and Addictions", em *Wilderness Science in a Time of Change*, org. D. N. Cole e S. F. McCool (Odgen, UT: Department of Agriculture, Forest Service, Rocky Mountain Research Station, 1999); A. Beck, L. Seraydarian e F. Hunter, "Use of Animals in the Rehabilitation of Psychiatric Inpatients", *Psychological Reports* 58 (1986): 63-6; A. H. Katcher e A. M. Beck, *New Perspectives on Our Lives with Companion Animals* (Filadélfia: University of Pennsylvania Press, 1983); B. M. Levinson, *Pet-Oriented Child Psychotherapy* (Springfield, IL: Charles C. Thomas, 1969).

13. Thomas Herzog, Eugene Herbert, Rachel Kaplan e C. L. Crooks, "Cultural and Developmental Comparisons of Landscape Perceptions and Preferences", *Environment and Behavior* 32 (2000): 323-37: T. R. Herzog, A. M. Black, K. A. Fountaine e D. J. Knotts, "Reflection and Attention Recovery as Distinctive Benefits of Restorative Environments", *Journal of Environmental Psychology* 17 (1997): 165-70; Patricia Newell, "A Cross-Cultural Examination of Favorite Places", *Environment and Behavior* 29 (1997): 495-514; Kalevi Korpela e Terry Hartig, "Restorative Qualities of Favorite Places", *Journal of Environmental Psychology* 16 (1996):

221-33. Kaplan e Kaplan, *The Experience of Nature: A Psychological Perspective*. Nova York: Cambridge University Press, 1980.

14. B. J. Park, Y. Tsunetsugu, T. Kasetani, T. Kagawa e Y. Miyazaki, "The Physiological Effects of *Shinrin-Yoku* (desfrutar da atmosfera de uma floresta, ou "banho de floresta"): Evidence from Field Experiments in Twenty-Four Forests across Japan", *Environment Health and Preventive Medicine* 15, nº 1 (2010): 18-26.

15. Q. Li, K. Morimoto, A. Nakadai e outros, "Forest Bathing Enhances Human Natural Killer Activity and Expression of Anti-Cancer Proteins", *International Journal of Immunopathology and Pharmacology* 20 (2007): 3-8.

16. No livro *Technological Nature: Adaptation and the Future of Human Life*, de Peter H. Kahn (Cambridge, MA: MIT Press, 2011), o autor apresenta uma breve história do termo biofilia: "Esse termo já era usado nos anos 60 por [Erich] Fromm [...] em sua teoria da psicopatologia, para descrever uma pessoa saudável e normal, que se sente atraída pela vida (humana e não humana), e não pela morte. Nos anos 80, [E. O.] Wilson [...] publicou um livro intitulado *Biophilia*. Como desconheço qualquer citação feita por Wilson do uso do termo do modo como Fromm o usava, não fica claro se Wilson tinha consciência desse uso anterior. De qualquer modo, Wilson moldou o termo a partir da perspectiva de um biólogo evolutivo. Ele definiu biofilia como uma tendência humana inata a confraternizar com a vida e com os processos vitais. Para Wilson, a biofilia emerge em nossa cognição, nossas emoções, na arte e na ética, e se desdobra "nas fantasias e respostas previsíveis das pessoas já a partir da primeira infância. Ela se desdobra em padrões repetitivos de cultura na maioria das sociedades". Ver Edward O. Wilson, *Biophilia: The Human Bond with Other Species* (Cambridge, MA: Harvard University Press, 1984), 85.

17. Stephen Kellert e Edward O. Wilson, orgs., *The Biophilia Hypothesis* (Washington, DC: Island Press, 1993), 31.

18. Gordon H. Orians, "Metaphors, Models, and Modularity", *Politics and Culture*, 29 de abril de 2010, www.politicsandculture.org/2010/04/29/metaphors-models-and-modularity/.

19. William Bird, "Natural Thinking — Investigating the Links between the Natural Environment, Biodiversity, and Mental Health", A Report for the Royal Society for the Protection of Birds (junho de 2007):40. www.rspb.org.uk/Images/naturalthinking_tcm9-161856.pdf.

5. Renaturalizar a psique

1. Citado em Peter Ker, "More Fertile Imagination", *The Age*, 20 de março de 2010.

2. J. Barton, R. Hine e J. Pretty, "Green Exercise and Green Care: Evidence, Cohorts, Lifestyles, and Health Outcomes — Summary of Research Findings", Centre for Environment and Society, Department of Biological Sciences, University of Essex, 2009, www.essex.ac.uk/bs/staff/barton/Green_Exercise_Research_Febo9.pdf. (Artigo ainda não publicado, disponível apenas no web site.)

3. "Ecotherapy: The Green Agenda for Mental Health", Mind Week Report, maio de 2007, www.mind.org.uk/assets/0000/2138/ecotherapy_report.pdf.

4. M. Bodin e T. Hartig, "Does the Outdoor Environment Matter for Psychological Restoration Gained Through Running?", *Psychology of Sport and Exercise* 4 (2003): 141-53.

5. Jo Barton e Jules Pretty, "What is the Best Dose of Nature and Green Exercise for Improving Mental Health? A Multi-Study Analysis", *Environmental Science and Technology*, 44, nº 10 (2010):3947-955.

6. C. A. Lowry, J. H. Hollis, A. de Vries e outros, "Identification of Immune-Responsive Mesolimbocortical Serotonergic System: Potential Role in Regulation of Emotional Behavior", *Neuroscience* 146, nº 2(2007): 756-72.

7. Citado em Clint Tabot, "Depression Rx: Get Dirty, Get Warm", *Colorado Arts and Sciences Magazine*, University of Colorado em Boulder, artsandsciences.colorado.edu/magazine/2009/09/depression-rx-get-dirty-get-warm/.

8. Nancy E. Edwards e Alan M. Beck, "Animal-Assisted Therapy and Nutrition in Alzheimer's Disease", *Western Journal of Nursing Research* 24, nº 6 (2002): 697-712. wjn.sagepub.com/content/24/6/697.abstract.

9. Bente Berget, Øivind Ekeberg e Bjarne O. Braastad, "Animal-Assisted Therapy with Farm Animals for Persons with Psychiatric Disorders: Effects on Self-Efficacy, Coping Ability, and Quality of Life, a Randomized Controlled Trial", Clinical Practice and Epidemiology in Mental Health 4, nº 9 (2008), www.cpementalhealth.com/content/4/1/9.

10. C. Antonioli e M. Reveley, "Randomised Controlled Trial of Animal Facilitated Therapy with Dolphins in the Treatment of Depression", *British Medical Journal* 331 (2005): 1231.

11. A. Baverstock e F. Finlay, "Does Swimming with Dolphins Have Any Health Benefits for Children with Cerebral Palsy?" *Archives of Disease in Childhood* 93, nº 11 (2008).

12. Glenn Albrecht, "Solastalgia: A New Concept in Human Health and Identity", *Philosophy Activism Nature* 3 (2005): 41-4.

13. Citado em Diana Yates, "The Science Suggests Access to Nature Is Essential to Human Health", *News Bureau*, University of Illinois-Urbana-Champaign, 12 de fevereiro de 2009, news.illinois.edu/news/09/0213nature.html.

14. Linda Buzzell e Craig Chalquist, orgs., *Ecotherapy: Healing with Nature in Mind* (São Francisco: Sierra Club Books/Counterpoint, 2009). Ver também de Buzzell, online, "Ecotherapy News", www.huffingtonpost.com/linda-buzzell/.

15. Com o tempo, o movimento desmembrou-se e incluiu outras doenças crônicas e terapia ocupacional. Em 1955, a Universidade do Estado de Michigan concedeu o primeiro título de pós-graduação em terapia horticultural/ocupacional. Em 1971, a Universidade do Estado do Kansas introduziu em seu programa a primeira disciplina de terapia horticultural.

16. As citações do CEO da Instituição Mind, Paul Farmer, provêm de um comunicado de imprensa acerca do relatório "Ecotherapy — The Green Agenda for Mental Health", de maio de 2007, patrocinado pela Mind. Para mais informações sobre essa instituição de caridade, ver www.mind.org.uk/.

17. Citado em Daniel B. Smith, "Is There an Ecological Unconscious?", *New York Times Magazine*, 30 de janeiro de 2010.

6. A euforia do verde profundo

1. John Muir, "A Wind-Storm in the Forests", em *The Mountains of California*, cap. 10 (1894), organizado e compilado por Paul Richins Jr., Backcountry Resource Center, pweb.jps.net/~prichins/backcountry_resource_center.htm. Mais informações sobre John Muir, inclusive sobre seus escritos, podem ser encontradas em www.sierraclub.org/john_muir/default.aspx.

2. *Tina Vindum's Outdoor Fitness: Step Out of the Gym and into the BEST Shape of Your Life* (Guilford, CT: Globe Pequot Press, 2009).

3. Kelli Calabrese, *Feminine, Firm, and Fit* (Ocala, FL: Great Atlantic Publishing Group, 2004).

4. Alison Freeman, "Working Out in the Green Gym", *BBC News Online*, 29 de outubro de 2004, news.bbc.co.uk/1/hi/England/London/371862.stm.

5. Ver *Fly-Fishing for Sharks* (Nova York: Simon & Schuster, 2000), meu livro sobre as culturas da pesca.

6. "Runners' High Demonstrated: Brain Imaging Shows Release of Endorphins in Brain", *ScienceDaily*, Universidade de Bonn, 6 de março de 2008, www.sciencedaily.cocm/releases/2008/03/080303101110.htm. Extraído de H. Boecker, T. Sprenger, M. E. Spilker e outros,

318

"The Runner's High: Opioidergic Mechanisms in the Human Brain", *Cerebral Cortex* 18, nº 11 (2008), 2523-531.

7. A receita da natureza

1. J. F. Talbot e R. Kaplan, "The Benefits of Nearby Nature for Elderly Apartment Residents", *International Aging and Human Development* 33, nº 2 (1991): 119-30.
2. Patrick F. Mooney e Stephen L. Milstein, "Assessing the Benefits of a Therapeutic Horticulture Program for Seniors in Intermediate Care", *The Healing Dimensions of People Plant Relations*, org. Mark Francis, Patricia Lindsay e Jay Stone Rice.
3. Candice Shoemaker, Mark Haub e Sin-Ae Park, "Physical and Psychological Health Conditions of Older Adults Classified as Gardeners or Nongardeners", *Hortscience* 44 (2009): 206-10.
4. K. Day, D. Carreon e C. Stump, "The Therapeutic Design of Environments for People with Dementia: A Review of the Empirical Research", *Gerontologist* 40, nº 4 (2000): 397-416.
5. Leon A. Simons, Judith Simons, John McCallum e Yechiel Friedlander, "Lifestyle Factors and Risks of Dementia: Dubbo Study of the Elderly", *Medical Journal of Australia* 184, nº 2 (2006): 68-70.
6. O frasco medicinal continha uma grande variedade de informações, inclusive o endereço, na web, do National Wildlife Refuges, um guia sobre trilhas de animais, dicas do tipo "Não Deixe Vestígios", um link para informações sobre o plantio de vegetação nativa para ajudar a trazer de volta rotas migratórias de borboletas e pássaros, uma barra de cereal energética (PowerBar) e outros itens, dentre os quais uma tatuagem temporária de aves migratórias.
7. Daphne Miller, "Benefits of Park Prescriptions", *Washington Post*, 17 de novembro de 2009.
8. Richard Goss, "Woodland Therapy Taking Root in UK", *Sunday Times*, 14 de setembro de 2008; C. Ward Thompson, P. Travlou e J. Roe, "Free Range Teenagers: The Role of Wild Adventure Space in Young People's Lives", *OPENspace*, novembro de 2006 (preparado para o Natural England), www.openspace.eca.ac.uk/pdf/wasyp_finalreport5dec.pdf.
9. The National Trust, "Nature's Capital: Investing in the Nation's Natural Assets", www.nationaltrust.org.uk/main/w-global/w-news/w-news-nature_s_capital.htm.

8. Procurar seu verdadeiro lugar

1. "Bye, Bye Boomers, Not Quite Yet", de Joel Kotkin e Mark Schill, *New Geography*, 25 de agosto de 2008, www.newgeography.com/content/00197-bye-bye-boomers-not-quite.
2. Christopher J. L. Murray, Sandeep Kulkarni, Catherine Michaud e outros, "Eight Americas: Investigating Mortality Disparities across Races, Counties, and Race-Counties in the United States", *Public Library of Science Medicine*, setembro de 2006,www/plosmedicine.org/article/info%3Adoi%2Fro.1371%2Fjournal.pmed.0030260.
3. Rita Healy, "Where You Will Live the Longest", *Time*, 12 de setembro de 2006, www.com/time/health/article/0,8599,1534241,00.html.
4. Catherine O'Brien, "A Footprint of Delight", *NCBW Forum Article*, outubro de 2006, www.bikewalk.org/pdfs/forumarch1006footprint.pdf.
5. Catherine O'Brien, "Policies for Sustainaible Happiness" (documento apresentado na Conferência Internacional sobre Políticas para a Felicidade, Siena, Itália, de 14 a 17 de junho de 2007), www.unisi.it/eventi/happiness/curriculum/obrien.pdf.

9. A incrível experiência de estar onde você está

1. Stefan D. Cherry e Erick C. M. Fernandes, "Live Fences", Department of Soil, Crop, and Atmospheric Sciences, Universidade Cornell, 1977, www.ppath.cornell.edu/mba_project/livefence.html.
2. Karen Harwell e Joanna Reynolds, *Exploring a Sense of Place: How to Create Your Own Local Program for Reconnecting with Nature* (Palo Alto, CA: Conexions, 2006).
3. James H. Wandersee e Elisabeth E. Schussler, "Toward a Theory of Plant Blindness", *Plant Science Bulletin* 47, nº 1 (2001), www.botany.org./bsa/psb/2001/psb47-1.html.
4. Charles A. Lewis, *Green Nature/Human Nature: The Meaning of Plants in Our Lives* (Urbana: University of Illinois Press, 1996), 8.
5. Charles A. Lewis, *Green Nature/Human Nature*, 4, 6.

10. Bem-vindo à vizinhança

1. Diane Mapes, "Looking at Nature Makes You Nicer", MSNBC, 14 de outubro de 2009, www.msnbc.msn.com/id/33243959/ns/health-behavior.
2. N. Weinstein, A. Przybylski e R. Ryan, "Can Nature Make Us More Caring? Effects of Immersion in Nature on Intrinsic Aspirations and Generosity", *Personality and Social Psychology Bulletin* 35, nº 10 (2009): 1315-329.
3. "Nature Makes Us More Caring, Study Says", University of Rochester News, 30 de setembro de 2009, www.rochester.edu/news/show.php?id=3450.
4. F. E. Kuo e W. C. Sullivan, "Aggression and Violence in the Inner City: Impacts of Environment via Mental Fatigue", *Environment and Behavior* 33, nº 4 (2001): 543-71.
5. F. E. Kuo e W. C. Sullivan, "Environment and Crime in Inner City: Does Vegetation Reduce Crime?" *Environment and Behavior* 33, nº 3 (2001): 343-67, www.herluiuc.edu.
6. Cecily Maller, Mardie Townsend, Lawrence St Leger e outros, "Healthy Parks, Healthy People", Deakin University and Parks Victoria, março de 2008, www.parkweb.vic.gov.au/resources/mhphp/pv1.pdf.
7. John Berger, *About Looking* (Nova York: Pantheon, 1980), 145.

11. O sentido de cada lugar

1. Peter Berg e Raymond F. Dasmann, "Reinhabiting California", *Ecologist* 7, nº 10 (1977): 6.
2. Entre os primeiros livros que fizeram uma abordagem da "identidade biorregional" encontram-se *Home Ground: Language for American Landscape*, org. Barry Lopez e Debra Gwartney (San Antonio, TX: Trinity University Press, 2006) e Arthur R. Kruckeberg, *The Natural History of Puget Sound Country* (Seattle: University of Washington Press, 1995).
3. Esforços vêm sendo envidados no Canadá para declarar 50% de todas as suas terras públicas como regiões para sempre agrestes. Ver Canadian Parks e Wilderness Society, www.cpaws.org/. Esse grupo está trabalhando nos Estados Unidos com o objetivo de criar um mapa territorial potencialmente natural: www.twp.org/. Esse grupo está adotando a abordagem de uma biosfera EUA/CANADÁ: www.2c1forest.org/en/mainpageenglish.html.
4. Ver Sustainable Caerphilly, www.caerphilly.gov.uk/sustainable/english/home.html.
5. Ver www.happyplanetindex.org/public-data/files/happy/planet/index-2-0.pdf, e "Costa Rica Tops Happy Planet Index", http://www.happyplanetindex.org/news/archive/news-2.html.
6. Ver World Database of Happiness, worlddatabaseofhappiness.eur.nl/.

7. 2010 Environmental Performance Index, Yale Center for Environmental Law and Policy, Universidade Yale, envirocenter.research.yale.edu, e Center for International Earth Science Information Network, Universidade Columbia , ciesin.columbia.edu, fevereiro de 2010.
8. Sergio Palleroni citado em: Eric Corey Freed, "Five Questions about Our Future", *Natural Home*, maio/junho de 2009.
9. Sobre o Springwatch do Reino Unido, ver www.bbc.co.uk/springwatch.
10. California Academy of Sciences, Bay Area Ant Survey, www.calacademy.org/science/citizen_science/ants/.
11. Project FeederWatch, www.birds.cornell.edu/pfw/.
12. James McCommons, "Last-Ditch Rescues", *Audubon*, março-abril de 2009, audubon magazine.org/features0903/grassroots.html.
13. Kirk Johnson, "Retirees Trade Work for Rent a Cash-Poor Parks", *New York Times*, 17 de fevereiro de 2010.
14. Dianne D. Glave, *Rooted in the Earth: Reclaiming the African American Environmental Heritage* (Chicago: Lawrence Hill Books, 2010), 3.

12. A formação de laços afetivos

1. Martha Erickson, "Shared Nature Experience as a Pathway to Strong Family Bonds", Children and Nature Network Leadership Writing Series, www.childrenandnature.org/downloads/CNN_LWS_Vol1_01.pdf.
2. Martha Farrell Erickson e Karen Kurz-Riemer, *Infants, Toddlers, and Families: A Framework for Support and Intervention* (Nova York: Guilford Press, 1999).

13. O Princípio da Natureza em casa

1. Ver Bruce Buck, "Ranch House Spectacular", *New York Times*, 15 de novembro de 2007.
2. Peter H. Kahn Jr., *Technological Nature: Adaptation and the Future of Human Life* (Cambridge, MA: MIT Press, 2011).
3. Citado em Virginia Sole-Smith, "Nature on the Threshold", *New York Times*, 7 de setembro de 2006.
4. John Berger, *About Looking* (Nova York: Pantheon, 1980).
5. Michael L. Rosenzweig, *Win-Win Ecology: How the Earth's Species Can Survive in the Midst of Human Enterprise* (Oxford: Oxford University Press, 2003).
6. Douglas W. Tallamy, *Bringing Nature Home: How Native Plants Sustain Wildlife in Our Gardens*, edição ampliada (Portland, OR: Timber Press, 2009).
7. Essas sugestões são condensadas de *Bringing Nature Home* e são aqui usadas com permissão do autor, Douglas Tallamy.

14. Pare, observe e escute

1. A citação de Jack Troeger foi extraída de www.darkskyinitiative.or/.
2. Ver Verlyn Klinkenborg, "Our Vanishing Night", *National Geographic*, novembro de 2008.
3. Itai Kloog, Abraham Haim, Richard G. Stevens, Micha Barchana e Boris A. Portnov, "Light at Night Co-Distributes with Incident Breast but Not Lung Cancer in the Female Population of Israel", *Chronobiology International* 25, nº 1 (2008): 65-81.
4. Jack Greer, "Losing the Moonlight", *Daily Times* (Salisbury, MD), 19 de abril de 2007.
5. Citado em Jack Borden, "For Spacious Skies", *Boston Review* 8, nº 4 (1983).
6. cloudappreciationsociety.org/manifesto/.

15. Os neurônios da natureza vão trabalhar

1. Mark Boulet e Anna Clabburn, "Retreat to Return: Reflections on Group-Based Nature Retreats", International Community for Ecopsychology, nº 8 (agosto de 2003), www.ecopsychology.org/journal/gatherings8/html/sacred/retreat_boulet&clabburn.html. "Social Ecologist and Author Stephen R. Kellert Shares His Views of Sustainable Design", *Sustainable Ways: A Prescott College Publication* 2, nº 1 (2004), prescott.edu/academics/adp/programs/scd/sustainable_ways/vol_2nº_1/the_sw_interview.html.
2. "Social Ecologist and Author Stephen R. Kellert Shares His Views of Sustainable Design", *Sustainable Ways: A Prescott College Publication* 2, nº 1 (2004), prescott.edu/academics/adp/programs/scd/sustainable_ways/vol_2nº_1/the_sw_interview.html.
3. Vivian Loftness, conforme citada em Richard Louv, coluna no *San Diego Union-Tribune* de 18 de julho de 2006.
4. David Steinman, "Millions of Workers Are 'Sick of Work'", *The Architecture of Illness*, www.environmentalhealth.ca/fall93sick.html.
5. Paul Hawken, Amory Lovins e L. Hunter Lovins, *Natural Capitalism: Creating the Next Industrial Revolution* (Nova York: Back Bay Books, 2008), 88. [*Capitalismo Natural: Criando a Próxima Revolução Industrial*, publicado pela Editora Cultrix, São Paulo, 2000.]
6. Kim Severson, "The Rise of Company Gardens", *New York Times*, 11 de maio de 2010.
7. "A Conversation with E. O. Wilson", PSB, *Nova*, 1º de abril de 2008, www.pbs.org/wgbh/nova/beta/nature/conversation-eo-wilson.html.
8. www.biomimicryguild.com/. www.unep.org/NewsCentre/videos/player_new.asp?w=720&h=480&f=newscentre/videos/shortfilms/2009-4-23_VTS_02_1.
9. Minoru Shinohara (de um discurso programático de 7 de outubro de 2009), "Nissan EPORO Robot Car 'Goes to School' on Collision-Free Driving by Mimicking Fish Behavior", comunicado à imprensa da Nissan. www.autoblog.com/2009/10/02/nissans-robot-concept-cars-avoid-accidents-by-mimicking-fish/.
10. www.biomimicryinstitute.or/case-studies/case-studies/transportation.html.
11. Michael Silverberg, "Man-Made Greenery", *New York Times Magazine*, 13 de dezembro de 2009.
12. J. Scott Turner, "A Superorganism's Fuzzy Boundaries", *Natural History*, julho-agosto de 2002, findarticles.com/p/articles/mi_m1134/is_6_111/ai_87854877/?tag=content;col1.
13. www.naturewithin.info/urban.html#contact.
14. Kathleen L. Wolf, "Trees Mean Business: City Trees and the Retail Streetscape", *Main Street News*, agosto de 2009, 3-4.

16. Viver numa cidade revitalizadora

1. Timothy Beatley, *Green Urbanism: Learning from European Cities* (Washington, DC: Island Press, 2000).
2. www.ecocitycleveland.org/ecologicaldesign/ecovillage/accomps.html.
3. enrightecovillage.org/.
4. Prakash M. Apte, "Dharavi: India's Model Slum", *Planetizen*, 28 de setembro de 2008, www.planetizen.com/node/35269.
5. Bina Venkataraman, "Country: The City Version: Farms in the Sky Gain New Interest", *New York Times*, 15 de julho de 2008.
6. www.greeningofdetroit.com/3_1_featured_projects.php?link_id=1194537199.
7. Rebecca Solnit, "Detroit Arcadia: Exploring the Post-American Landscape", *Harper's Magazine*, julho de 2007, 73.

8. Frank Hyman, *Backyard Poultry* 4, nº 6 (dezembro de 2009-janeiro de 2010), www.cafepress. com/durhamhens.

9. Os comentários de Keller vêm de uma palestra sobre *design* biofílico, realizada em outubro de 2009 na Universidade do Oregon — Eugene. A fala de Keller foi reportada por Camille Rasmussen e Joanna Wendel no jornal estudantil *Oregon Daily Emerald.*

10. Peter Ker, "More Fertile Imagination", *The Age* (Austrália), 20 de março de 2010.

11. www.carolinathreadtrail.org/index.php?id=24.

12. www.fairus.org/site/PagServer?pagename=research_researchf392.

13. www.sightline.org.

14. www.theintertwine.org.

15. Kelli Kavanaugh, "Green Space: Sturgeon Spawining Returns to the Detroit River", *Metromode*, 4 de junho de 2009.

16. www.cdc.gov/HomeandRecreationalSafety/Dog-Bites/dogbite-factsheet.html.

17. J. J. Sacks, M. Kresnow e B. Houston, "Dog Bites: How Big a Problem?" *Injury Prevention* 2 (2996): 52-4.

18. O web site da Audubon Society of Portland contém informações gerais sobre a convivência urbana com um grande número de animais e plantas selvagens: audubonportland.org/backyardwildlife/brochures. Para outros recursos sobre segurança ao ar livre, inclusive informações sobre carrapatos, ver o web site The Centers for Disease Control, www.cdc.gov/Features/StopTicks/. Um site especialmente dedicado aos carrapatos é: www.tickencounter.org/.

17. Um pequeno bairro residencial na pradaria

1. Stephen Kellert, *Building for Life: Designing and Understanding the Human-Nature Connection* (Washington, D.C.: Island Press, 2005).

2. Joanne Kaufman, "Vacation Homes: Seeking Birds, Not Birdies", *New York Times*, 6 de outubro de 2006.

3. Jim Heid, *Greenfield Development without Sprawl: The Role of Planned Communities* (Washington, D.C.: Urban Land Institute, 2004).

4. *Oregonian*, 4 de março de 2008, www.oregonlive.com.

5. Doug Peacock, "Chasing Abbey", *Outside*, agosto de 1997, outside.away.com/magazine/ 0897/4708abbey.html.

18. Vitamina N para a alma

1. Mary Carmichael, *Newsweek*, 2007, www.msnbc.msa.com/id/12776739/site/newsweek.2904 2079.

2. Charles Siebert, "Watching Whales Watching Us", *New York Times Magazine*, 8 de julho de 2009.

3. Nancy Stetson e Penny Morrell, "Belonging: An Interview with Thomas Berry", *Parabola* 21 (1999): 26-31.

19. Todos os rios correm para o futuro

1. Douglas Brinkley, *The Wilderness Warrior* (Nova York: Harper, 2009), 26 (legenda).

2. Kevin C. Armitage, da Universidade Miami de Ohio, escreveu uma excelente história do movimento: *The Nature Study Movement: The Forgotten Popularizer of America's Conservation Ethic* (Lawrence: University of Kansas Press, 2009).

3. Aldo Leopold, *A Sand County Almanac, and Sketches Here and There* (1948: Nova York: Oxford University Press, 1987), 81.

20. O Direito de caminhar pela mata

1. Thomas Berry, *The Great Work: Our Way into the Future* (Nova York: Three Rivers Press, 2000), 105.
2. Uma questão: Se alguém for destrutivo em relação à natureza, seja o presidente de uma corporação ou apenas um cidadão, essa pessoa deve perder o direito de visitar áreas naturais controladas pelo governo? A dificuldade estaria na definição de *destrutivo*.

21. Onde outrora houve montanhas e ainda haverá rios

1. Paul Hawken, *The Ecology of Commerce* (Nova York: HarperCollins, 1993), 35.
2. *Ibid.*, 35.
3. Courtney White, *Revolution on the Range: The Rise of the New Ranch in the American West* (Washington, DC: Island Press, 2008), 40.
4. *Ibid.*, 12.
5. Anya Kamenetz, "Teal Farm: Living in the Future Now", *Reality Sandwich*, www.realitysandwich.com/teal_farm.
6. *High Country News*, www.hcn.org/issues/313/16001.

Rumo a um Novo Movimento Pró-natureza

Imagine um Mundo Renovado

Criar um Novo Movimento Pró-natureza:
Entrevista com Richard Louv

Imagine um Mundo Renovado

Em 13 de setembro de 2011, depois de um debate com alunos do ensino médio em La Crosse, Wisconsin, uma aluna desafiou Richard Louv a ajudá-la a ver — a realmente ver — o mundo sugerido por O Princípio da Natureza. *Aqui está, então, uma nova maneira de ver, uma resposta agora plenamente elaborada à pergunta da aluna, e que Louv vem apresentando em suas palestras subsequentes.*

O longo dia se esvai: aos poucos, ergue-se a lua;
as profundezas reverberam o gemido de muitas vozes.
Vinde, amigos, ainda há tempo para a busca de um mundo mais novo.
— Alfred, Lord Tennyson

Imagine um mundo onde todas as crianças crescem com um profundo entendimento da vida que as cerca, onde todos nós conhecemos os animais e as plantas de nossos quintais do mesmo modo como conhecemos a Floresta Amazônica pela televisão — ou ainda melhor. Um mundo no qual quanto mais nossa vida vier a ser dominada pela alta tecnologia, mais a natureza se fará presente em nossa vida. Onde usaremos todos os nossos sentidos, inclusive o sentido da humildade. Onde nos sentiremos mais vivos.

Buscamos um mundo melhor onde não apenas preservemos a natureza, como também a criemos onde moramos, trabalhamos, estudamos e temos nosso lazer. Onde os quintais e os espaços abertos estejam revigorados por espécies nativas. Onde as rotas migratórias das aves sejam objeto do carinho e de cuidados humanos. Onde a fauna e a flora encontrem condições vitais para viver ou passar pelas cidades, como se estas lhes servissem de brônquios e artérias. Onde não apenas as terras públicas, mas também a propriedade privada — voluntariamente, jardim após jardim — sejam por nós transformadas em espaços onde proliferem borboletas, e que depois os campos se transformem em espaços cultivados, uma espécie de miniparque nacional, pequeno o suficiente para que nós mesmos cuidemos de frutas e legumes para consumo local. Onde os vizinhos usem as leis que lhes permitem criar e proteger as terras e águas que definem suas comunidades e sua qualidade de vida. Onde as cidades se tornem incubadoras da biodiversidade.

Onde os pediatras e outros profissionais de saúde coloquem a natureza entre suas prescrições; onde os guardas-florestais se tornem profissionais habilitados a prestar socorro pré-hospitalar. Onde se receitem menos antidepressivos e remédios em geral, substituindo-os por atividades ao ar livre. Onde hospitais e prisões tenham jardins que restituam a saúde às pessoas. Onde a natureza próxima ofereça cura e diminua o estresse. Onde a obesidade — de crianças e adultos — seja reduzida pelos jogos e brincadeiras ao ar livre.

Um mundo onde as cidades revitalizadas produzam sua própria energia e boa parte de seus próprios alimentos. Onde os terrenos baldios se transformem em jardins comunitários. Onde os arranha-céus se transformem em fazendas verticais, com espirais e terraços e telhados que diminuam o estresse porque neles serão produzidos alimentos. Onde os projetos biofílicos transformem a arquitetura verde e os projetos urbanos e incluam o objetivo de não desperdiçar energia — mas extrapolem esses objetivos, criando ambientes capazes de produzir energia humana em forma de mais produtividade, mais saúde, mais capacidade de concentração e criação.

Onde os empreiteiros não apenas construam novos bairros que incorporem a natureza, mas, o que é mais importante, que revitalizem regiões urbanas e suburbanas e centros comerciais de cidades do interior em proceso de decadência; onde essas coisas se transformem em cidades ecológicas que não apenas ofereçam um *habitat* mais "natural" — telhados verdes, miniparques e espaços acolhedores para a fauna e a flora —, mas também sustentem contingentes humanos em maior número do que hoje acontece nos subúrbios, e que o faça com mais qualidade de vida. Onde a vizinhança não seja mais cercada por muros e grades para não permitir a entrada de ninguém, mas que tenha quintais com hortas e pomares cujos frutos as crianças possam colher.

Imagine um mundo onde as pequenas cidades, hoje desertas em grandes extensões de terra, adquiram uma nova forma, interconectadas entre si, cercadas por fazendas orgânicas e revitalizadas, de volta à plenitude anterior, com seu tecido urbano plenamente revigorado.

Um novo mundo onde o objetivo da educação não seja hábito e repetição mecânicos, mas admiração reverente pelo conhecimento; onde as escolas usem o poder do mundo natural para estimular a aprendizagem e a criatividade; onde "mentes híbridas" sejam acalentadas, ampliando os benefícios sensoriais e criativos tanto da experiência virtual quanto da natural. Onde cada escola tenha um espaço natural onde as crianças voltem a vivenciar a alegria de aprender brincando; onde os professores sejam estimulados a levar seus alunos em excursões pelos espaços naturais nas imediações das escolas: matas, cânions, regatos e praias; onde os educadores sintam que o sentido de esperança e arrebatamento está de volta à sua profissão e a seus próprios corações.

Onde conectar as pessoas com a natureza se transforme numa indústria crescente. Onde novos negócios surjam para nos ajudar a transformar nossas casas, nossos locais de trabalho e nossa vida graças à presença constante da natureza. Onde os poderes revitalizadores e saudáveis do mundo natural e o valor mensurável e imensurável das bacias hidrográficas e sistemas naturais sejam incluídos em todos os estudos econômicos regionais. Onde a história natural se torne tão importante quanto a história humana no que diz respeito a quem somos; onde a história seja definida menos pelas guerras e mais pelas narrativas sobre nossas relações familiares e nossa ancestralidade comum.

Um mundo melhor onde crianças e adultos tenham um profundo sentido de identidade com a biorregião onde moram. Onde as crianças experimentem a alegria de estar na natureza antes que tenham de aprender sobre seu desaparecimento, onde possam deitar-se no gramado de uma colina durante horas e observar as nuvens transformando-se nos rostos do futuro. Onde o capital social humanidade/natureza enriqueça nossa vida cotidiana e onde, enquanto espécie, deixemos para sempre de nos sentir tão sozinhos. Onde cada criança e cada adulto tenham o *direito* humano à conexão com o mundo natural e compartilhem a responsabilidade de cuidar dele. Onde cada ser humano — a despeito de sua raça, sua condição econômica, seu gênero ou sua orientação sexual — tenha a oportunidade de ajudar a criar esse mundo melhor.

Imagine um mundo onde a força do nosso espírito não seja medida pela especificidade de nossa linguagem, mas pelo carinho e pela afinidade que compartilhamos entre nós e com nossas espécies afins nesta Terra. Um mundo em que nossos últimos dias sejam vividos nos braços da mãe natureza, da terra e do céu, da água e do solo, do vento e do mar; um mundo melhor que estamos procurando e ao qual retornaremos.

Criar um novo movimento pró-natureza

Entrevista com Richard Louv (entre março e junho de 2012)

P.: Em *O Princípio da Natureza,* você propõe "úm novo movimento natural". O que vem a ser isso? E como as pessoas reagem a esse conceito em suas viagens pelo país?

R.: Muitas pessoas sentem que há no mundo alguma coisa grande, esperançosa e indefinida que vem se formando. Em paralelo com outras mudanças em marcha, esse novo movimento pró-natureza inclui o ambientalismo e a sustentabilidade tradicionais, mas vai muito além deles. Diz respeito a aumentar o potencial que a natureza tem de melhorar nossa saúde, nossa mente e nossa vibração social. O anseio por esse movimento idealista, porém vital, ocorre entre diferentes gerações, mas é provável que seja mais profundamente sentido pelos mais jovens.

P.: Isso não vai contra o estado de espírito do país, do mundo?

R.: Sim. Quase todas as pesquisas de opinião sugerem que a preocupação política com o meio ambiente talvez seja a menor que já houve desde antes do Dia da Terra em 1970. Para muitas pessoas, talvez a maioria, pensar sobre o futuro evoca imagens de *Blade Runner, o Caçador de Androides, Mad Max, A Estrada*: distopias pós-apocalípticas nas quais natureza e generosidade deixaram de existir. Parecemos atraídos por essa chama. Há muitos motivos para essa atração, como o agravamento das condições econômicas e as ameaças reais ao meio ambiente, mas alguns de nós estamos convencidos de que a causa principal é a incapacidade de as lideranças sociais, políticas e midiáticas nos apresentarem um futuro no qual as pessoas gostariam de viver. Sim, o nível das águas vai subir, mas ainda assim teremos de continuar vivos, e imaginar uma alternativa e batalhar por ela — por um futuro em que a natureza volte a ser exuberante e plena — é uma boa maneira de ser útil na vida.

P.: Mas o que dizer da tecnologia? Para muitos, é nela que se encontra nosso futuro.

R.: Não precisamos ser inimigos da tecnologia para perceber a necessidade de mais natureza em nossa vida. É verdade que muitos acreditam que a tecnologia nos salvará, mas um futuro do tipo *Robots-"R"-Us** não é uma visão satisfatória. A maioria dos nossos problemas tem raízes em nossa relação com a natureza. Como escrevi em *O Princípio da Natureza*, quanto mais nossa vida se tornar refém da tecnologia de ponta, mais precisaremos da natureza.

P.: Como essa abordagem difere do conservacionismo ou do ambientalismo?

R.: O conservacionismo tradicional diz respeito basicamente à preservação e à sustentabilidade. Não podemos minimizar os êxitos passados do movimento ambientalista, a necessidade de preservar a natureza selvagem e a natureza que nos cerca e a criação de fontes de energia renovável. Mas essa é a base a partir da qual criar um mundo melhor, e não o mundo em si. Precisamos de um objetivo mais elevado para chegar lá, bem como de um movimento ainda mais amplo. O novo movimento pró-natureza retoma antigos conceitos em saúde e planejamento urbano — penso, por exemplo, em Frederick Law Olmsted, Teddy Roosevelt e John Muir — e acrescenta novos conceitos com base em pesquisas recentes. É imprescindível poupar energia, mas também produzir energia humana — na forma de mais saúde física e psicológica, maior acuidade mental e criatividade. Tudo diz respeito à conservação, mas também a "criar" natureza onde moramos, trabalhamos, estudamos e temos nossas horas de lazer. A questão é transformar as cidades em motores de biodiversidade.

---

* Website do *FIRST Team #3266*, um grupo de jovens aficionados pela robótica, sediado em Eaton, Ohio. Atuam perto de escolas, uma vez que pretendem convencer os alunos a fazer carreira em ciência, tecnologia, engenharia e matemática e estudos afins (na sigla em inglês, STEM, de Science, Technology, Engineering, e Mathematics). (N.T.)

P.: Quais são os principais agentes do novo movimento pró-natureza?

R.: Sem dúvida, os conservacionistas e os produtores de energias alternativas, mas também os profissionais de saúde pública e os médicos que começaram a "receitar" passeios em parques, os ecopsicólogos, os profissionais de terapias junto à vida selvagem e outros terapeutas ligados à natureza. Outros agentes são os cidadãos naturalistas que estão recuperando *habitats* ameaçados e criando outros, e os "novos agrarianistas" — jardineiros comunitários e agricultores urbanos (que incluem imigrantes que praticam o que vem sendo chamado de "agricultura de refugiados"); agricultores orgânicos e "sitiantes de vanguarda", que recuperam à medida que colhem. Esses agentes também incluem os paisagistas urbanos e as pessoas que replantaram seus jardins com espécies nativas; os defensores de cidades fáceis de caminhar e de uma vida ativa; e os arquitetos biofílicos pioneiros, os empreiteiros, os terapeutas/paisagistas e os planejadores urbanos, que transformam nossas casas, nossos locais de trabalho, os subúrbios e bairros centrais em comunidades revitalizadas. Há também os "professores naturais", que insistem em levar seus alunos em passeios ao ar livre ou em criar escolas abertas aos ambientes naturais; as autoridades responsáveis pela aplicação das leis, que veem os locais urbanos naturais como fundamentais para comunidades mais seguras, e os bibliotecários que criam centros de conhecimento biorregional. E também os artistas. Um novo movimento natural deve ser mais diversificado do que o ambientalismo tradicional. Já inclui imigrantes recentes e jovens de escolas do interior, que podem se tornar os defensores mais profundamente convincentes da natureza das cercanias e das experiências ao ar livre — quando tiverem a oportunidade de pôr essa experiência em prática. Inclui a indústria de recreação ao ar livre e, potencialmente, milhares de novas atividades comerciais que irão conectar as pessoas com a natureza. E os pescadores de caniço, os caçadores e os vegetarianos — aqueles que não apenas consomem a natureza, mas também a recuperam. Esses grupos abrangem liberais e conservadores — desde os movimentos *Slow Food*,* *Slow Family*** e

---

* O movimento *Slow Food* procura preservar a cozinha tradicional e regional, enquanto o *Fast Food* valoriza a rapidez em detrimento da qualidade. Doravante, essas expressões ficarão em inglês. (N.T.)
** Movimento liderado por famílias que pretendem redescobrir o sentido, o conforto e a alegria encontrados no cotidiano da vida familiar. (N.T.)

aqueles que defendem a simplicidade até o movimento religioso *Creation Care*.*
Não precisamos concordar com tudo para criar esse movimento.

P.: A maioria dessas pessoas não se identificaria com os ambientalistas?

R.: Algumas, mas não todas. A maioria ainda não se vê como parte de um movimento mais abrangente. Imagine, porém, o poder coletivo que essas forças teriam se elas se unissem em prol de um mundo melhor, que teria como fundamento uma transformação das relações entre o homem e a natureza. A lista de participantes vai crescer.

P.: Um dos seus livros anteriores, *Last Child in the Woods,* foi considerado a centelha que originou outro movimento, este focado nas crianças. Alguma conexão?

R.: *Last Child* não criou o movimento criança/natureza, que já vinha se desenvolvendo, mas o livro mostrou ser uma ferramenta útil, e sou grato por isso. Estamos vendo sinais de progresso, mas isso não continuará a menos que o empenho em conectar as crianças com a natureza faça parte de um movimento mais amplo. Nos últimos cinco anos, porém, a "Rede Criança/Natureza" rastreou o surgimento de quase noventa campanhas regionais e estaduais. Temos visto avanços do Poder Legislativo nos níveis estadual e federal. Instituições sem fins lucrativos e atividades empresariais também têm se unido a esses esforços. Os clubes familiares naturais — alguns com centenas de famílias registradas como membros — tornam-se cada vez mais conhecidos. Mais recentemente, uma campanha iniciada nos Países Baixos vem tentando introduzir o direito da criança à experiência na natureza na Convenção das Nações Unidas sobre os Direitos da Criança. Isso deve ser realmente visto como um direito humano, dirigido a crianças e adultos, e com esse direito surgem também responsabilidades.

P.: Quer dizer que o movimento "Criança/Natureza" faz parte de um novo movimento pró-natureza?

R.: Sim, encontra-se no âmago dele e, em certos sentidos, é um modelo para o movimento de maior amplitude. Em sua maior parte, aquilo que às vezes é

---

* Segundo esse movimento, devemos cuidar muito bem de tudo que foi criado por Deus na Terra e que vem sendo sistematicamente destruído pelo homem. (N.T.)

chamado de movimento "Todas as Crianças ao Ar Livre" é uma iniciativa auto-organizada. Transcende as divisões políticas, religiosas, raciais, econômicas e geográficas. Traz para o mesmo espaço aqueles que normalmente não gostariam de estar ali. Toca o coração das pessoas. O mesmo se pode dizer de um novo movimento pró-natureza.

P.: Muitas das ideias que você propõe não dizem respeito ao que não podemos fazer, nem ao que precisamos parar de fazer; na verdade, elas se concentram naquilo que podemos fazer. Desde a publicação de *O Princípio da Natureza*, você já lutou por algumas ideias não apresentadas no livro?

R.: Boa parte da minha inspiração vem da inventividade das pessoas atraídas por essa questão. Já apresentei muitas ideias novas nos meus blogs (www.natureprinciple.org e www.childrenandnature.org). Tenho o grande prazer de afirmar que há muitos jornalistas e partidários difundindo a ideia de conceitos e práticas voltados para a natureza, inclusive a ideia de uma campanha em prol de uma biblioteca nacional que conecte as pessoas com a natureza em suas próprias comunidades. Tiro meu chapéu para a biblioteca de Long Island, que criou um espaço de leitura e recreação de 5 mil pés quadrados. Pense nisso: as bibliotecas podem oferecer mapas de áreas, panfletos sobre a natureza local, folhetos sobre excursões naturais e clubes "Família/Natureza", inscrições para participar de jardins comunitários e até mesmo vestuário e equipamento para atividades ao ar livre. (Em Nova York, algumas oferecem varas de pesca aos clientes.) "Naturotecas" [Naturebraries] podem ser úteis a grupos de arquitetos, urbanistas, educadores, médicos e outros profissionais, ajudando-os a planejar a renaturalização da comunidade. Outra ideia nova vem de Doug Tallamy, da Universidade Delaware, que pretende criar "parques nacionais domésticos", estimulando as pessoas a plantar espécies nativas em seus quintais. Ele gostaria de recrutar proprietários e seus vizinhos de todo o país para criarem aquilo que seria, essencialmente, uma vasta rede de corredores de biodiversidade — que serviriam para melhorar nossa vida.

P.: O que dizer das mudanças políticas?

R.: Em sua maior parte, as pessoas às quais me refiro estão à frente dos políticos. Elas esperam poder contar com a ajuda financeira dos políticos, mas sem depender disso. Não ficam esperando que tal ajuda aconteça. Contudo, as questões políticas de maior amplitude são necessárias, e as respostas serão formuladas de acordo com o modo como prefigurarmos o futuro. No Jardim Botânico de Minnesota, várias centenas de pessoas de muitos setores distintos — turismo, habitação, desenvolvimento, sistema de saúde, educação e outros — reuniram-se para um colóquio centrado em *O Princípio da Natureza*. Fiquei particularmente intrigado com as observações de Mary Jo Kreitzer, professora de enfermagem na Universidade de Minnesota e diretora do Centro de Espiritualidade e Cura da universidade. Ela disse que o Estado deveria ter como objetivo tornar-se o mais saudável do país, e que conceber o futuro pelo prisma de *O Princípio da Natureza* poderia ajudar Minnesota a atingir esse objetivo.

P.: Então, você está sugerindo isso para outras comunidades?

R.: Com o passar dos anos, tenho me envolvido com as atividades de muitos grupos visionários criados em cidades e Estados, além de ter ouvido falar de muitos outros, e todos parecem estar se empenhando ao máximo em ter uma visão antecipatória desse novo futuro. Nem todas as regiões podem tornar-se o novo Vale do Silício. Que tal se grupos de planejamento no longo prazo fizessem um conjunto diferente de perguntas? Como ficaria o sistema educacional de uma cidade ou um Estado, ou seu sistema de saúde, ou suas novas construções residenciais ou comerciais, ou suas indústrias de recreação, ou sua economia, se o Princípio da Natureza fosse colocado em prática? Como seria viver em tal futuro? Muita gente boa já começou a se fazer essas perguntas.